Food

A Series of Food Science & Technology Textbooks

食品科技系列

普通高等教育"十三五"规划教材

U0230988

食品安全风险评估

宁喜斌　主　编

周德庆　董庆利　副主编

化学工业出版社

·北京·

本书共9章,第1章概述了食品安全风险分析的历史、现状;第2~5章系统介绍了食品安全风险评估理论,包括危害识别、危害特征描述、暴露评估、风险特征描述;第6、7章分别列举了微生物风险评估和化学物风险评估实例,便于读者熟悉风险评估的具体操作过程;第8、9章分别简介了风险管理和风险交流,通过这两章的学习,读者可系统地了解食品风险分析理论框架,并进一步加深对风险评估的理解。

　　本书通俗易懂,力求以简洁的语言来阐述复杂的食品安全风险评估理论,读者阅读本书后能够掌握风险评估的基本理论并能进行风险评估的实践操作。

　　本书适用于高等院校食品及相关专业本科生、研究生的教学,也可供相关专业科研人员、食品安全监管人员、管理人员等参考。

图书在版编目(CIP)数据

食品安全风险评估/宁喜斌主编. —北京:化学工业出版社,
2017.7(2022.2重印)
　　普通高等教育"十三五"规划教材
　　ISBN 978-7-122-29784-6

　Ⅰ.①食… Ⅱ.①宁… Ⅲ.①食品安全-风险管理-高等学校-
教材 Ⅳ.①TS201.6

　　中国版本图书馆CIP数据核字(2017)第118021号

责任编辑:赵玉清 魏 巍	文字编辑:周 倜
责任校对:边 涛	装帧设计:关 飞

出版发行:化学工业出版社(北京市东城区青年湖南街13号 邮政编码100011)
印　　装:三河市延风印装有限公司
787mm×1092mm　1/16　印张13¾　字数324千字　2022年2月北京第1版第5次印刷

购书咨询:010-64518888　　　　售后服务:010-64518899
网　　址:http://www.cip.com.cn

凡购买本书,如有缺损质量问题,本社销售中心负责调换。

定　　价:35.00元
版权所有　违者必究

编 写 人 员

主　　编　宁喜斌

副 主 编　周德庆　董庆利

编写人员（按姓名汉语拼音排序）

晨　凡（上海海洋大学）

董庆利（上海理工大学）

李凤梅（青岛农业大学）

刘敦华（宁夏大学）

宁喜斌（上海海洋大学）

石嘉怿（南京财经大学）

薛秀恒（安徽农业大学）

赵　勇（上海海洋大学）

周德庆（中国水产科学研究院黄海水产研究所）

前　言

　　食品安全风险评估是一个新的学科。我国在食品安全评估领域尚处于起步阶段，自 2009 年《中华人民共和国食品安全法》颁布以来，食品安全风险评估已成为我国食品安全标准制定、食品安全管理等的重要依据，因此备受各方关注。但食品安全风险评估涉及多学科的知识，要求评估者具有广博的知识面，编者 2002 年 8 月参加了 FAO 举办的水产品风险分析培训班后，10 多年来一直进行风险评估的学习和研究，然而在组织本书的编写过程中仍感力不从心，因此本书一再推迟出版，好在本书作者们不畏艰难，终于完成了本书的编写。

　　全书共分 9 章，第 1 章概述了食品安全风险分析；第 2～5 章介绍了食品安全风险评估理论；第 6、7 章分别列举了微生物风险评估和化学物风险评估实例，便于读者了解风险评估的具体操作过程；第 8、9 章分别简介了风险管理和风险交流，通过这两章的学习，读者可系统地了解食品风险分析理论框架。

　　本书作者均为从事食品安全风险评估教学和研究人员，具有丰富的食品风险评估知识和评估经验。本书第 1 章由宁喜斌编写；第 2 章由薛秀恒编写；第 3 章由李凤梅编写；第 4 章由董庆利编写，赵勇亦参加了本章部分组织工作；第 5 章、第 7 章由周德庆编写；第 6 章由宁喜斌、晨凡编写；第 8 章由刘敦华编写；第 9 章主要由石嘉怿编写，晨凡亦参与了部分内容的编写。全书由宁喜斌、晨凡统稿、审校。

　　本书适用于高等院校食品及相关专业本科生、研究生的教学，也可供相关科研人员、食品安全监管人员、管理人员等参考。

　　由于食品安全风险评估在我国尚属一个新的学科，尽管编者们全力以赴，书中仍可能存在一些疏漏和不足之处，恳请读者提出宝贵意见，以便在修订时加以完善。

编者

2017 年 1 月

目 录

1 绪 论 /1

2 危害识别 /16

3 危害特征描述 /40

4 暴露评估 /56

5　风险特征描述　/93

6　微生物风险评估实例——贝类副溶血性弧菌的风险评估　/101

7 化学物风险评估实例——水产品甲醛风险评估 /126

1 绪 论

1.1 食品与食品安全

当今社会中，无论发达国家还是发展中国家，食源性疾病都是人们面临的一个亟待解决的问题。它不但每年造成大量的人群患病，给各国带来巨大的经济损失，还左右着食品的国际贸易，给国家的形象带来负面影响，甚至造成社会的不稳定。

食品是指各种供人食用或者饮用的成品和原料以及按照传统既是食品又是药品的物品，但是不包括以治疗为目的的物品。食品是人类最直接、最重要的消费品，是人类赖以生存的物质基础之一，食品安全直接关系到人体的健康。安全的食品维持了人体正常的生理功能，而不安全的食品则可能给消费者、社会和食品企业都带来不利的影响。

食品安全（food safety）指食品无毒、无害，符合应当有的营养要求，对人体健康不造成任何急性、慢性和潜在性的危害（《中华人民共和国食品安全法》）。按 ISO 22000：2005 定义为"食品在按照预期用途进行制备和（或）食用时，不会对消费者造成伤害的概念"，这里的食品安全与食品安全危害的发生有关，但不包括与人类健康相关的其他方面，如营养不良。

近年来，食品安全问题越来越严重地威胁着人类的健康，特别是随着食品生产的工业化和新技术、新原料、新产品的采用，造成食品污染的因素日趋复杂化。高速发展的工农业带来的环境污染问题也早已波及食物并引发了一系列食品污染事故。食品污染的直接后果之一就是食源性疾病。食源性疾病是指通过摄食而进入人体的有毒有害物质所造成的疾病。一般分为感染性和中毒性，包括常见的食物中毒、肠道传染病、人畜共患传染病、寄生虫病及化学性有毒有害物质所引起的疾病。食源性疾患的发病率居各类疾病总发病率的前列，是当前世界上最突出的食品安全问题。

食品安全问题会造成巨大的经济损失和社会影响，举例如下。

疯牛病事件：疯牛病是由朊病毒引起的牛海绵状脑病，可侵袭人类及多种动物中枢神经系统，潜伏期长，100％致死率。从 1986 年 11 月发现 17 例病牛起，至 1999 年多达 17 万头牛患病。英国政府焚烧了 400 万头牛，直接损失 60 亿美元，支付农民赔偿费 300 亿美元。自 1986 年首次报道疯牛病以来，疯牛病的阴云已从欧洲蔓延到世界各地。其危害早已从单纯的畜牧业疾病，扩展到食品、化妆品、医药等多种产业，成为危害人类健康、社会稳定的重大问题。

二噁英事件：二噁英是燃烧和各种工业生产的副产物，木材防腐和防止血吸虫使用氯酚类造成的蒸发、焚烧工业的排放、落叶剂的使用、杀虫剂的制备、纸张的漂白和汽车尾气的排放等是环境中二噁英的重要来源。1999年，比利时 Verkest 公司的饲料中含被二噁英污染的动物脂肪，5000个养鸡场中有900个养鸡场使用了 Verkest 公司的饲料，波及法国、德国、荷兰的鸡、猪、牛。致使几十个国家抵制上述国家的有关产品。造成的直接损失达3.55亿欧元，如果加上与此关联的食品工业，损失超过上百亿欧元。

大肠杆菌 O157 中毒事件：肠出血性大肠埃希氏菌（enterohemorrhagic *Escherichia coli*，EHEC）是一种危害严重的肠道致病菌，自1982年美国首次发现该致病菌引起的食物中毒以来，肠出血性大肠埃希氏菌 O157：H7 疫情开始逐渐扩散和蔓延。1996年5~8月，日本几十所中学和幼儿园相继发生集体大肠杆菌 O157 中毒事件，中毒超过万人，死亡11人，波及44个都府县。一些食品快餐公司为此倒闭。

雪印牛奶事件：2000年6月，日本大阪的雪印牌牛奶厂生产的低脂高钙牛奶被金黄色葡萄球菌毒素污染，使14500多人腹泻、呕吐，180人住院治疗，厂家不得不对占牛奶市场总量14%的雪印牌牛奶进行产品回收，雪印公司的21家分厂停业整顿。

上海毛蚶甲肝病毒事件：1987年12月至1988年1月，上海因食用含甲肝病毒的毛蚶，引起甲型肝炎的暴发流行，仅在1周多的时间，发病人数近2万人，整个暴发流行期间患病人数达30万人。其原因是沿海或靠近湖泊居住的人喜食毛蚶、蛏子、蛤蜊等贝类，食用毛蚶时，通常仅用开水烫一下，然后取贝肉，蘸调味料食用。这种吃法固然味道鲜美，但其中的甲肝病毒并没有杀死，结果引起甲型肝炎的流行。毛蚶等贝类水生生物，靠滤水进行呼吸并摄入有机质为主，一旦水源受到甲肝病人的排泄物或呕吐物的污染，甲肝病毒就会在毛蚶的消化道、肝脏中集聚和浓缩，所以食用这种被污染的毛蚶就容易发生甲肝病毒感染。

食品安全问题已成为影响各国食品国际贸易和政治稳定的重要因素。

从国际上看，食品安全问题的发生不仅使各国经济上受到严重损害，还影响到消费者对政府的信任，乃至威胁社会稳定和国家安全。如比利时的二噁英污染事件，使执政长达40年之久的社会党政府内阁垮台。2001年德国出现疯牛病后，卫生部长和农业部长被迫引咎辞职。

我国是世界上人口最多的发展中国家，又是世界贸易大国，地域经济发展很不平衡。我国的食品安全状况与国际食品安全状况密切相关，传统问题与新发现的问题同步存在。

传统的食品污染问题，如农兽药残留、致病菌、重金属和天然毒素的污染，在我国均存在。工业废水、废气、废渣和一些有害的城市生活垃圾导致土壤、水域和海域污染，国家明令禁用的剧毒、高残留农药、兽药的非法使用，饲料中非法添加激素和生长促进剂，以及抗微生物制剂的使用引起细菌耐药性对农产品生产造成源头污染。

发达国家出现的一系列新的食品污染问题在我国也有发生，如大肠杆菌 O157，H5N1、H7N9 禽流感。

我国食品加工业曾经出现严重违法生产的现象，一些生产企业受利益驱使，以假充真、以次充好，滥用食品添加剂，甚至不惜掺杂有毒、有害的化学品。如苏丹红事件、三聚氰胺事件等。

1.2 食品安全风险分析的历史与发展

"风险分析"的概念首先出现在环境科学的危害控制中，20世纪80年代末出现在食品安全领域。1991年在意大利罗马召开的FAO/WHO食品标准、食品化学及食品贸易会议建议法典各分委员会及顾问组织"在评价时继续以适当的科学原则为基础并遵循风险评估的决定"。这一建议得到了第19次国际食品法典委员会（Codex Alimentarius Commission，CAC）会议的采纳，在1993年第20次CAC会议上，针对有关"CAC及其各分委员会和各专家咨询机构实施风险评估的程序"的议题进行了讨论，提出在CAC框架下，各分委员会及其专家咨询机构（如JECFA和JMPR）应在各自的化学品安全性评估中采纳风险分析方法。1995年、1997年和1999年，FAO/WHO连续召开了有关"风险分析在食品标准中的应用"、"风险管理与食品安全"、"风险信息交流在食品标准和安全问题上的应用"的专家咨询会议，提出了风险分析的定义、框架及其三个要素的应用原则和应用模式，从而奠定了一套完整的风险分析理论体系。

国际上通用的食品风险分析方法可分为四大类，分别是：SPS《实施卫生和动植物检疫措施协议》的风险评估，CAC的风险分析方法，欧盟的预防性原则措施以及GMP、HACCP体系。其中CAC的风险分析方法得到了广泛的应用。根据CAC的定义，风险分析（risk analysis）也称危险性分析，是通过对影响食品质量安全的各种物理、生物和化学危害进行评估，对风险的特征进行定性或定量的描述，并在参考有关因素的前提下，提出和实施风险管理措施，进行风险信息交流的过程。

CAC将有关风险分析方法和内容列入《法典程序手册》中，包括"与食品安全有关的风险分析术语"以及"CAC一般决策中有关食品安全风险评估的原则声明"等，指出法典有关健康、安全的决策都要以风险评估为基础，依照特定步骤以公开的形式进行，尽可能应用定量资料描述出风险的特征，并将之与风险管理的功能相区分。《法典程序手册》还敦促各国采用统一的制标原则，促进有关食品安全措施的协调一致。

食品法典标准作为全球性的法规文件，其制定原则必须科学、客观，并具有一致性和全面性。只有在此原则下制定出的标准、准则和推荐意见才可以得到世界各国的认可和遵守。食品法典委员会总结了三十多年的工作经验，将"风险分析"的概念引入食品安全管理中，并将之系统化和理论化，成为法典工作的重要原则和方法。

此外，在世界贸易组织（World Trade Organization，WTO）的卫生和植物卫生措施协定（SPS协定）第5条中也规定了各国需根据风险评估结果来确定本国适当的卫生和植物卫生措施保护水平，各国不得主观、武断地以保护本国国民健康为理由，设立过于严格的卫生和植物卫生措施，从而阻碍贸易的公平进行。

1.3 风险分析理论框架

风险分析通常包括风险评估、风险管理和风险交流三部分内容（图 1-1）。在风险分析中三部分是相互补充且必不可少的，是一个高度统一的整体，在典型的食品安全风险分析过程中，管理者和评估者几乎持续不断地在以风险交流为特征的环境中进行互动交流。风险评估作为整个风险分析的核心和基础，是进行风险管理，制定、修订食品安全标准和对食品安全实施监督管理的科学依据。风险评估的结果直接影响食品安全标准及其监管的质量。

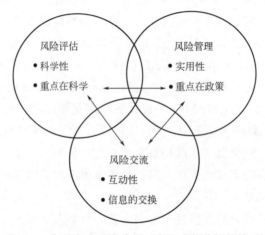

图 1-1　食品安全风险分析三个组成部分间的关系

1.3.1　风险评估

风险评估是系统地采用一切科学技术手段及相关信息进行定性或定量来描述某危害或某环节对人体健康风险的方法。风险评估要由不同学术背景专家组成，包括化学家、毒理学家、药理学家、食品工艺家、微生物学家、分子生物学家、营养学家、病理学家、流行病学家、数学家、卫生学专家等。风险评估本身存在不确定性，且由于评估方法、数据缺乏及有效性等问题的制约，也为风险评估带来偏差。风险评估包括四个步骤，即危害识别、危害特征描述、暴露评估、风险特征描述（图 1-2）。

危害（hazard）：指食品中或食品本身对健康有不良作用的生物性、化学性和物理性因素，这包括污染的或者自然界中天然存在的因素。

风险（risk）：是测量未来未知事件发生的可能性。

风险评估（risk assessment）：是指对人体接触食源性危害而产生的已知或潜在的对健康的不良影响的科学评估，是一种系统地组织科学技术信息及其不确定性信息，来回答关于健康风险的具体问题的评估方法。

风险评估分为定量风险评估、定性风险评估和半定量/半定性风险评估。采用 0～100% 之间的数值描述风险发生概率或（和）严重程度的方法为定量风险评估；采用"高发生概率""中度发生概率"及"低发生概率"或将风险分为不同等级来描述风险发生概率及严重

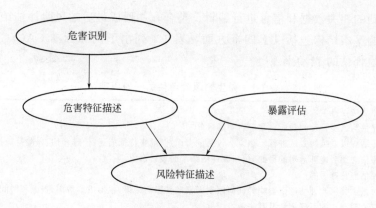

图 1-2　风险评估的步骤及其相互关系

程度的方法为定性风险评估；两者兼而有之为半定量/半定性风险评估。

（1）危害识别

危害识别（hazard identification）：属于定性风险评估。指对可能存在于特定食品或食品类别中具有导致有害作用的生物、化学和物理等因子的识别，以及对其所带来的影响或后果的定性描述。

危害识别的目的在于确定人体摄入危害物的潜在不良作用，这种不良作用产生的可能性，以及产生这种不良作用的确定性与不确定性。

通常由于资料不足，进行危害识别的最好方法是证据加权，采用已证实的科学结论来获取危害程度的依据。一般对于该步骤而言，很多比较成熟的结论可以直接参考进行相互借鉴。此方法对不同研究方法的重视程度按照以下顺序：流行病学研究、动物毒理学研究、体外试验以及最后的定量结构-反应关系。

（2）暴露评估

暴露评估（exposure assessment）：指对于食品中暴露的生物、化学和物理危害因子的可能摄入量以及通过其他途径接触的危害物质的剂量的定性和（或）定量评价。进行这种分析需要利用食品原料、添加到主要食品中的食品配料以及整体食品环境中的危害水平，来追踪食物生产链中危害水平的变化。这些数据与目标消费人群的食品消费模式相结合，用以评估特定时期内实际消费的食品中的危害暴露。

（3）危害特征描述

危害特征描述（hazard characterization）：指对存在于食品中那些对人体健康产生不良影响的危害物质的性质进行的定性的或者定量的评估。对于化学危害因子，应进行一个剂量-反应评估；对于生物和物理危害因子，当有足够的数据时也应进行一个剂量-反应评估。

剂量-反应评估（dose-response assessment）：简称剂量-反应。指在风险评估中，将人类由摄入微生物病原体数量、有毒化学物剂量或其他危害物质的量与人类健康发生不良反应的可能性之间的转变用数学关系进行描述。简单地说，剂量-反应评估就是指确定摄入危险物质的剂量与发生不良影响的可能性的数学关系的评估过程。

（4）风险特征描述

风险特征描述（risk characterization）：指对一特定人群在不同暴露情况下对人体健康潜在风险的估计。具体来说，风险特征描述是指在危害识别的基础上，对暴露评估和危害特征描述阶段得到的相关数据和信息进行编辑、整合，并形成最后的风险评估结果的过程。

风险评估的基本结构包括以上四个方面，表1-1列出了国际标准 CAC/GL30 中提出的微生物危害风险评估的 11 条原则。

表1-1　微生物风险评估的一般原则

1. 微生物风险评估应以科学依据为基础
2. 微生物风险评估与风险管理的功能之间应有明确区分
3. 微生物风险评估应以系统的方法进行。该方法包括危害识别、危害特征描述、暴露评估、风险特征描述
4. 微生物风险评估必须明确其运用的目的，包括该评估结果的表现形式
5. 微生物风险评估应是透明的
6. 识别并描述对微生物风险评估产生影响的任何限制因素及其影响结果，包括成本费用、资源和时间
7. 风险评估中应说明存在的不确定性及其来源
8. 风险评估中应该可以测定不确定因素的数据，数据和数据收集系统应尽可能具有足够的质量和精确性，并将不确定性降低到最小
9. 微生物风险评估应考虑食品中微生物的生长、存活、死亡的动态性，并要考虑人体、摄入的微生物及相关物质间相互作用的复杂性，以及微生物是否有进一步扩散的可能性
10. 风险评估应尽可能与独立的人体疾病数据进行比较
11. 当获得新的可利用信息时，需要重新进行微生物风险评估

与化学性风险评估相比，微生物风险评估起步较晚，且评估目的及程序均有一些差异，其比较见表1-2。

表1-2　微生物风险评估与化学性风险评估的比较

项目	化学性风险评估	微生物风险评估
目的	确定： (a)药物是否具有遗传毒性； (b)估计食品中的安全水平； (c)药物存留时间。 提供对人体风险不显著的食用剂量	源于自然的微生物污染导致致病或者致死可能性； 评估食品生产和(或)加工改变对风险的影响； 制定食品标准； 有效地建立 HACCP 关键控制点
危害识别	药物的化学结构； 动物实验的毒理学证据及得到无可见作用剂量水平(NOEL)	病原识别； 来源于暴发调查确认食源性疾病的病因证据和流行病学研究
暴露评估	假设消费的食品来自于药物处理动物； 利用 ADI 计算食品中最大残留限值(MRL)； 确定停药期以确保在不超出 MRL	通常难以确定消费食品中致病菌的分布及浓度； 微生物生长和死亡的动力学； 基于监督、模拟及模型； 制定加工过程改变对风险的影响的调查方案
危害特征描述(剂量-反应)	通过 NOEL 计算 ADI 值	利用志愿者、动物模型、暴发调查的数据来估计各种污染水平的影响； 通常使用复杂的模型
风险特征描述	如果达到法规要求，可以忽略其风险	风险估计以致病或死亡的概率表示，如食物的一部分，可能引起 100000 人致病的数量等，来估计亚健康人群

1.3.2　风险管理

风险管理（risk management）是在风险评估的基础上，选择和实施适当的管理措施，

尽可能有效地控制食品风险，从而保障公众健康。

风险管理可以分为四个部分：风险评价、对风险管理选择的评估、执行风险管理决定、监控和审查。

1.3.2.1 风险管理的目标

通过选择和实施适当的管理措施和处理方法，以期可以有效地控制食品风险，从而保证公众健康，保证我国进出口食品贸易在公平的竞争环境下顺利进行。

1.3.2.2 风险管理的措施

风险管理的措施包括：

① 制定最高限量；

② 制定食品标签准则；

③ 实施公众教育计划；

④ 通过使用替代品或改善农业或生产规范以减少某些化学物质的使用等。

1.3.2.3 风险管理的原则

在进行风险管理时要考虑到风险评估以及保护消费者健康和促进公平贸易行为等其他相关因素，如果有必要，还应选择适当的预防和控制措施。表 1-3 列出了 FAO/WHO 在风险管理建议中的 8 条原则。

表 1-3 食品安全风险管理的一般原则

1. 风险管理应采用系统的方法
2. 保护人类健康是风险管理决策的首要考虑因素
3. 风险管理决策和操作过程应当透明
4. 风险评估政策的确定应是风险管理的内容之一
5. 应保持风险管理和风险评估功能上的区别，从而保证风险评估过程中完整的科学性和一致性
6. 风险管理应考虑风险评估结果中的不确定性
7. 风险管理包括在其全过程中与消费者和有关利益相关方之间明晰而互动的交流
8. 风险管理是一个持续的过程，需要不断地把新出现的数据用于对风险管理决策的评估和审视中

1.3.3 风险交流

风险交流（risk communication）就是在风险评估人员、风险管理人员、消费者和其他有关的团体之间就与风险有关的信息和意见进行相互交流。风险交流应当与风险管理和控制的目标相一致。

风险交流贯穿于风险管理的整个过程，包括管理者之间和评估者之间的交流，是具有预见性的工作。风险交流包括所有的合法参与者的参与，并且应在交流过程中注意参与者的不同次序和观点，要求所有参与者的承诺和支持。

风险交流并不只是媒体的责任，其对象可以包括国际组织（CAC、FAO、WHO、WTO 等）、政府机构、企业、消费者和消费者组织、学术界和研究机构以及大众传播媒介（媒体）。

有效的风险交流可以扩大作为风险管理决策依据的信息量；提高参与者对相关风险问题的理解水平；建立有效的参与者网络，并且给管理者提供一个能够更好地控制风险的宽广的视野和潜能。表1-4列出了FAO/WHO在风险交流中应采取的8条原则。

表1-4　食品安全风险交流的原则

1. 要了解听众	5. 责任分担
2. 应把科学家包括在内	6. 区分科学和价值观
3. 应培育交流的技能	7. 保证透明度
4. 信息来源要可靠	8. 正确对待风险

1.3.4　风险分析的应用

为了保障消费者的健康，通常需要"从农场到餐桌"的整个食物链中采取措施预防、消除和降低食品危害对消费者造成的危险。这无疑是个复杂的和相互关联的风险性管理过程，它涉及一些基本措施，如遵循"良好农业规范（GAP）"、"良好兽医规范（GVP）"和"良好生产规范（GMP）"以及教育消费者和进行食品标签等。

食品法典标准是CAC制定的食品"最低"标准，确保食品完好、卫生、不掺假和正确标示。这里的"最低"只是说明它是各国协商达成的有利于国内外贸易并可保证产品基本质量和安全要求的规定。食品法典标准中有关定义描述、基本成分和质量指标并不涉及风险分析的内容，而食品添加剂、农药和兽药残留以及污染物的规定部分则涉及基于每日允许摄入量（ADI）定量的安全性评估，以及每日允许摄入量定性的"不含健康危害"的判断。无论定性还是定量的风险评估资料对于法典的风险管理过程都是十分重要的。

以农药残留为例，对其毒性作用的评价结果主要是通过每日允许摄入量表示的。进行这一评价工作的是FAO/WHO农药残留联席会议的专家组，他们提出的食品中农药残留限量（MRL）需经农药残留法典委员会（CCPR）通过后成为国际标准。最大残留限量的含义是在良好农业规范下，如果一种农药允许使用，那么其在农作物中的残留量不得超过这一限值。事实上最大残留限量的得出主要依据农药的毒性资料，但往往这个限值远远低于实际可能的健康危险性，它还需要考虑其他因素，特别是基于农药本身对人体健康的危害和对环境的影响，应使其使用尽可能降至最低水平。在标准制定过程中，FAO/WHO农药残留联席会议（JMPR）进行了风险评估工作，而CCPR是做出风险管理决策机构，它应确保所制定的标准不会对农产品贸易造成壁垒。这期间，有关各方的信息交流也非常重要，各国应参与并了解国际最大残留限量的制订，并通报本国采纳的情况。由此，我们看出标准的制定过程远非仅仅进行风险评估就可以终结的，它是风险分析的三个组成部分相互关联、相互影响的结果。

食品中的化学性风险分析通常可以得出一些定量的资料，尽管有相当不确定性，但就微生物风险而言，定性的评估资料往往就成为唯一可利用的依据了。目前对于微生物性危害的评估方法以概率法（特别是暴露量的评估）替代定量的风险评估，即以某种风险出现的概率作为评估结论，以支持风险管理的决策，从而如同化学危害一样制定出一个安全阈值。

目前在法典系统内应用的危险性管理政策有以下几类：

① 基于ADI的模式，针对某一化学危害的理论"0风险性"；

② 微生物指标模式，针对熟食品中某一生物病原体的理论"0 风险性"（在特别采样方案下）；

③ ALARA 政策，针对没有安全阈值的化学污染物，如遗传致癌物或环境污染物；

④ ALARA 政策，针对生食品中的生物危害（即将危害降低至技术上可行的和实际可操作的最低水平）。

人们由此可以了解食品法典标准制定过程中的风险管理政策，特别是针对有关食品添加剂的最大使用量、污染物以及农药、兽药残留的最大限量等制定。

除此之外，风险分析方法还广泛地应用于 CAC 的其他一般性准则和规范的制定过程。如食品进出口检验和认证系统法典委员会（CCFICS）强调其工作要全面基于风险评估的原则，并且"实施进出口检验和管理的频次和强度都要根据风险评估的结果"。

总之，食品法典委员会工作中应用风险分析原则体现在其制定标准、准则以及规范的全过程，从而保障食品的安全质量，并且有利于食品的国际贸易。

1.3.5 风险分析的意义

食品法典标准作为全球性的法规文件，其制定原则必须科学、客观，并具有一致性和全面性。只有在此原则下制定出的标准、准则和推荐意见才可以得到世界各国的认可和遵守。法典委员会总结了三十多年的工作经验，将"风险分析"的概念引入食品管理中，并将之系统化和理论化，成为法典工作的重要原则和方法。尽管世界各国食品法典还不是强制性的要求，但是世界贸易组织（WTO）的两项协定：卫生与植物卫生措施协定（SPS 协定）和贸易技术性壁垒协定（TBT 协定）都将食品法典标准作为食品贸易，特别是贸易争端时的参考依据，并且将风险分析列入其中，作为国家卫生措施与国际食品法典不一致时采用的判定原则。

国际食品法典工作中应用"风险分析"原则的意义如下。

① 建立一整套科学系统的食源性危害的评估、管理理论，为制定国际上统一协调的食品卫生标准体系奠定了基础。

风险分析将贯穿食物链（从原料生产、采集到终产品加工、储藏、运输等）各个环节的食源性危害均列入评估的内容，考虑了评估过程中的不确定性，普通人群和特殊人群的暴露量，权衡风险性与管理措施的成本效益，不断监测管理措施（包括制定的标准法规）的效果并及时利用各种交流的信息进行调整。特别需要指出的是在风险分析过程中，评估者与管理者的职能划分，使决策更加科学和客观。因此，该方法一经食品法典委员会应用，就得到了世界各国的认可，采用这一全面系统的理论，有助于各国在国际食品安全管理领域取得一致性的意见，从而也就有助于建立国际统一协调的食品卫生标准体系。

② 将科研、政府、消费者、生产企业以及媒体和其他有关各方有机地结合在一起，共同促进食品安全体系的完善和发展。

风险分析三要素的实施者涉及科研、政府、消费者、企业以及媒体等有关各方，即学术界进行风险分析评估，政府在评估的基础上倾听各方意见，权衡各种影响因素并最终提出风险管理的决策，而整个过程中贯穿着学术界、政府与消费者组织、企业和媒体等的信息交流，它们相互关联而又相对独立，有关各方的工作有机结合，避免了过去部门割据造成主观片面的决策形成，从而在共同努力下促进食品安全管理体系的完善和发展。

③ 有效地防止旨在保护本国贸易利益的非关税贸易壁垒，促进公平的食品贸易。

食品法典标准的一项重要宗旨是促进国际间公平的食品贸易，这也是 WTO 将食品法典作为解决贸易争端的依据的主要原因。在 WTO 的 SPS 协定第 5 条规定了各国需根据风险评估结果确定本国适当的卫生和植物卫生措施保护水平，各国不得主观、武断地以保护本国国民健康为理由，设立过于严格的卫生和植物卫生措施，从而阻碍贸易的公平进行。各国采纳的食品标准法规若严于食品法典标准，必须拿出风险评估的科学依据，否则，将被视为贸易技术性壁垒。由此可见，它在协调各国标准，促进国际贸易上的重要作用。

④ 有助于确定不同国家食品管理措施是否具有等同性，促进国际间食品贸易的发展。

食品进出口国间食品管理措施是否具有等同性，评判原则同样依据食品法典的风险分析理论。为达到同等的食品安全目标，各国可采用不同的管理措施，但"只要出口国向进口国客观地表明了其卫生和植物卫生措施符合进口国相应的卫生和植物卫生保护水平，即使这些措施与本国或与进行相同产品贸易的其他国家存在差别，该成员国（进口国）都应承认出口国的卫生和植物卫生措施与其具有等同性"。等同性的确立有助于简化食品进出口的检验程序，促进双边和多边的相互承认，从而有利于食品贸易的快速发展。

1.4 国内外风险评估的一些规定

1.4.1 国际组织

实施卫生与植物卫生措施协定（Agreement on the Application of Sanitary and Phytosanitary Measures，SPS 协定）是世界贸易组织为清除贸易技术性壁垒的一项重要协定。它的宗旨是避免各成员的卫生与植物卫生措施给国际贸易带来不必要的障碍，使国际贸易自由化和便利化。在卫生与植物卫生措施的制定方面以国际食品法典委员会（CAC）、国际兽疫局（Office International Des Epizooties，OIE）和国际植物保护公约（International Plant Protection Convention，IPPC）的标准为基础开展国际协调，遏制以带有歧视性的卫生与植物卫生为主要形式的贸易保护主义，最大限度地减少和消除国际贸易中的技术性壁垒，为世界经济全球化服务。SPS 协定中涉及风险评估的相关条款见表 1-5。

贸易技术性壁垒（Technical Barriers to Trade，TBT）是指 WTO 有关成员以国家安全要求、防止欺诈行为、保护人类健康或安全、保护动物或植物的生命健康、保护环境或保证产品质量为由，通过颁布法律、法令、条例等规定，建立技术标准、包装、标签及其认可和检验检疫制度手段，提高技术要求，增加出口难度，达到限制其他成员商品进入该成员市场的障碍。TBT 协定中涉及风险评估的相关条款见表 1-6。

1.4.2 欧盟

欧盟食品安全和有效的消费者保护目的是，保护人类健康、防范欺诈并提供恰当的消费者信息。共同的欧洲法律框架可为欧洲消费者提供统一且可靠的保护。在不免除企业和消费者的责任及其尽职义务的前提下，国家有责任在食品安全领域通过风险评估、风险交流和风险管理等措施保护消费者。

表 1-5　SPS 协定中涉及风险评估的相关条款

第 5 条　风险评估和适当的卫生与植物卫生保护水平的确定

1. 各成员应保证其卫生与植物卫生的制定以对人类、动物或植物的生命或健康所进行的、适合有关情况的风险评估为基础,同时考虑有关国际组织制定的风险评估技术。

2. 在进行风险评估时,各成员应考虑可获得的科学证据;有关工序和生产方法;有关检查、抽样和检验方法;特定病害或虫害的流行;病虫害非疫区的存在;有关生态和环境条件;检疫或其他处理方法。

3. 各成员在评估对动物或植物的生命或健康构成的风险并确定为实现适当的卫生与植物卫生保护水平以防止此类风险所采取的措施时,应考虑下列有关经济因素:由于虫害或病害的传入、定居或传播造成生产或销售损失的潜在损害;在进口成员领土内控制或根除病虫害的费用;以及采用替代方法控制风险的相对成本效益。

4. 各成员在确定适当的卫生与植物卫生保护水平时,应考虑将对贸易的消极影响减少到最低程度的目标。

5. 为实现在防止对人类生命或健康、动物和植物的生命或健康的风险方面运用适当的卫生与植物卫生保护水平的概念的一致性,每一成员应避免其所认为适当的保护水平在不同的情况下存在任意或不合理的差异,如此类差异造成对国际贸易的歧视或变相限制。各成员应在委员会中进行合作,依照第 12 条第 1 款、第 2 款和第 3 款制定指南,以推动本规定的实际实施。委员会在制定指南时应考虑所有有关因素,包括人们自愿承受人身健康风险的例外特性。

6. 在不损害第 3 条第 2 款的情况下,在制定或维持卫生与植物卫生措施以实现适当的卫生与植物卫生保护水平时,各成员应保证此类措施对贸易的限制不超过为达到适当的卫生与植物卫生保护水平所要求的限度,同时考虑其技术和经济可行性。

7. 在有关科学证据不充分的情况下,成员可根据可获得的有关信息,包括来自有关国际组织,以及其他成员实施的卫生与植物卫生措施的信息,临时采用卫生与植物卫生措施。在此种情况下,各成员应寻求获得更加客观地进行风险评估所必需的额外信息,并在合理期限内据此审议卫生与植物卫生措施。

8. 如一成员有理由认为另一成员采用或维持的特定卫生与植物卫生措施正在限制或可能限制其产品出口,且该措施不是根据有关国际标准、指南或建议制定的,或不存在此类标准、指南或建议,则可请求说明此类卫生与植物卫生措施的理由,维持该措施的成员应提供此种说明。

表 1-6　TBT 协定中涉及风险评估的相关条款

第 2 条　技术法规和标准

对于各自的中央政府:

1. 各成员应保证在技术法规方面,给予源自任何成员领土进口的产品不低于其给予本国同类产品或来自任何其他国家同类产品的待遇。

2. 各成员应保证技术规范的制定、采用或实施在目的或效果上均不对国际贸易造成不必要的障碍。为此目的,技术法规对贸易的限制不得超过为实现合法目标所必需的限度,同时考虑合法目标未能实现可能造成的风险。

为实现这个目的,特执行科学的方法评估风险(风险评估)。联邦风险评估研究所(Bundesinstitut für Risikobewertung, BfR)在"健康评估指导文件"就如何说明评估结果提出建议。

主管管理机关利用风险评估结果决定必要的措施(风险管理)。除科学的风险评估外,这个管理过程还整合了社会和经济因素以评估这些措施的充分性和有效性。消费者只有掌握充分的信息才能自主地作出购买决定。因此,全面和透明的风险交流至关重要,必须以合适的方式提供食品安全信息。此外,来自工业界、政治界、行业协会、NGO(非政府组织)以及其他相关方和参与方也应相互交换信息和意见。

欧盟成员国和欧洲委员会每天通过欧盟食品和饲料快速预警系统(RASFF)交换有严重健康风险的食品的信息。欧洲食品安全局(European Food Safety Authority, EFSA)和许多国家机关都发布风险评估结果。媒体和产品测试组织也为消费者提供透明信息。

欧洲不同国家对风险评估、风险管理和风险交流的职能分工也大不相同。某些国家(包括德国）倾向于将风险评估和风险管理职能分配给不同的机关。在另一些国家中，所有方面的活动均由一个机关集中负责。

欧洲委员会（European Commission，EC）第 178/2002 号法令制定了欧盟内部食品法的基本原则和要求。它涵盖"从农田到餐桌"食品链内所有生产和加工阶段。而且，它还构建和规定欧洲食品安全局的评估范围，并创建了食品和饲料快速预警系统网络。（EC）第 882/2004 号法令则制定了官方管控的基本原则，以确保遵守食品和饲料法。

在欧洲层面，风险评估在机构设置上与风险管理分开。食品和饲料的风险评估由欧洲食品安全局负责，欧盟的风险管理由欧洲委员会（EC）负责。风险交流是风险评估者和管理者的共同责任。所有风险评估结果均公布在 EFSA 的网站上。

1.4.3 美国

美国是最早把风险分析引入到食品安全管理的国家之一，科学和风险评估是美国食品安全政策制定的基础。1997 年发布的《总统食品安全行动计划》认识到风险评估在保证食品安全目标中的重要性，要求所有负有食品安全管理职责的联邦机构建立机构间的风险评估协会，负责推动生物性因素的风险评估工作。

美国食品与药品管理局和马里兰大学共同成立了食品安全与应用营养中心，负责食品中常见污染因素的数据收集和评估工作。美国联邦政府没有设立专门的食品安全风险评估机构，但美国可以参与风险评估机构很多，如食品与药品管理局（FDA）、毒物及疾病注册局（ATSDR）、美国国立卫生研究院（NIH）下属的环境卫生研究所（NIEHS）、美国疾病预防控制中心（CDC）下属的职业安全与健康研究所（NIOSH）、美国农业部（USDA）所属的食品安全检验局（FSIS）、动植物卫生检验局（APHIS）以及美国环保总署（US-EPA）。这些机构都可以在自己负责的工作领域内独立开展风险评估工作。但对于涉及多个领域的较大范围的风险评估工作，各机构可以相互协作，通过交流和合作，共同开展食品领域的风险评估工作。而且各机构单独或联合完成一项风险评估工作后，都需要进行同行评议，从而保证评估结果的准确性。

1998 年，FSIS 对带壳鸡蛋和蛋制品肠炎沙门氏菌进行了风险评估；2000 年，FDA 完成了对生食牡蛎致病性副溶血性弧菌公共卫生影响的定量风险评估；2001 年，FDA、FSIS、CDC 共同完成了即食食品单核增生性李斯特氏菌公共卫生影响的风险评估。以上这些工作为其他国家开展食品安全风险评估提供参考模式。

1.4.4 中国

为及时发现食品中的有害因素对人体健康的不利影响，同时鉴于食品安全风险评估是当前国际公认的制定食品安全政策法规和标准，解决国际食品贸易争端的重要依据。我国需要建立有关食品安全风险监测制度，制定并实施食品全国性和地区性监测规划、计划并组织实施。

2006 年颁布实施的《中华人民共和国农产品质量安全法》，首次引入了风险分析与风险评估的概念，确定了风险评估的法律地位。该法第六条规定"国务院农业行政主管部门应当设立由有关方面专家组成的农产品质量安全风险评估专家委员会，对可能影响农产品质量安全的潜在危害进行风险分析和评估"。评估内容主要针对与农产品种植及养殖有关的危害因素，包括农药、兽药、化肥、饲料添加剂等农业投入品。该法也对风险评估的作用进行了明确规定，即"国务院农业行政主管部门应当根据农产品质量安全风险评估结果采取相应的管理措施"，说明了风险评估结果应该是管理措施的科学基础。

2009 年颁布的《中华人民共和国食品安全法》要求在我国必须开展风险评估工作，2015 年修订的《中华人民共和国食品安全法》食品风险评估相关条款见表 1-7。

表 1-7　《中华人民共和国食品安全法》中涉及风险评估的相关条款

第十四条　国家建立食品安全风险监测制度，对食源性疾病、食品污染以及食品中的有害因素进行监测。

国务院卫生行政部门会同国务院食品药品监督管理、质量监督等部门，制定、实施国家食品安全风险监测计划。

国务院食品药品监督管理部门和其他有关部门获知有关食品安全风险信息后，应当立即核实并向国务院卫生行政部门通报。对有关部门通报的食品安全风险信息以及医疗机构报告的食源性疾病等有关疾病信息，国务院卫生行政部门应当会同国务院有关部门分析研究，认为必要的，及时调整国家食品安全风险监测计划。

省、自治区、直辖市人民政府卫生行政部门会同同级食品药品监督管理、质量监督等部门，根据国家食品安全风险监测计划，结合本行政区域的具体情况，制定、调整本行政区域的食品安全风险监测方案，报国务院卫生行政部门备案并实施。

第十五条　承担食品安全风险监测工作的技术机构应当根据食品安全风险监测计划和监测方案开展监测工作，保证监测数据真实、准确，并按照食品安全风险监测计划和监测方案的要求报送监测数据和分析结果。

食品安全风险监测工作人员有权进入相关食用农产品种植养殖、食品生产经营场所采集样品、收集相关数据。采集样品应当按照市场价格支付费用。

第十六条　食品安全风险监测结果表明可能存在食品安全隐患的，县级以上人民政府卫生行政部门应当及时将相关信息通报同级食品药品监督管理等部门，并报告本级人民政府和上级人民政府卫生行政部门。食品药品监督管理等部门应当组织开展进一步调查。

第十七条　国家建立食品安全风险评估制度，运用科学方法，根据食品安全风险监测信息、科学数据以及有关信息，对食品、食品添加剂、食品相关产品中生物性、化学性和物理性危害因素进行风险评估。

国务院卫生行政部门负责组织食品安全风险评估工作，成立由医学、农业、食品、营养、生物、环境等方面的专家组成的食品安全风险评估专家委员会进行食品安全风险评估。食品安全风险评估结果由国务院卫生行政部门公布。

对农药、肥料、兽药、饲料和饲料添加剂等的安全性评估，应当有食品安全风险评估专家委员会的专家参加。

食品安全风险评估不得向生产经营者收取费用，采集样品应当按照市场价格支付费用。

第十八条　有下列情形之一的，应当进行食品安全风险评估：

（一）通过食品安全风险监测或者接到举报发现食品、食品添加剂、食品相关产品可能存在安全隐患的；

（二）为制定或者修订食品安全国家标准提供科学依据需要进行风险评估的；

（三）为确定监督管理的重点领域、重点品种需要进行风险评估的；

（四）发现新的可能危害食品安全因素的；

（五）需要判断某一因素是否构成食品安全隐患的；

（六）国务院卫生行政部门认为需要进行风险评估的其他情形。

第十九条　国务院食品药品监督管理、质量监督、农业行政等部门在监督管理工作中发现需要进行食品安全风险评估的，应当向国务院卫生行政部门提出食品安全风险评估的建议，并提供风险来源、相关检验数据和结论等信息、资料。属于本法第十八条规定情形的，国务院卫生行政部门应当及时进行食品安全风险评估，并向国务院有关部门通报评估结果。

第二十条　省级以上人民政府卫生行政、农业行政部门应当及时相互通报食品、食用农产品安全风险监测信息。

国务院卫生行政、农业行政部门应当及时相互通报食品、食用农产品安全风险评估结果等信息。

第二十一条　食品安全风险评估结果是制定、修订食品安全标准和实施食品安全监督管理的科学依据。

经食品安全风险评估，得出食品、食品添加剂、食品相关产品不安全结论的，国务院食品药品监督管理、质量监督等部门应当依据各自职责立即向社会公告，告知消费者停止食用或者使用，并采取相应措施，确保该食品、食品添加剂、食品相关产品停止生产经营；需要制定、修订相关食品安全国家标准的，国务院卫生行政部门应当会同国务院食品药品监督管理部门立即制定、修订。

根据《食品安全法》规定，2009 年 11 月，卫生部组建了由 42 位医学、农业、食品、营养等方面专家组成的国家食品安全风险评估专家委员会。专家委员会将承担国家食品安全风险评估工作，参与制定与食品安全风险评估相关的监测和评估计划，拟定国家食品安全风险评估技术规则，解释食品安全风险评估结果，开展风险评估交流，以及承担卫生部委托的其他风险评估相关任务。

2011年10月13日,国家食品安全风险评估中心正式挂牌成立。其职责列于表1-8中。

表1-8　国家食品安全风险评估中心工作职责

1. 开展食品安全风险评估基础性工作,具体承担食品安全风险评估相关科学数据、技术信息、检验结果的收集、处理、分析等任务,向国家食品安全风险评估专家委员会提交风险评估分析结果,经其确认后形成评估报告报卫生部,由卫生部负责依法统一向社会发布。其中,重大食品安全风险评估结果,提交理事会审议后报国家食品安全风险评估专家委员会。
2. 承担风险监测相关技术工作,参与研究提出监测计划,汇总分析监测信息。
3. 研究分析食品安全风险趋势和规律,向有关部门提出风险预警建议。
4. 开展食品安全知识的宣传普及工作,做好与媒体和公众的沟通交流。
5. 开展食品安全风险监测、评估和预警相关科学研究工作,组织开展全国食品安全风险监测、评估和预警相关培训工作。
6. 与中国疾病预防控制中心建立工作机制,对食品安全事故应急反应提供技术指导。
7. 对分中心进行业务指导,对地方风险评估技术支持机构进行技术指导。
8. 承担国家食品安全风险评估专家委员会秘书处、食品安全国家标准审评委员会秘书处的日常工作。
9. 承担法律法规规定和举办单位交办的其他工作。

《食品安全法》实施以来,中国逐步完善了食品安全风险评估配套管理制度,陆续发布了《食品安全风险评估工作指南》、《食品安全风险评估数据需求及采集要求》、《食品微生物风险评估在食品安全风险管理中的应用指南》等10余项风险评估技术规范,为全国开展食品安全风险评估工作提供了科学指导。在工作中形成了一套风险评估建议收集、项目确定与实施、报告审议与发布的工作程序(见图1-3)。

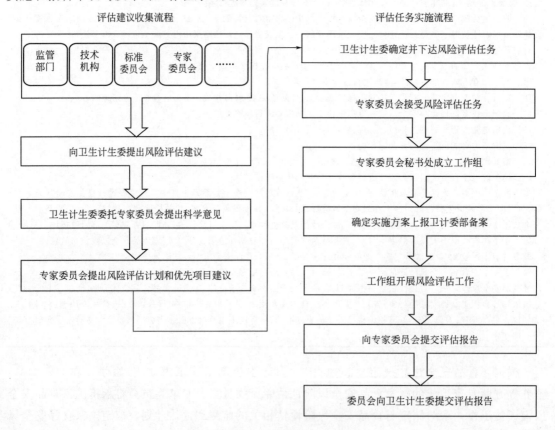

图1-3　食品安全风险评估工作程序

中国利用覆盖全国 85％的县级行政区域的食品安全风险监测系统，每年采集包括 30 大类食品中的近 300 项生物性和化学性危害物含量指标，初步建立了食源性疾病数据库。此外，中国初步建立了包括 1000 多种食品中有毒有害物质的毒理学基础数据库和毒性信息查询平台，可满足专业人员、社会公众等不同群体的检索查询要求；中国已成功开展五次总膳食研究，收集了食物加工、持久性有机污染物、真菌毒素、甲基汞、无机砷、反式脂肪酸等多种污染物含量以及膳食暴露量等数据。这些基础数据成为国家食品安全风险评估优先项目和应急评估任务的重要基础。

② 危害识别

　　所谓"危害"，即食品中潜在的会对人体健康造成不良作用的生物、化学或物理因子或条件。危害识别（hazard identification）是识别可能对人体健康和环境产生不良作用效果的风险源，识别可能存在于某种或某类食品中的生物、化学和物理风险因素，并对其特性进行定性描述的过程。危害识别是在毒理学数据和作用模式等可利用的数据基础上，评价和权衡风险源有害作用的证据，即对可能存在于特定食品和食品类别中会导致有害作用的生物、化学和物理等危害因子的识别。危害识别通常考虑 2 个问题：①任何可能暴露于人群的对人体健康产生危害的属性；②危害发生的条件。

　　危害识别作为风险评估过程的第一个步骤，主要作用在于：①用以澄清一种人类健康问题以帮助制定风险管理的策略和方案；②用以确定食品危害方面的标识；③用以将食品划分到合适的种类或群组，以进行进一步的测试和评估。但在实际操作中，危害识别与暴露评估通常可以同时进行，在某些情况下，也可以只进行危害识别。

　　危害识别的主要内容包括：

　　① 识别危害因子的性质，并确定其所带来的危害的性质和种类等。

　　② 确定这种危害对人体的影响结果。

　　③ 检查对于所关注的危害因子的检验和测试程序是否适合、有效。这一点对于确保危害因子及其所带来危害的识别结果的准确性、确保相应观察测试有效性和适用性都是十分必要的。

　　④ 确定什么是显著危害。这对于评估能否完全和彻底十分重要。在某些时候，不同分析人员可能会对某些个体的危害物质所带来的不利影响究竟有多大存在不同的看法。

　　相对于定量的危害特征描述而言，危害识别可被当做是一个最初的定性的影响效果的描述。需要特别强调的是，在进行危害识别时，应确保所有的显著不利影响均被识别且得到足够的重视。

　　危害因子识别的主要方法包括动物试验、体外试验、食源性疾病监测、食品中污染物监测和流行病学研究等，然而流行病学的数据一般难以获得，因此，动物试验的数据往往是危害识别的主要依据，而体外试验的结果则可以作为作用机制的补充资料。危害识别从观察到研究、从毒性到有害作用的发生，从作用的靶器官到组织的识别，最后对给定的暴露条件下可能导致有害作用是否需要评估做出科学的判断。

2.1 流行病学调查研究

描述流行病学和分析流行病学是进行食品安全风险评估最重要、最经常的工作。流行病学调查是指不对研究对象的暴露情况加以任何限制,通过调查分析,描述疾病或健康的分布情况,找出某些因素与疾病或健康之间的关系,查找病因线索进行的流行病病因的研究。流行病学调查研究的四个基本特点:①调查研究对象为人;②既研究各种疾病,还研究健康问题;③研究疾病和健康状态的分布及其影响因素,揭示其原因;④研究如何控制、预防和消灭疾病。

2.1.1 流行病学调查方法的分类

流行病学调查的设计方法可以根据需要从不同角度建立起多种分类系统。目前,对流行病学调查方法的分类及定义仍无统一意见,依据不同的划分标准,有不同的设计类型。

2.1.1.1 按研究性质分类

从流行病学调查研究性质来划分,流行病学调查方法大致可以分为观察性研究和实验性研究。

(1) 观察(描述)性研究

观察性研究是流行病学调查的基本方法。其目标是描述人群中某种疾病或健康状况的分布,某种疾病发生的频率和模式,提供疾病病因研究的线索,分析结局与危险性之间的关联,确定高危人群;进行疾病监测、预防接种等防治措施效果的评价。主要包括横断面研究、生态学研究、队列研究与病例对照研究。

① 横断面研究(cross-sectional study) 又称现况研究或现况调查或横断面调查,是指在特定的时间断面或时期内,调查研究特定范围内人群中有关变量(因素)与疾病(健康状况)的关系。调查对象包括确定人群中所有的个体或这个人群中的代表性样本。

② 生态学研究(ecological study) 生态学研究是以群体作为观察、分析的基本单位,在群体水平上研究生活条件和方式对疾病发生的影响,分析某种暴露与疾病的关系。研究的对象可以是学校、工厂、城镇甚至整个国家的人群。开始时一般不设对照,在确定因果受到限制时,对不会发生变化的暴露因素,可以提示因果联系。

③ 队列研究(cohort study) 队列研究又称"随访研究"。在事故暴露人群已经确定且人群数量较少时,适合开展队列研究。以所有暴露人群作为研究对象,按照是否暴露于某种因素或者暴露的程度将研究人群分组,然后分析和比较这些人群或研究队列的发病率或死亡率有无明显差别,判断暴露因素与疾病的关系。如调查参加聚餐的所有人员、到某一餐馆用餐的所有顾客、某学校的在校学生、某工厂的工人等,可设计可疑餐次或可疑食品的调查问卷,采用一致的调查方式对所有研究对象进行个案调查,收集发病情况、进食可疑食品或可疑餐次中所有食品的信息以及各种食品的进食量,进一步做剂量-反应关系的分析,判断进食可疑食品与疾病发生的关系。

④ 病例对照研究（case-control study） 又称病例历史研究，是流行病学调查研究中最常用的方法。是选择一组已确诊的患某种特定疾病的病人作为病例，另选择一组没有该病者但具有可比性的个体作为对照，分别调查其既往暴露于某个（某些）危险因子的情况和程度，对比病例组与对照组某可疑因素出现的频率，以判断暴露于危险因子与某病有无关联及其程度大小的一种观察性研究方法。在难以调查事故全部病例或事故暴露人群不确定时，适合开展病例对照研究。

病例组应尽可能选择确诊病例或可能病例。病例人数较少（＜50 例）时可选择全部病例；人数较多时，可随机抽取 50～100 例。对照组应来自病例所在人群，通常选择同餐者、同班级、同家庭等未发病的健康人群作对照，人数应不少于病例组人数。病例组和对照组的人数比例最多不超过 1∶4。

调查时，设计可疑餐次或可疑食品的调查问卷，采用一致的调查方式对病例组和对照组进行个案调查，收集进食可疑食品或可疑餐次中所有食品的信息以及各种食品的进食量，进一步做剂量-反应关系的分析。

（2）实验性研究

又称干预研究或流行病学实验，是研究者在一定程度上掌握着实验条件，根据研究目的主动给予研究对象某种干预措施，比如施加或减少某种因素，然后追踪、观察和分析研究对象的结果。根据研究目的和对象不同，实验性研究一般可以分为临床试验、现场试验、社区干预和整群随机试验三种。

① 临床试验（clinical trials） 临床试验是以病人为研究对象，以临床治疗措施为研究内容，目的是揭示某种疾病的致病机理或因素，评价某种疾病的治疗方法或发现预防疾病结局（如死亡或残疾）的方法。临床试验应遵循随机、对照和双盲的原则。

② 现场试验（field trials） 现场试验的主要研究对象为未患病的健康人或高危人群中的个体。现场试验中接受处理或预防的对象是个人，而不是一个群体。由于研究对象不是病人，仅适合于那些危害大、发病范围广的疾病的预防研究。

③ 社区干预和整群随机试验（community intervention and cluster randomized trials） 社区干预试验中接受处理或预防的对象是整个社区或一个群体的一部分，如学校的某个班级、工厂的某个车间等。在研究过程中，通常选取 2 个社区，一个进行干预措施，一个作为对照，研究对比 2 个社区的发病率、死亡率以及可能的危险因素。社区干预试验一般历时较长，需要 6 个月以上。

2.1.1.2　按设计类型分类

流行病学调查应采用什么设计类型，着重考虑收集和分析资料的细致程度及可能性。收集的是什么时间的资料，主要反映资料的可靠性及能否从时间上判断因果。流行病学调查设计类型的划分不依赖于时间因素，按资料时间进行分类也不依据设计类型。两种分类系统各方法之间无等同或包含关系。

虽然流行病学调查方法是多种多样的，但总的来说可分为不设立对照组的调查和设立对照组的调查两大类。

（1）不设立对照组的调查

不设立对照组的调查，也就是对调查对象不进行分组，或虽然调查两个以上的群组，但由于研究因素不明确或群组间无可比性等原因，不宜进行统计学的相关分析，这些调查只能看做是对某些总体或其部分情况的了解。如"某一人群或地区死亡回顾调查"、"某种疾病的普查及筛检"、"污染与疾病监测"、"临床病例随访"、"个案调查"、"病例报告"等。

通过不设立对照组的调查描述疾病的分布时，往往要进行多个群组调查，利用多次调查的资料，尽可能得到一些暴露因素，进行识别判断。但如果无法保证群组间的可比性，就不应视为设立了对照组。不设立对照组的调查有以群体为基本单位收集资料的，也有以个体为基本单位收集资料的，并可以进一步细分。

（2）设立对照组的调查

设立对照组也就是将调查对象分成两个或多个组，各组之间除研究因素外，其他影响结果的因素应基本相同，即具有可比性。有了对照组就能通过统计学的比较分析来研究变量之间的相关联系，也就是说进入了分析流行病学的研究阶段。

① 群体水平的研究（group-level study） 一般称为生态学研究，它是以群体为基本单位收集或分析资料，从而进行暴露与疾病关系的研究。在生态学研究中不知道（或无视）在暴露者中有多少发生了疾病或非暴露者中有多少发生了疾病，也就是不能（或没有）在特定的个体中将暴露与疾病联系起来。所谓疾病也包括其他效应，所谓暴露则指一切可能影响疾病的研究因素。例如：进行我国某县的胃癌死亡率与幽门螺杆菌（Hp）感染率之间的关系调查研究。研究设立了对照组，但用的是死亡率、感染率等反映群组特征的变量。感染 Hp 的人中有多少死于胃癌及未感染 Hp 的人中有多少死于胃癌是不知道的，即不能在特定的个体中将暴露与疾病联系起来。

② 个体水平的研究（individual-level study） 它是以个体为基本单位收集和分析资料，从而进行暴露与疾病关系的研究。这里的个体研究并不是只研究某个个体，而是以个体为基本单位收集和分析资料，以便在特定的个体中将暴露与疾病联系起来，进而研究其组成的群体之意。

个体研究既可以进行发病者与未发病者中暴露情况的比较，也可以进行暴露者与非暴露者中发病等情况的比较。有的相关与回归研究等，只调查一组人群，以个人为测量和分析单位，看似没有对照组。实际上它是定群研究或病例对照研究分组很细的情况，即每个人互为内对照。有时疾病与暴露也是相对而言，它们只是不同的研究变量而已。例如"某人群血硒和发硒含量间的相关分析"、"某地男孩身高与体重的相关与回归分析"等。

2.1.1.3 按资料时间分类

上述方法是按统计分析对调查设计的不同要求将流行病学调查进行"连续划分"的设计类型。在实际调查中，往往要按资料时间分类的方法进行调查设计，收集的资料是某一时点的，或是一定时期内的（不在同一时点上）。这样的流行病学调查又可分为时点调查即横断面调查和时期调查，时期调查又可以进一步划分为回顾性调查及前瞻性调查。这些调查均可采用不同的设计类型；同样，每一种设计类型也均可用于横断面调查、回顾性调查及前瞻性调查。

（1）横断面调查（cross-sectional study）

又称为现况研究或现况调查或横断面研究，是指在特定时间断面或时期内，收集调查特定范围内人群中有关变量（因素）与疾病（健康状况）的关系。调查对象包括确定人群中所有的个体或这个人群中的代表性样本，也就是按设计要求收集某一时点或短暂时间内流行病学资料的调查，这些资料均可看成是在同一时点上。横断面调查不仅用于估计总体参数及生态学研究（如"某疾病的普查及筛检"、"生理指标正常值范围的确定"、描述疾病分布等），也可进行病例对照研究和定群研究。

（2）回顾性调查（retrospective study）

也就是按设计要求收集过去某一段时间流行病学资料的调查。在回顾性调查中，研究因素与疾病均在开始收集资料前已经发生，研究者从各种记录或从调查对象及其亲属的回忆中获得资料。回顾性调查不仅可以进行病例对照研究，而且据统计大多数定群研究也是回顾性的，人们常称为"回顾性队列研究"（retrospective cohort study）或"历史性定群研究"（historical cohort study）等。例如：当要进行放射治疗与白血病关系的研究时，可以查阅几所医院早年的诊断记录，从中发现红细胞增多症或疑似患者，从医院病历中还可查到每一名患者所接受的治疗措施，然后通过各种记录调查各治疗组患者到某年某月为止发生急性白血病的情况，进行比较分析，就是回顾性定群研究。

实际上大量的回顾性调查还是在描述流行病学等方面的应用，如"某人群或地区死亡回顾调查"、"疾病流行因素的回顾及分析"以及经常性"个案调查"总结等。

（3）前瞻性调查（prospective study）

也就是按设计要求收集以后某一段时间流行病学资料的调查。在前瞻性调查中，疾病在开始收集资料前尚未发生，研究者直接观察研究因素与疾病发生等情况。与横断面调查和回顾性调查一样，前瞻性调查也适用于各种设计类型，定群研究只是类型之一，在描述流行病学等方面也有应用，如"疾病监测"、"临床病例随访"等。目前很多学者已将病例对照研究应用于前瞻性调查。

流行病学调查方法可以根据需要从不同角度建立起多种分类系统，但分类根据必须统一，也就是每次划分必须按同一标准进行。如根据是否抽取样本还可以将流行病学调查分为普查和抽样调查等。有些人将流行病学调查方法按横断面调查（或现况研究）、病例对照研究及定群研究等分类或排列，在一次划分中使用了两个或两个以上的不同根据，使各种方法之间留有空缺（划分不全）或相互重叠（子项相容），不利于对流行病学调查方法的全面了解和系统掌握。

当然，每一种分类及定义均不是绝对的，可比性也是相对而言。在实际工作中不同方法往往联合或分阶段使用。但在论述流行病学调查方法时，定义必须相应相称，分类后各方法应为全异关系，且各方法外延之和等于整个流行病学调查的外延。

2.1.2　食品安全事故流行病学调查技术与流程

《中华人民共和国食品安全法》第一百零五条规定，县级以上疾病预防控制机构应当对事故现场进行卫生处理，并对与事故有关的因素开展流行病学调查，有关部门应当予以协助。县级以上疾病预防控制机构应当向同级食品药品监督管理、卫生行政部门提交流行病学调查报告。为规范食品安全事故流行病学调查工作，卫生部于 2011 年 11 月印发了《食品安全事故流行病学调查工作规范》（卫监督发〔2011〕86 号）。

食品安全事故流行病学调查的任务是通过开展现场流行病学调查、食品卫生学调查和实验室检验工作，调查事故有关人群的健康损害情况、流行病学特征及其影响因素，调查事故有关的食品及致病因子、污染原因，做出事故调查结论，提出预防和控制事故的建议，并向同级卫生行政部门（或政府确立的承担组织查处事故的部门）提出事故调查报告，为同级卫生行政部门判定事故性质和事故发生原因提供科学依据。调查机构应当设立事故调查领导小组，由调查机构负责人、应急管理部门、食品安全相关部门、流行病学调查部门、实验室检验部门以及有关支持部门的负责人组成，负责事故调查的组织、协调和指导。食品安全事故流行病学调查结果直接关系到事故因素的及早发现和控制，是责任认定的重要证据之一。为提高全国食品安全事故流行病学调查工作技术水平，一定要按照规范性和科学性的程序进行工作。

调查机构应当设立事故调查专家组，可以聘任调查机构、医疗机构、卫生监督机构、实验室检验机构等相关技术人员作为事故调查技术支持专家，必要时也可以聘任国外相关领域专家。各级调查机构应当具备对辖区常见事故致病因子的实验室检验能力，国家级调查机构应当具备检验、鉴定新出现的食品污染物和食源性疾病致病因子的能力。

2.1.2.1 现场流行病学调查

食品安全事故现场流行病学调查步骤一般包括核实诊断、制定病例定义、病例搜索、个案调查、描述性流行病学分析、分析性流行病学研究等内容。

（1）核实诊断

调查组到达现场应核实发病情况、访谈患者、采集患者标本和食物样品等。通过了解患者主要临床特征、诊治情况，查阅患者病历记录和临床实验室检验报告，核实发病情况。根据事故情况进行包括人口统计学信息、发病和就诊情况以及发病前的饮食史等的病例访谈。访谈对象首选首例、末例等特殊病例。调查员到达现场后应立即采集病例生物标本、食品和加工场所环境样品以及食品从业人员的生物标本。如未能采集到相关样本的，应做好记录，并在调查报告中说明相关原因。

（2）制定病例定义

在进行分析性流行病学研究时，应采用特异性较高的可能病例和确诊病例定义，以分析发病与可疑暴露因素的关联性。病例定义应当简洁，具有可操作性，可随调查进展进行调整。病例定义可包括时间、地区、人群、症状和体征（症状如头晕、头痛、恶心、呕吐、腹痛、腹泻、抽搐等；体征如发热、紫绀、瞳孔缩小、病理反射等）、临床辅助检查阳性结果（包括临床实验室检验、影像学检查、功能学检查等）、特异性药物治疗有效、致病因子检验阳性结果。

病例定义可分为疑似病例、可能病例和确诊病例。疑似病例定义通常指有多数病例具有的非特异性症状和体征；可能病例定义通常指有特异性的症状和体征，或疑似病例的临床辅助检查结果阳性，或疑似病例采用特异性药物治疗有效；确诊病例定义通常指符合疑似病例或可能病例定义，且具有致病因子检验阳性结果。

（3）病例搜索

调查组应根据具体情况选用适宜的方法开展病例搜索。对可疑餐次明确的事故，如因聚餐引起的食物中毒，可通过收集参加聚餐人员的名单来搜索全部病例；对发生在工厂、学校、托幼机构或其他集体单位的事故，可要求集体单位负责人或校医（厂医）等通过收集缺勤记录、晨检和校医（厂医）记录，收集可能发病的人员；对于事故涉及范围较小或病例居住地相对集中，或有死亡或重症病例发生时，可采用入户搜索的方式；事故涉及范围较大，或病例人数较多，应建议卫生行政部门组织医疗机构查阅门诊就诊日志、出入院登记、检验报告登记等，搜索并报告符合病例定义者；事故涉及市场流通食品，且食品销售范围较广或流向不确定，或事故影响较大等，应通过疾病监测报告系统收集分析相关病例报告，或建议卫生行政部门向公众发布预警信息，设立咨询热线，通过督促类似患者就诊来搜索病例。

(4) 个案调查

① 调查方法　可选择面访调查、电话调查或自填式问卷调查等进行个案调查。个案调查应使用一览表或个案调查表，采用相同的调查方法进行。个案调查范围应结合事故调查需要和可利用调查资源等确定，避免因完成所有个案调查而延误后续调查的开展。

② 调查内容　人口统计学信息：包括姓名、性别、年龄、民族、职业、住址、联系方式等；发病和诊疗情况：开始发病的症状、体征及发生、持续时间，随后的症状、体征及持续时间，诊疗情况及疾病预后，已进行的实验室检验项目及结果等；饮食史：进食餐次、各餐次进食食品的品种及进食量、进食时间、进食地点，进食正常餐次之外的所有其他食品（如零食、饮料、水果、饮水等），特殊食品处理和烹调方式等；其他个人高危因素信息：外出史、与类似病例的接触史、动物接触史、基础疾病史及过敏史等。

(5) 描述性流行病学分析

个案调查结束后，应及时录入收集的信息资料，对录入的数据核对后，进行临床特征、时间分布、地区分布、人群分布等描述性流行病学分析。

临床特征：分析统计病例中出现各种症状、体征等的人数和比例，并按比例的高低进行排序，初步分析致病因子的可能范围。见表 2-1。

表 2-1　某起食品安全事故的临床特征分析

症状/体征	人数（$n=125$）	比例/%
腹泻	103	82
腹痛	65	52
发热	51	41
头痛	48	38
头昏	29	23
呕吐	25	20
恶心	21	17
抽搐	4	3.2

时间分布：可采用流行曲线等描述事故发展所处的阶段，并描述疾病的传播方式，推断可能的暴露时间，反映控制措施的效果。

地区分布：通过绘制标点地图或面积地图描述事故发病的地区分布。用点或序号等符号标注在手绘草图、平面地图或电子地图上的标点地图可清晰显示病例的聚集性以及相关因素对疾病分布的影响，适用于病例数较少的事故（如病例所在家庭、班级、学校）的位置。采用地图软件进行绘制的面积地图适用于规模较大、跨区域发生的事故（如病例所在省、市、县/区、街道/乡镇、居委会/村）的罹患率，并分析罹患率较高地区与较低地区或无病例地区饮食、饮水等因素的差异。

人群分布：按病例的性别、年龄、职业等人群特征进行分组，分析各组人群的罹患率是否存在统计学差异，以推断高危人群，并比较有统计学差异的各组人群在饮食暴露方面的异同，以寻找病因线索。

根据访谈病例、临床特征和流行病学分布，应当提出描述性流行病学的结果分析，并由此对引起事故的致病因子范围、可疑餐次和可疑食品做出初步判断，用于指导临床救治、食品卫生学调查和实验室检验，提出预防控制措施建议。

（6）分析性流行病学研究

分析性流行病学研究用于分析可疑食品或餐次与发病的关联性，常采用病例对照研究和队列研究。在完成描述性流行病学分析后，对于分析未得到食品卫生学调查和实验室检验结果支持的、无法判断可疑餐次和可疑食品的、事故尚未得到有效控制或可能有再次发生风险的以及调查组认为有继续调查必要的，应当继续进行分析性流行病学研究。

2.1.2.2 食品卫生学调查

食品卫生学调查不同于日常监督检查，应针对可疑食品污染来源、途径及其影响因素，对相关食品种植、养殖、生产、加工、储存、运输、销售各环节开展卫生学调查，以验证现场流行病学调查结果，为查明事故原因、采取预防控制措施提供依据。食品卫生学调查应在发现可疑食品线索后尽早开展。

调查方法包括访谈相关人员、查阅相关记录、现场勘查和样本采集等。

（1）访谈相关人员

访谈对象包括可疑食品生产经营单位负责人、加工制作人员及其他知情人员等。访谈内容包括可疑食品的原料及配方、生产工艺，加工过程的操作情况及是否出现停水、停电、设备故障等异常情况，从业人员中是否有发热、腹泻、皮肤病或化脓性伤口等。

（2）查阅相关记录

查阅可疑食品进货记录、可疑餐次的食谱或可疑食品的配方、生产加工工艺流程图、生产车间平面布局图等资料，生产加工过程关键环节时间、温度等记录，设备维修、清洁、消毒记录，食品加工人员的出勤记录，可疑食品销售和分配记录等。

（3）现场勘查和样本采集

在访谈和查阅资料基础上，可绘制流程图，标出可能的危害环节和危害因素，初步分析污染原因和途径，便于进行现场勘查和采样。

现场勘查应当重点围绕可疑食品从原材料、生产加工、成品存放等环节存在的问题进行。

原材料：根据食品配方或配料，勘查原料储存场所的卫生状况、原料包装有无破损情况、是否与有毒有害物质混放，测量储存场所内的温度；检查用于食品加工制作前的感官状况是否正常，是否使用高风险食品，是否误用有毒有害物质或者含有有毒有害物质的原料等。

配方：食品配方中是否存在超量、超范围使用食品添加剂，非法添加有毒有害物质的情况，是否使用高风险配料等。

加工用水：供水系统设计布局是否存在隐患，是否使用自备水井及其周围有无污染源。

加工过程：生产加工过程是否满足工艺设计要求。

成品储存：查看成品存放场所的条件和卫生状况，观察有无交叉污染环节，测量存放场所的温度、湿度等。

从业人员健康状况：查看接触可疑食品的工作人员健康状况，是否存在可能污染食品的不良卫生习惯，有无发热、腹泻、皮肤化脓破损等情况。

初步推断致病因子类型后，应针对生产加工环节有重点地开展食品卫生学调查。

2.1.2.3 实验室检验

采样和实验室检验是事故调查的重要工作内容。实验室检验结果有助于确认致病因子、查找污染来源和途径、及时救治病人。

（1）样本的采集、保存和运送

采样原则：采样应本着及时性、针对性、适量性和不污染的原则进行，以尽可能采集到含有致病因子或其特异性检验指标的样本。及时性原则：考虑到事故发生后现场有意义的样本有可能不被保留或被人为处理，应尽早采样，提高实验室检出致病因子的机会。针对性原则：根据病人的临床表现和现场流行病学初步调查结果，采集最可能检出致病因子的样本。适量性原则：样本采集的份数应尽可能满足事故调查的需要；采样量应尽可能满足实验室检验和留样需求。当可疑食品及致病因子范围无法判断时，应尽可能多地采集样本。不污染原则：样本的采集和保存过程应避免微生物、化学毒物或其他干扰检验物质的污染，防止样本之间的交叉污染。同时也要防止样本污染环境。

样本的采集、登记和管理应符合有关采样程序的规定，采样时应填写采样记录，记录采样时间、地点、数量等，由采样人和被采样单位或被采样人签字。

所有样本必须有牢固的标签，标明样本的名称和编号；每批样本应按批次制作目录，详细注明该批样本的清单、状态和注意事项等。样本的包装、保存和运输，必须符合生物安全管理的相关规定。

为提高实验室检验效率，调查组在对已有调查信息认真研究分析的基础上，根据流行病学初步判断提出检验项目。在缺乏相关信息支持、难以确定检验项目时，应妥善保存样本，待相关调查提供初步判断信息后再确定检验项目和送检。调查机构应组织有能力的实验室开展检验工作，如有困难，应及时联系其他实验室或报请同级卫生行政部门协调解决。

（2）实验室检验

实验室应依照相关检验工作规范的规定，及时完成检验任务，出具检验报告，对检验结果负责。当样本量有限的情况下，要优先考虑对最有可能导致疾病发生的致病因子进行检验。开始检验前可使用快速检验方法筛选致病因子。对致病因子的确认和报告应优先选用国家标准方法，在没有国家标准方法时，可参考行业标准方法、国际通用方法。如需采用非标准检测方法，应严格按照实验室质量控制管理要求实施检验。承担检验任务的实验室应当妥善保存样本，并按相关规定期限留存样本和分离到的菌毒株。

致病因子检验结果的解释：致病因子检验结果不仅与实验室的条件和技术能力有关，还可能受到样本的采集、保存、送样条件等因素的影响，对致病因子的判断应结合致病因子检验结果与事故病因的关系进行综合分析。检出致病因子阳性或者多个致病因子阳性时，需判断检出的致病因子与本次事故的关系。事故病因的致病因子应与大多数病人的临床特征、潜伏期相符，调查组应注意排查剔除偶合病例、混杂因素以及与大多数病人的临床特征、潜伏期不符的阳性致病因子。可疑食品、环境样品与病人生物标本中检测到相同的致病因子，是确认事故食品或污染原因较为可靠的实验室证据。未检出致病因子阳性结果，亦可能为假阴性，需排除以下原因：

① 没能采集到含有致病因子的样本或采集到的样本量不足，无法完成有关检验；

② 采样时病人已用药治疗，原有环境已被处理；

③ 因样本包装和保存条件不当导致致病微生物失活、化学毒物分解等；

④ 实验室检验过程存在干扰因素；

⑤ 现有的技术、设备和方法不能检出；

⑥ 存在尚未被认知的新致病因子等。

不同样本或多个实验室检验结果不完全一致时，应分析样本种类、来源、采样条件、保存条件以及不同实验室采用检验方法和试剂等的差异。

2.1.2.4　调查结论和评估

(1) 调查结论

调查结论包括是否定性为食品安全事故，以及事故范围、发病人数、致病因子、污染食品及污染原因。不能做出调查结论的事项应当说明原因。

在确定致病因子、致病食品或污染原因等时，应当参照相关诊断标准或规范，并参考现场流行病学调查结果、食品卫生学调查结果和实验室检验结果做出食品安全事故调查结论。对于三者相互支持的结果，调查组可以直接做出调查结论；对于现场流行病学调查结果得到食品卫生学调查或实验室检验结果之一支持的，如结果具有合理性且能够解释大部分病例的，调查组也可以做出调查结论；对于现场流行病学调查结果未得到食品卫生学调查和实验室检验结果支持，但现场流行病学调查结果可以判定致病因子范围、致病餐次或致病食品，经调查机构专家组3名以上具有高级职称的专家审定，可以做出调查结论；对于现场流行病学调查、食品卫生学调查和实验室检验结果不能支持事故定性的，应当做出相应调查结论并说明原因。

调查结论中因果推论应当考虑的因素如下。关联的时间顺序：可疑食品进食在前，发病在后；关联的特异性：病例均进食过可疑食品，未进食者均未发病；关联的强度：比值比（odds ratio，OR）或相对危险度（relative risk，RR）越大，可疑食品与事故的因果关联性越大；剂量-反应关系：进食可疑食品的数量越多，发病的危险性越高；关联的一致性：病例临床表现与检出的致病因子所致疾病的临床表现一致，或病例生物标本与可疑食品或相关的环境样品中检出的致病因子相同；终止效应：停止食用可疑食品或采取针对性的控制措施后，经过疾病的一个最长潜伏期后没有新发病例。

撰写调查报告。调查机构可参考《食品安全事故流行病学调查技术指南》（2012年版）中的"食品安全事故流行病学调查信息整理表"（附表3-8）的格式和内容整理资料，按"食品安全事故流行病学调查报告提纲"（附表3-9）的框架和内容撰写调查报告，向同级卫生行政部门提交对本次事故的流行病学调查报告。

（2）工作总结和评估

事故调查结束后，调查机构应对调查情况进行工作总结和自我评估，总结经验，分析不足，以更好地应对类似事故的调查。总结评估的重点内容包括：日常准备是否充分，调查是否及时、全面地开展，调查方法有哪些需要改进，调查资料是否完整，事故结论是否科学、合理，调查是否得到有关部门的支持和配合，调查人员之间的沟通是否畅通，信息报告是否及时、准确，调查中的经验和不足，需要向有关部门反映的问题和意见等。调查机构应当将相关的文书、资料和表格原件整理、存档。

2.2 动物实验

动物实验是食品安全风险评估中进行毒理学研究的主要方法和手段，毒理学研究的最终目的是研究外源化学物对人体的损害作用（毒作用）及其机制，但不可能在人身上直接进行研究和观察，因此，要借助于动物体内实验研究，将各种受试物经口给予动物，观察其在动物的各种毒性反应、毒作用靶器官和毒作用机制，将实验动物的研究结果再外推到人。相对于流行病学研究的费用昂贵，资料难以获得而言，动物实验能经济、方便地提供更为全面的毒理学数据，因此，危害识别中绝大多数毒理学资料主要来自动物实验。

动物实验可以提供以下几个方面的信息：一是毒物的吸收、分布、代谢、排泄情况；二是确定毒性效应指标、阈值剂量或未观察到有害作用剂量等；三是探讨毒性作用机制和影响因素；四是化学物的相互作用；五是代谢途径、活性代谢物以及参与代谢的酶等；六是慢性毒性发生的可能性及其靶器官。

2.2.1 实验动物和动物实验

2.2.1.1 实验动物

实验动物是指经人工培育，对其携带的微生物实行控制，遗传背景明确或者来源清楚的，用于科学研究、教学、生产、检验以及其他科学实验的动物。这些动物世世代代、终生生活在实验条件下，甚至只生活在狭小的笼具中，完全不同于其他动物。

选择什么样的实验动物做实验是生物医学科学研究工作中的一个重要环节，不能随便选用一种实验动物来做科学研究，因为在不适当的动物身上进行实验，常可导致实验结果的不可靠，甚至使整个实验徒劳无功，直接关系到科学研究的成败和质量。事实上，每一项科学实验都有其最适宜的实验动物。

实验动物的选择主要包括以下几个方面。首先是实验动物物种选择，其基本原则是选择在代谢、生物化学和毒理学特征上与人最接近，自然寿命不太长，易于饲养和实验操作，经济并易于获得的物种。目前常规选择两个物种：一种是啮齿类，另一种是非啮齿类。其次是实验动物品系的选择。不同品系实验动物对外源化学物毒性反应有差别，所以毒理学研究要选择适宜的品系。第三是实验动物微生物控制的选择。对毒性研究及毒理学研究应使用Ⅱ级（或Ⅱ级以上）的动物，以保证实验结果的可靠性。最后是个体选择。要充分考虑所选动物的性别、年龄、生理状态和健康状况对动物试验的影响。选择实验动物时还要注意尽量选择那些机能、代谢、结构和人类相似的实验动物。一般来说，实验动物愈高等，进化愈高，其机能、代谢、结构愈复杂，反应就愈接近人类，猴、狒狒、猩猩、长臂猿等灵长类动物是最近似于人类的理想动物。家犬、鼠类等动物具有发达的血液循环和神经系统以及基本上和人相似的消化过程，在毒理方面的反应和人比较接近，适于做营养学、药理学、毒理学、生理学和行为等研究。另外，要尽量选用经遗传学、微生物学、营养学、环境卫生学的控制而培育的标准化实验动物，才能排除因实验动物带细菌、带病毒、带寄生虫和潜在疾病对实验结果的影响；也才能排除因实验动物杂交，遗传上不均持，个体差异，反应不一致。近交系动物由于存在遗传的均质性、反应的一致性、实验结果精确可靠等优点已被广泛用于医学科学研究各个领域。许多突变品系动物具有与人类相似的疾病或缺损，如糖尿病伴肥胖症小鼠、自身免疫症小鼠、肌肉萎缩症小鼠、侏儒症小鼠、高血压大鼠、癫痫大鼠、骨骼硬化症小鼠、青光眼兔、脱鞘症小鼠、少趾症小鼠等具有实验模型性状显著且稳定的特征，是研究人类这些疾症的重要实验模型和动物材料。选用人畜共患疾病的实验动物是提供研究病因学、流行病学、发病机理以及预防和治疗的良好动物模型。如用猴子研究痢疾是最好的实验动物；黑热病地区的家犬也感染利朵曼氏原虫发病，犬当然就成为研究黑热病的最好实验动物。

在食品安全风险评估中，常用作毒理学研究的实验动物有小鼠、大鼠、豚鼠和兔等。

(1) 小鼠（mouse；musculus）

哺乳纲、啮齿目、鼠科、小鼠属动物。成熟早，繁殖力强。小鼠性成熟雌性为 35～50 日龄，雄性为 45～60 日龄；体成熟雌性为 65～75 日龄，雄性为 70～80 日龄；性周期为 4～5 天，妊娠期为 19～21 天，哺乳期为 20～22 天；每胎产仔数为 8～15 头，一年产仔胎数 6～10 胎，属全年、多发情性动物，繁殖率很高，生育期为一年。小鼠发育成熟时体长小于 15.5cm，体重雌性为 18～40 克；雄性为 20～49 克；小鼠的染色体为 20 对，寿命 2～3 年。小鼠的品种和品系很多，是实验动物中培育品系最多的动物。目前世界上常用的近交品系小鼠约有 250 多个，均具有不同特征。突变品系小鼠约 350 多个。如以肿瘤研究需要培育的高癌株的 C3/H/HCN、A 系、津白Ⅱ号等，低癌株的 C57BL/6N、C58、津白Ⅰ号等；为研究人类各种疾病需要培育的心血管疾病小鼠——DBA 等品系；为供药物和代谢等研究需要培育的 BALB/CAnN 品系、CBA/N 品系、C57BR/CdJN 品系、C57BL/10scN 品系等。

小鼠在生物医学研究中的应用最多的是各种药物的毒性实验，如急性毒性试验、亚急性和慢性试验、半数致死量的测定等常常选用小鼠；也适合各种筛选性实验，一般筛选实验动物用量较大，多半是先从小鼠做起，可以不必选用纯系小鼠，杂种健康成年小鼠即符合实验要求。如筛选一种药物对某一疾病或疾病的某些症状等有无防治作用时，选用杂种鼠可以观察一个药物的综合效果，因杂种鼠中血缘关系有比较近的，也有比较远的，对药物反应可能有敏感的、次敏感的、不太敏感的。通过筛选获得一个药物的综合效果后，再用纯系小鼠或大动物做进一步的肯定。另外，也广泛应用于生物效应测定和药物的效价比较实验，如广泛用于血清、疫苗等生物鉴定工作，照射剂量与生物效应实验，各种药物效价测定等实验。

(2) 大鼠（rat；rattus norregicus）

哺乳纲、啮齿目、鼠科、大鼠属动物。大鼠繁殖快，2 月龄时性成熟，性周期 4 天左右，妊娠期 20（19～22）天，哺乳期 21 天，每胎产仔平均 8 只，为全年、多发情性动物。染色体为 21 对，寿命 3～4 年。大鼠性情较凶猛、抗病力强。常用的大鼠近交品系有十几个，如 ACI、BVF、F344、PA、M520、WAB、WAC、WKA、SD、RF 等品系。常用的非近交的纯种大鼠有 7 种，其中以 Wistar 大鼠用得最多。

大鼠在生物医学研究中的应用也比较广泛，常用来做神经-内分泌实验研究，营养、代谢性疾病研究，药物学研究，肿瘤研究，传染病研究，行为表现的研究，畸胎学研究和遗传学研究等。

（3）豚鼠（guine-pig；cavia porcellus）

豚鼠属哺乳纲、啮齿目、豚鼠科。又名天竺鼠、海猪、荷兰猪。豚鼠喜群居，头大、颈短、耳圆、无尾，全身被毛，四肢较短，前肢有四趾，后肢有三趾，有尖锐短爪。习性温顺，胆小易惊。豚鼠是草食性动物，嚼肌发达而胃壁非常薄，盲肠特别膨大，约占腹腔的 1/3 容积，粗纤维需要量较家兔还要多，但不像家兔哪样易患腹泻病。豚鼠的性周期为 16.5（12～18）天，妊娠期 68（62～72）天，哺乳期 21 天，产仔数 3.5（1～6）只，为全年、多发情性动物，并有产后性周期。

豚鼠在生物医学研究中的应用也比较广泛，常用来进行各种传染病的研究。豚鼠对很多致病菌和病毒十分敏感，是进行各种传染性疾病研究的重要实验动物。如结核、白喉、鼠疫、钩端螺旋体病、疱疹病毒病、链杆菌、副大肠杆菌病、旋毛虫病、布氏杆菌病、斑疹伤寒、炭疽等疾病均常选用豚鼠来进行研究。此外，常用作抗结核病药物的药理学研究、营养学研究、过敏反应或变态反应的研究等。

2.2.1.2　动物实验

动物实验不仅是研究包括人类在内的生命活动及其疾病防治规律的基本手段，而且其中的基本操作即生物医学研究过程中的实验方法，是研究者必须掌握的一项基本技能。

动物实验要遵循随机、重复和对照的设计原则。某些毒性试验的期限在某种程度上由定义所决定。如急性毒性是一次或 1 天内多次给予受试物，观察 14 天。亚慢性毒性试验规定为给予受试物持续至实验动物寿命的 10%，对大鼠和小鼠而言，试验期为 90 天。慢性毒性试验与致癌试验一般规定为持续至实验动物寿命的大部分；而某些试验（如致畸试验和多代繁殖试验）的试验期限是由受试实验动物物种或品系决定的。

对于食品中的化学物，主要经口摄入。世界各国对动物实验和实验设计都出台了相关的标准要求，我国执行《食品安全性毒理学评价程序》中的 16 项国家标准。常用于危害识别的动物实验主要包括急性毒性试验、重复给药毒性试验、生殖和发育毒性试验、神结毒性试验、遗传毒性试验和致癌试验等。

（1）急性毒性试验

急性毒性是指动物或人体 1 次经口、经皮或经呼吸道暴露于化学物后，即刻或在 14 天内表现出来的毒性。某些物质（例如某些重金属、真菌毒素、兽药残留、农药残留）短期内摄入后能引起急性毒性。JECFA 在其评估中引入了急性毒性评估，必要时需要评估敏感个体产生急性效应的可能性。同样，联合国粮农组织/世界卫生组织农药残留联席会议（JMPR）认为有必要对其评估的所有农药设定急性参考剂量（ARfD）。为了更准确地获取参考剂量，JMPR 对单次给药动物实验制定了指导原则，这是经济合作与发展组织（简称经合组织，OECD）制定试验指南的基础。

总的来说，动物急性毒性对食物化学物的危害识别作用并不大，主要是因为人体暴露量远远低于引起急性毒性的剂量，且暴露时间持续较长。但当急性毒性作为主要损害作用出现时，急性毒性实验可直接用于食物化学物的危害识别。

（2）重复给药毒性试验

重复给药毒性试验可从组织、器官和细胞水平上揭示食品中有毒有害物质的作用靶器官。其主要目的是检测人或实验动物每天接触食品中有毒有害物质或食物成分 1 个月或更长时间所出现的体内毒性效应。重复给药毒性试验设计不仅要求识别潜在的毒性危害，而且还要确定毒作用靶器官的剂量-反应关系，从而确定毒作用的性质和程度。重复给药毒性试验研究的标准指南包括啮齿类动物 28 天经口毒性试验、啮齿类动物 90 天经口毒性试验、非啮齿类动物 90 天经口毒性试验。重复给药毒性试验作为危害识别的核心试验具有重要的意义，为危害识别提供了大量的实验数据，这些数据不仅与组织和器官损伤有关，而且还与生理功能和器官系统功能的细微变化有关。

（3）生殖和发育毒性试验

生殖和发育毒性试验的目的：一是评估由于形态学、生物化学、遗传或生理学受到干扰而可能出现的影响，多表现为亲代或子代的生育率或繁殖力降低；二是评估子代的生长发育是否正常。在生殖和发育毒性的研究领域中，更好地了解生殖、神经、内分泌学上的种属间差异，将有助于评估危害识别结果与人类的相关性。修改现行的生殖和发育毒性实验程序，以便更好地涵盖与内分泌干扰作用相关的终点指标，但某些食物化学物还需要进一步检测和重新评估。

（4）神经毒性试验

神经毒性试验的主要目的是检测在发育期或成熟期接触化学物是否会对神经系统造成结构性或功能性损害。这些可能的损伤包括从对情绪、认知功能的短期影响直到对中枢神经系统和外周神经系统产生永久性的不可逆损伤，而导致神经心理或感觉传导功能损害的一系列变化。目前，对神经毒性试验的认识方面还存在很多方面的差距，有待研究。这些差距包括：对神经心理学作用机制的了解；对种属间易感性、表现、神经毒性效应差异的了解；特别对于食品中的化学物，需要进一步理解毒理学因素和营养因素对神经学终点的共同作用。

（5）遗传毒性试验

遗传危害的初步检测一般不采用动物体内试验，通常可以通过体外试验获得检测结果。然而，如果体外致突变试验结果阳性，则需要做进一步的体内试验来确定这种突变活性在整体动物中是否表现出来。但体外致变谱和结构活性资料本身足以说明其体内活性时，也可不必进行体内试验。遗传毒性试验包括染色体畸变试验、啮齿类动物骨髓微核试验、体内哺乳动物肝细胞非程序性 DNA 合成（UDS）试验和精原细胞染色体畸变试验等。

（6）致癌试验

致癌试验的主要目的是观察实验动物在大部分生命周期内，经给药途径摄入不同剂量的受试物后，以发生肿瘤作为暴露的终点，来确定通过不同机制增加不同部位肿瘤发生的物质。对于食品中的化学物，主要指经口摄入。

在可预见的将来，动物实验仍是食品安全风险评估中危害识别和危害特征描述的重要组成部分；当然，将实验动物数减少到大家一致认同的最小量，用最少的实验动物来获取最多的信息是一个必然的趋势。

2.2.2 危害识别中毒理学研究

毒理学（toxicology）是危害识别中应用最多的方法，主要研究外源物（自然存在或人工合成的生物活性物质）对生物体有害影响。应用食品毒理学的方法对食品进行安全性评价，为我们正确认识和安全使用食品添加剂（包括营养强化剂）、正确评价和控制食品容器和包装材料、辐照食品、食品及食品工具与设备用洗涤消毒剂、农药残留及兽药残留的安全性提供了可靠的操作方法。

2.2.2.1 毒物、毒性和毒作用

毒物（poison，toxicant）：在一定条件下，以较小剂量进入机体后，能与机体组织发生化学和物理化学作用，破坏正常生理功能，引起机体暂时的或永久的病理状态，甚至危及生命的化学物质称为毒物。食物中的毒物来源有：天然的或食品变质后产生的毒素等、环境污染物、农兽药残留、生物毒素、食品接触所造成的污染。

毒物发生效应取决于机体吸收后分布全身，最后在靶器官中达到一定剂量与该器官相互作用后，才出现毒性效应。

毒性（toxicity）：毒性是一种物质对机体造成损害的能力。物质有毒与无毒是相对的，任何一种化合物进入机体，只要达到一定剂量，均能对健康产生有害作用。影响化学毒物毒性的关键因素是剂量。除此之外，还要考虑到与机体接触数量是决定因素，以及与机体接触的方式、途径，接触时间、速率和频率，物质本身的化学性质和物理性质。

在毒理学研究中，不同阶段的试验可用于观察化学物质的不同毒作用或毒性终点（endpoint）。急性毒性试验以受试物引起的机体死亡为毒性终点指标；亚慢性、慢性毒性试验以受试物造成的生理、生化、代谢等过程的异常改变为毒性终点指标；遗传毒理学试验则以受试物导致的基因突变、染色体畸变、畸形、肿瘤形成等为毒性终点。因许多毒性终点之间无法类比，故化学物质的毒性分级标准以终点为基础，如急性毒性根据半数致死量分级，致畸物则根据致畸指数分级。

① 急性毒性 指机体一次给予受试化合物，低毒化合物可在 24h 内多次给予，经吸入途径和急性接触，通常连续接触 4h，最多连续接触不得超过 24h，在短期内发生的毒效应。

② 蓄积毒性 指低于一次中毒剂量的外源化学物，反复与机体接触一定时间后致使机体出现的中毒作用。一种外源化学物在体内蓄积作用的过程，表现为物质蓄积和功能蓄积两个方面。

③ 亚慢性、慢性毒性 亚慢性毒性：指机体在相当于 1/20 左右生命期间，少量反复接触某种有害化学物或生物因素所引起的损害作用。

慢性毒性：指外源化学物质长时间少量反复作用于机体后所引起的损害作用。

④ "三致"作用 指致突变、致畸、致癌作用。

2.2.2.2 毒性作用及其分类

化学毒物的毒性作用（toxic effect）是其本身或代谢产物在作用部位达到一定数量并与组织大分子成分互相作用的结果。毒性作用又称毒效应，是化学毒物对机体所致的不良或有害的生物学改变，故又称不良效应或有害效应。

毒性作用的特点是，在接触化学毒物后，机体表现出各种功能障碍、应激能力下降、维持机体稳态能力降低及对环境中的其他有害因素敏感性增高等。

化学毒物的毒性作用可根据其特点、发生的时间和部位，按不同方法进行分类。

① 速发与迟发作用（immediate effect and delayed effect）：速发作用指某些化学毒物与机体接触后在短时间内出现的毒效应。迟发作用指机体接触化学毒物后，经过一定的时间间隔才表现出来的毒效应。

② 局部与全身作用（local effect and systemic effect）：局部作用指发生在化学毒物与机体直接接触部位处的损伤作用。全身作用是指化学毒物吸收入血后，经分布过程达到体内其他器官所引起的毒效应。多数引起全身作用的化学毒物并非引起所有组织器官的损害，其作用点往往只限于一个或几个组织器官，这样的组织器官称为靶器官（target organ）。

③ 可逆与不可逆作用（reversible effect and irreversible effect）：可逆作用是指停止接触化学毒物后，造成的损伤可以逐渐恢复。不可逆作用是指停止接触化学毒物后，损伤不能恢复，甚至进一步发展加重。化学毒物的毒性作用是否可逆主要取决于被损伤组织的再生能力。

④ 过敏性反应（hypersensibility）：也称变态反应（allergic reaction）。该反应与一般的毒性反应不同。首先，某些作为半抗原的化学物质（致敏原）与机体接触后，与内源性蛋白质结合为抗原并激发抗体产生，称为致敏；当再度与该化学物质或结构类似物质接触时，引发抗原抗体反应，产生典型的过敏反应症状。化学物质所致的过敏性反应在低剂量下即可发生，难以观察到剂量-反应关系。损害表现多种多样，轻者仅有皮肤症状，重者可致休克，甚至死亡。

⑤ 特异体质反应（idiosyncratic reaction）：某些人有先天性的遗传缺陷，会对某些化学毒物表现出异常的反应性。

⑥ 高敏感性（hyper-sensibility）：指某一群体在接触较低剂量的特定化学毒物后，当大多数成员尚未表现出任何异常时，就有少数个体出现了中毒症状。

⑦ 高耐受性（hyper-resistibility）：指接触某一化学毒物的群体中有少数个体对其毒性作用特别不敏感，可以耐受远高于其他个体所能耐受的剂量。

2.2.2.3 表示毒性常用指标

(1) 致死剂量（lethal dose）

① 绝对致死剂量（absolute lethal dose，LD_{100}）：是指化学物质引起受试对象全部死亡所需要的最低剂量或浓度。如再降低剂量，就有存活者。但由于个体差异的存在，受试群体中总是有少数高耐受性或高敏感性的个体，故 LD_{100} 常有很大的波动性。

② 最小致死剂量（minimal lethal dose，MLD 或 LD_{01}）：指化学物质引起受试对象中的

个别成员出现死亡的剂量。从理论上讲，低于此剂量即不能引起死亡。

③ 最大耐受剂量（maximal tolerance dose，MTD 或 LD_0）：指化学物质不引起受试对象出现死亡的最高剂量。若高于该剂量即可出现死亡。与 LD_{100} 的情况相似，LD_0 也受个体差异的影响，存在很大的波动性。

④ 半数致死剂量（median lethal dose，LD_{50}）：指化学物质引起一半受试对象出现死亡所需要的剂量，又称致死中量。LD_{50} 是评价化学物质急性毒性大小最重要的参数，也是对不同化学物质进行急性毒性分级的基础标准。化学物质的急性毒性越大，其 LD_{50} 的数值越小。

（2）阈剂量和最大无作用剂量

① 阈剂量（threshold dose）：指化学物质引起受试对象中的少数个体出现某种最轻微的异常改变所需要的最低剂量，又称为最小有作用剂量（minimal effect level，MEL）。分为急性和慢性两种：急性阈剂量（acute threshold dose，Limac）为与化学物质一次接触所得；慢性阈剂量（chronic threshold dose，Limch）则为长期反复多次接触所得。在毒理学试验中获得的类似参数是观察到损害作用的最低剂量（lowest observed adverse effect level，LOAEL）。

② 最大无作用剂量（maximal no-effect dose，ED_0）：指化学物质在一定时间内，按一定方式与机体接触，用现代的检测方法和最灵敏的观察指标不能发现任何损害作用的最高剂量。最大无作用剂量也不能通过试验获得。毒理学试验能够确定的是未观察到损害作用的剂量（no-observed adverse effect level，NOAEL）。NOAEL 是毒理学的一个重要参数，在制订化学物质的安全限值时起着重要作用。

（3）毒作用带

毒作用带（toxic effect zone）是表示化学物质毒性和毒作用特点的重要参数之一，分为急性毒作用带与慢性毒作用带。

① 急性毒作用带（acute toxic effect zone，Zac）：为半数致死剂量与急性阈剂量的比值，表示为：Zac＝LD_{50}/Limac。

Zac 值小，说明化学物质从产生轻微损害到导致急性死亡的剂量范围窄，引起死亡的危险性大；反之，则说明引起死亡的危险性小。

② 慢性毒作用带（chronic toxic effect zone，Zch）：为急性阈剂量与慢性阈剂量的比值，表示为：Zch＝Limac/Limch。

Zch 值大，说明 Limac 与 Limch 之间的剂量范围大，由极轻微的毒效应到较为明显的中毒表现之间发生发展的过程较为隐匿，易被忽视，故发生慢性中毒的危险性大；反之，则说明发生慢性中毒的危险性小。

（4）安全限值

① 每日容许摄入量（acceptable daily intake，ADI）：指允许正常成人每日由外环境摄入体内的特定化学物质的总量。在此剂量下，终生每日摄入该化学物质不会对人体健康造成任何可测量出的健康危害，单位用 mg/（kg 体重·d）表示。

② 最高容许浓度（maximum allowable concentration，MAC）：是指车间内工人工作地点的空气中某种化学物质不可超越的浓度。在此浓度下，工人长期从事生产劳动，不致引起

任何急性或慢性的职业危害。在生活环境中，MAC是指对大气、水体、土壤等介质中有毒物质浓度的限量标准。

③ 阈限值（threshold limit value，TLV）：为美国政府工业卫生学家委员会（ACGIH）推荐的生产车间空气中有害物质的职业接触限值。为绝大多数工人每天反复接触不致引起损害作用的浓度。由于个体敏感性的差异，在此浓度下不排除少数工人出现不适、既往疾病恶化，甚至罹患职业病。

④ 参考剂量（reference dose，RfD）：由美国环境保护局（EPA）首先提出，用于非致癌物质的危险度评价。RfD为环境介质（空气、水、土壤、食品等）中化学物质的日平均接触剂量的估计值。人群（包括敏感亚群）在终生接触该剂量水平化学物质的条件下，预期一生中发生非致癌或非致突变有害效应的危险度可低至不能检出的程度。

2.2.3 我国食品安全性毒理学评价法律法规和标准

2.2.3.1 食品安全性毒理学评价程序和试验标准

GB 15193.1—2014　食品安全国家标准　食品安全性毒理学评价程序

GB 15193.3—2014　食品安全国家标准　急性经口毒性试验

GB 15193.9—2014　食品安全国家标准　啮齿类动物显性致死试验

GB 15193.12—2014　食品安全国家标准　体外哺乳类细胞 HGPRT 基因突变试验

GB 15193.13—2015　食品安全国家标准　90 天经口毒性试验

GB 15193.14—2015　食品安全国家标准　致畸试验

GB 15193.17—2015　食品安全国家标准　慢性毒性和致癌合并试验

GB 15193.18—2015　食品安全国家标准　健康指导值

GB 15193.19—2015　食品安全国家标准　致突变物、致畸物和致癌物的处理方法

GB 15193.20—2014　食品安全国家标准　体外哺乳类细胞 TK 基因突变试验

GB 15193.21—2014　食品安全国家标准　受试物试验前处理方法

2.2.3.2 食品安全性毒理学评价方法

① 急性毒性试验

② 鼠伤寒沙门氏菌/哺乳动物微粒体酶试验

③ 骨髓细胞微核试验

④ 哺乳动物骨髓细胞染色体畸变试验

⑤ 小鼠精子畸变试验

⑥ 小鼠睾丸染色体畸变试验

⑦ 显性致死试验

⑧ 非程序性 DNA 合成试验

⑨ 果蝇伴性隐性致死试验

⑩ 体外哺乳类细胞（V79/HGPRT）基因突变试验

⑪ TK 基因突变试验

⑫ 30 天和 90 天喂养试验

⑬ 致畸试验

⑭ 繁殖试验

⑮ 代谢试验

⑯ 慢性毒性和致癌试验

⑰ 日容许摄入量（ADI）

⑱ 致突变物、致畸物和致癌物的处理方法

2.2.3.3 毒理学评价试验的四个阶段

第一阶段：急性毒性试验。它是一次性投较大剂量后观察动物的变化，观察期大约为 1 周，从而判定动物的致死剂量（LD）和半数致死剂量（LD_{50}）。半数致死剂量是指实验动物死亡一半的投药量。如果投药量大于 5000mg/kg，无死亡，可认为该品毒性较低，无需做致死剂量精确测定。

第二阶段：遗传毒性试验、30 天喂养试验、传统致畸试验与遗传毒性试验的组合应该考虑原核细胞与真核细胞、体内试验与体外试验相结合的原则。从 Ames 试验或 V79/HG-PRT 基因突变试验、骨髓细胞微核试验或哺乳动物骨髓细胞染色体畸变试验、TK 基因突变试验或小鼠精子畸形分析（或睾丸染色体畸变分析试验）中分别各选一项。

第三阶段：亚慢性毒性实验。实验期在 3 个月左右，检验该品的毒性对机体的重要器官或生理功能的影响，包括繁殖和致畸实验。

第四阶段：慢性毒性实验。考查少量该品长期对机体的影响，确定最大无作用量，一般以寿命较短、敏感的动物的一生为一个试验阶段，如用大白鼠试验 2 年，小白鼠试验 1.5 年。

2.3 体外试验

食品安全风险评估中，进行危害识别的研究方法主要有动物实验研究和流行病学调查两个方面。随着科技的发展，全世界每年有大量的新化合物进入人类的商品领域，并且发展越来越快，利用传统的动物实验取得完整的资料已远远不能满足需求。此外，动物实验需要的周期长，干扰因素也较多，而且随着动物保护运动的兴起，对动物福利的要求也越来越高，利用动物实验进行危害识别研究的困难也越来越大。

分子、细胞生物学、细胞组织器官培养等体外试验技术的发展进步，为危害识别的研究提供新的科学方法和工具，许多外源性毒性作用难以在人体或动物完成或观测，可在实验室利用体外试验进行。体外方法具有简单快速、试验条件易控制、易标准化与仪器化、较好地解决物种差异的优点，作为替代动物实验的一个方向，已经受到广泛的重视。

体外试验研究的常见方法有微生物诱变试验、各种游离的脏器灌流、组织薄皮培养、细胞及受体培养等。随着研究的发展，体外试验研究经历了由宏观到微观、整体到细胞，进而到分子的演变。一些新发展的技术如基因重组、PCR 技术、DNA 测序技术、突变检测技术、荧光原位杂交技术、流式细胞技术、单细胞凝胶电泳以及转基因动物等逐步应用于检测化学致癌物引起的 DNA 损伤、基因突变、加合物的形成等食品毒理学研究中。

这些体外毒理学试验（重复剂量染毒试验体外方法、致癌性试验体外方法、生殖发育毒性试验体外方法等）用于危害识别的研究，为我们提供了更全面的毒理学资料，也可用于局部组织或靶器官的特异毒效应研究。体外毒理学研究除了用于危害识别外，还可用于危害特征描述。随着分子生物学、细胞组织器官培养等生物技术的突飞猛进，为开展体外试验提供了良好的技术支撑。

下面是食品安全风险评估中，进行危害识别研究的三种主要体外试验。

2.3.1 体外细胞培养试验

自细胞培养技术创建以来，细胞培养技术在国内外医学和生物学研究领域得到了充分运用和发展，到 20 世纪 80 年代已成为毒理学研究的必要手段。20 世纪 90 年代以后，免疫毒理、食品毒理、农药毒理等方面的应用更引人注目。随着细胞培养技术的自身完善和不断发展，体外细胞培养试验的应用越来越广泛，将会以其独有的方法来解决食品安全风险评估中有关危害物的问题。

体外细胞培养技术的基本原理：将离体细胞在体外模拟体内环境，维持其代谢生存，并进行传代与培养。细胞培养又分为细胞株培养和原代细胞培养物培养。细胞株培养因其在细胞的生长分化过程中多自身形成细胞毒性而抑制分化，因此，作为筛选系统使用不多。国外应用较普遍、认为比较可靠的方法多用原代细胞培养系统。原代细胞通过高密度培养技术在体外生长分化（包括细胞分化和生化分化），经特殊处理观察细胞生长分化情况，如用蛋白多糖特异染色、同位素标记观察、胸腺嘧啶渗入 DNA等。多种化学物质经此方法测试均有良好的相关性。因此可以认为原代培养系统对微量毒物是敏感的。在毒理学研究中较常用的细胞有胚胎肢芽细胞、人胚肺成纤维细胞、血管内皮细胞等。

细胞培养可取材于哺乳动物的不同组织，通常以幼龄动物或人胚细胞为佳，在工业毒理及药物毒理的研究中，对已明确损害某脏器的毒物，最好应用靶细胞。分离细胞时可用含有细胞的体液（血液、羊水、灌洗液等）离心分离。对离体组织应先剪碎，经消化后制成高密度的细胞悬液备用。

细胞的生物学特征，可从多方面描述，与毒性有关的有如下几个方面：① 生存能力，首先观察细胞培养液的改变，检查细胞的完善性、贴壁能力、细胞存活率、增长率、覆盖面积，测定细胞内蛋白质和 DNA 总量。② 化学成分与酶的活性，如糖、脂类、乳酸与羟脯氨酸的量，乳酸脱氢酶（LDH）、酸性磷酸酶（ACP）、溶菌酶（LZ）以及细胞内 K^+ 与 Na^+含量等。③ 特殊功能的测定与观察，如用同位素标记测定细胞代谢，或用扫描电镜观察巨噬细胞的吞噬过程等。

在毒理学的各个领域，应用细胞培养技术已是一种常规检测手段，尤其适用于可疑毒物筛选，在某种程度上能更确切反映外界因素毒性作用的最终直接结果。但是任何事物都有其双重性，细胞培养也和其他体外试验一样，不可能全面反映体内生物转化的全过程，特别是涉及法律、人权等问题，应配以其他测试系统进行全面评价。

2.3.2　体外组织培养试验

组织工程近十多年来得到了广泛而深入的研究和应用。由于该概念提出了复制组织、器官的新思想，标志着传统医学走出器官移植的范畴，步入制造组织和器官的新时代。其中，组织工程研究和开发的核心是构建细胞与细胞支架结合的三维复合体，以保证为细胞提供充足的营养和进行气体交换，同时可作为排泄废物和生长代谢的场所，并最终由细胞产生细胞外基质替代生物材料并与细胞通过自组装形成复杂的组织。因此，如何构建细胞与支架复合体以形成组织是组织工程研究中的一个关键问题。

组织工程从制备角度来看，可分为体内组织工程和体外组织工程。考虑到体外组织构建成功有可能促进组织工程产品的规模化、产业化，因此，研究者研究了从体外组织构建出发，对体外组织构建的相关技术，包括传统的多孔支架构建、无支架构建（微载体和微囊化）以及水凝胶细胞复合体构建等构建模式。

2.3.3　脏器离体灌流试验

脏器离体灌流是指动物器官离体后，在特定条件下，把待研究的物质加入灌流液中或在灌流中直接注入，然后检测分析通过脏器流出的液体。其首要目的是保持脏器在相当长的时间内具有正常活体动物的生理功能条件，以便对该脏器进行生理、生化、药理、毒理和病理的体外试验研究。

脏器离体灌流试验与整体动物实验的不同之处是：它可以排除其他脏器和系统与所研究脏器间的相互作用，而单独地研究特定器官对外源性和内源性物质的处置和反应，并可从质与量方面准确地给予评价。另外，脏器离体灌流又与其他体外试验不同，它保留着细胞结构和功能上的完整性，保留着膜的屏障与正常体液（灌流液）的供给，因而可以在一段时间内动态地观察外源性物质到达离体脏器内所发生的变化。脏器离体灌流试验在药代动力学、药效动力学研究方面具有其独特的优势，因此，是食品安全风险评估中毒理学实验的常用方法之一。

脏器离体灌流试验补充了整体动物实验和体外试验的不足。脏器离体灌流试验中，较好地保留了肠、肝等器官的完整性，实验结果具有更高的仿真性；还克服了以往监测血药浓度时实验动物血量不足的困难。进行脏器离体灌流试验，可以人为控制、改变实验条件（如流速、浓度、灌流液的成分等），并可分析各种外加因素对受试物代谢过程的影响。一个动物个体对应一组动态的数据，既减少了动物数，又减少了试验的系统误差，提高了试验结果可信度。此外，灌流液成分相对比较简单，不仅简化样品前处理过程，而且避免血清本身成分对试验结果的干扰。脏器离体灌流试验不再局限于整体的功能性研究，而可以从细胞、分子、基因水平上对药物的作用机制进行研究。

目前，常做的脏器离体灌流试验有肠灌流、肝脏灌流、心脏灌流等试验。

总之，体外试验以其特有的优势成为食品毒理学研究的主要手段。但体外试验系统也存在一些先天性不足，主要表现为缺乏研究吸收、分布、代谢和排泄（ADME）方法；缺乏体内的免疫、内分泌和神经系统，很难获取某些细胞、组织，并维持完全分化的状态。其次，组织培养的细胞与体内原位细胞不仅在结构、形态学和种类上都存在差异，而且体内原位细胞还有附件成分和细胞之间可进行信息交流，这样就导致了对毒性攻击产生的行为和反应不同。因此，在食品安全风险评估中进行危害识别，要把体外试验和动物实验相结合，做出全面、准确、科学的评估。

2.4 结构-活性关系

结构-活性关系亦即构效关系，即化学物的生物学活性与其结构和官能团有关，可以利用已知的结构类似化学同系物的资料或用确定的靶点资料来预测化学物活性。根据大量现有化学物的毒性分析结果，利用结构-活性关系分析可预测一种新化学物的潜在毒性。结构-活性关系分析广泛应用于危害识别，如潜在的遗传毒性、生态毒性等。如果能同时预测化学物的人体摄入量，将有助于确定毒理学试验的设计方案。目前，这种方法已主要用于对包装材料迁移物和香料的评价。

利用结构-活性关系来预测一种新化学物的潜在毒性时，一般要建立定量结构-活性相关（QSAR）模型。QSAR 模型可用于筛选、了解和预测化学物的活性，可估测化学物的物理化学特性及毒性，并可采用分级法优选化学物来进行下一步的试验。QSAR 研究通过分析现有活性物质（如一系列有相同药理作用的结构相似的化合物），以化合物的理化参数或结构参数等为自变量，生物活性为因变量，用数理统计方法建立起化合物的化学结构与生物活性之间的定量关系；解释由于分子结构的变化所引起化合物理化参数或结构参数的改变，从而导致化合物生物活性的改变，推测其可能的作用机理，然后根据新化合物的结构数据预测其活性或改变现有化合物的结构以提高其活性。

但该模型也存在一些局限性，如模型预测结果仅可用于被选为相关性基础的活性类型；建模时要求具备说明标准效应的生物学数据（例如生物学或毒理学终点），如果试验条件不同（例如温度、pH、离子强度、种属、年龄等），则可能会影响生物学效应之间的可比性；QSAR 模型可能预测一组具有相同作用机制的化学物的活性，但却不能预测一种非预期的活性类型等。

定量结构-活性/性质相关（quantitative structure-activity/property relationship，QSAR/QSPR）研究就是描述化合物分子结构与生物活性及理化性质之间的因果关系，揭示结构与生物活性及理化性质之间的量变规律，并利用规律预测新的化合物的活性/性质。通过QSAR/QSPR 研究，可以发现并确定对化合物活性/性质起关键影响作用的化合物结构因素，可有效指导高效、低毒新型化合物的合成；通过 QSAR/QSPR 研究，可以对进入环境的数以千万计化学物质的毒性和生物效应的评价提供一个经济、简便的方法。因此，虽然QSAR/QSPR 起初是作为药物定量设计的一个研究分支领域，用于指导设计和筛选生物活性显著的药物和阐明药物作用的机理，但经过近 40 年的发展，QSAR/QSPR 已经成为药物化学、环境化学、生命科学、化学、计算机化学乃至农药的一个前沿课题，受到研究者们广泛关注。目前 QSAR/QSPR 已在食品抗氧化剂、食品防腐剂、食品风味成分和食品成分安全性评价等方面向食品研究领域渗透。

（1）二维定量构效关系方法（2D-QSAR）

传统的二维定量构效关系方法很多，有 Hansch 法、基团贡献法和分子连接性指数法等。其中最为著名、应用最为广泛的是 Hansch 法。它假设同系列化合物某些生物活性的变化是和它们某些可测量的物理化学性质（疏水性、电性质和空间立体性质等）的变化相联系的，并假定这些因子是彼此孤立的，采用多重自由能相关法，借助多重线性回归等统计方法就可以得到定量构效关系模型。基团贡献法是 Free-Wilson 在对有机物亚结构信息和生物毒性的相关研究基础上建立的一种方法。这种模式认为有机物与受体间的毒性效应是该有机物特定位置上不同取代基团毒性贡献的加和。Free-Wilson 法仅适用于具有相同母体结构的有机物，常被用来对有机物进行毒性初评。分子连接性指数法（molecular connective index，MCI）是根据分子中各个骨架原子排列或相连接的方式来描述分子的结构性质。MCI 是一种拓扑学参数，有零阶项（0Xv）、一阶项（1Xv）、二阶项（2Xv）等，可以根据分子的结构式和原子的点价（δ）计算得到，与有机物的毒性数据有较好的相关性。MCI 能较强地反映分子的立体结构，但反映分子电子结构的能力较弱，因此缺乏明确的物理意义，但由于其具有方便、简单且不依赖于试验等优点，近年来得到广泛应用和发展。

（2）三维定量构效关系方法（3D-QSAR）

随着构效关系理论和统计方法的进一步发展，三维结构信息被陆续引入到定量构效关系研究中，即 3D-QSAR。与 2D-QSAR 比较，3D-QSAR 方法在物理化学上的意义更为明确，能间接反映药物分子和靶点之间的非键相互作用特征。目前定量构效关系研究中，三维定量构效关系特别是 CoMFA 方法是应用最为广泛的方法。CoMFA 方法的基本原理是在分子水平上，影响生物活性的相互作用主要是非共价性的立体和静电等相互作用。按照此原理，如果一组相似化合物以同一作用方式作用于同一受体，那么它们的生物活性就取决于每个化合物周围分子场的差别。CoMFA 计算可以分为以下几个步骤：① 确定化合物的活性构象，借助分子力学或量子化学程序得到分子的最优构象。② 分子叠加，分子重叠方式及重叠程度对 CoMFA 影响很大。在计算过程中必须保证所有在三维网格中取向一致。通常以活性最大的化合物的最优构象做模板，其余分子都和模板分子骨架上的相应原子相重叠使分子间重叠的均方根偏差最小。③ 计算相互作用能，确定一个足够容得下这一组中所有化合物的三维网格，将化合物放入其中，选择一个合适的探针原子，计算每行进一个步长探针与化合物的相互作用能，大于邻界值的取临界值，小于临界值的用具体数值来表示。④ 偏最小二乘法分析，CoMFA 方法中由于自变量数目远大于因变量，故采用偏最小二乘法进行回归。首先用交叉验证方法检验所得模型的预测能力，并确定最佳主成分数。再以得出的最佳主成分对变量进行回归分析，拟合 QSAR 模型，利用非交叉验证的相关系数平方 R^2、方差比 F、绝对标准偏差 s 作为衡量回归模型的预测能力的判据。最后以三维图形显示。三维构效关系研究是目前计算机化学发展的一个重要方向。现在，比较分子力场分析方法被广泛应用在环境、农药和医药科学等研究领域。

但是 CoMFA 方法也存在一定的局限性。主要表现在匹配规则、新场引入、变量选择及数据处理等几个方面。不少工作者对传统的 CoMFA 进行了大量的改进，其中涉及活性构象的确定、分子叠加规则、分子场势函数的定义以及分子场变量的选取等，以期提高计算的成功率。

（3）分子全息定量构效关系（holographic QSAR，HQSAR）

分子全息定量构效关系是近年来发展的一种新方法。所谓分子全息是一种新的分子结构表征技术。基于分子全息的结构-活性相关技术能够将化合物的生物活性与其以分子的亚结构碎片的类型和数量所描述的分子组成之间建立相关关系，应用偏最小二乘回归技术建立定量预测模型，从而对化合物的生物活性进行预测。HQSAR 方法可以避免传统 QSAR 方法中参数的自相关问题，同时不需要像三维定量构效关系那样进行三维分子模拟和分子叠合，并且分析快速、预测能力高。该方法也具有很好的发展前景。

在环境化学领域，QSAR 主要应用于有机化学品评价，通过定量构效关系预测化合物毒性并研究其作用机理具有重要意义，特别是在实验数据不全或不容易获得的情况下，QSAR 被看作是毒理学的可靠预测工具。例如，硝基芳烃是一类来源复杂、种类繁多、应用广泛的有毒有机化学品，通过应用基于分子轨道参数的传统结构-活性关系方法和比较分子场分析方法，对 219 种硝基芳烃的致突变性与分子结构之间的关系进行研究，从机理解释和预测能力等方面对两种方法进行了比较，在此基础上建立了具有显著预测能力的定量模型。

③ 危害特征描述

经过危害识别确定了危害因子之后，风险评估的第二步就是危害特征描述（hazard characterization）。世界卫生组织（WHO）国际化学品安全规划署（International Programme on Chemical Safety，IPCS）（2004）对危害特征描述的定义为："对一种因素或状况引起潜在不良作用的固有特性进行的定性和定量（可能情况下）描述，应包括剂量-反应评估及其伴随的不确定性。"《食品安全风险评估管理规定》对危害特征描述的定义为："对与危害相关的不良健康作用进行定性或定量描述。可以利用动物试验、临床研究以及流行病学研究确定危害与各种不良健康作用之间的剂量-反应关系、作用机制等，如果可能，对于毒性作用有阈值的危害应建立人体安全摄入量水平。"通俗说，危害特征描述就是对食品中存在可能产生有害作用的生物、化学或物理等因素性质进行定性或定量评估。危害特征描述主要目的之一就是确定"起因-作用"关系是否存在，如果有充足的证据确定这种关系的存在，就有必要建立剂量-反应关系。

危害特征描述通常解决以下问题：建立主要效应的剂量-反应关系；评估外剂量和内剂量；确定最敏感种属和品系；确定种属差异（定性和定量）；作用方式的特征描述，或是描述主要特征机制；从高剂量外推到低剂量以及从实验动物外推到人。危害特征描述的核心内容是进行剂量-反应关系的评估（dose-response assessment）。剂量-反应关系是指外源物作用于生物体时的剂量与所引起的生物学效应强度或发生率之间的关系，它反映毒理学研究中两个最重要的方面即毒性效应和暴露特征以及它们之间的关系。因此，剂量-反应关系是评价外源物的毒性和确定安全暴露水平的基本依据。

FAO/WHO食品添加剂联合专家委员会（JECFA）和FAO/WHO农药残留联席会议（JMPR）常在危害特征描述时使用毒理学和流行病学数据，主要方式如下。

① 制订健康指导值，如每日允许摄入量（acceptable daily intake，ADI）、每日可耐受摄入量（tolerable daily intake，TDI）、急性参考剂量（acute reference dose，ARfD）等。

② 在剂量-反应曲线上特定点与人群暴露水平之间估计暴露限值（margin of exposure，MOE）。

③ 将人群特定暴露水平风险值进行风险/健康效应定量分析。

另外，还可以用剂量-反应数据来确定理论上与某些特定风险水平相关的暴露水平，例如，通过剂量-反应数据来确定人一生中患癌症率的风险增加0.0001%的某化学物的暴露水平。

总之，危害特征描述的剂量-反应关系评估是描述暴露于特定危害物时造成可能危害性的前提，同时也是安全性评价时建立指南或标准的起点。

3.1 剂量-反应

3.1.1 剂量

当进行剂量-反应分析时，引入的剂量数据类型非常关键。总的说来，毒理学研究中的剂量（dose）通常有三种基本表达方式：一是给予量或外部剂量，也称作用剂量；二是内部剂量或吸收剂量；三是靶剂量或组织剂量（也称有效剂量）。它们都是相互联系的，可以用于不同的剂量-反应关系分析。

外部剂量指在一定途径和频率条件下，给予实验动物或人的外源化学物或微生物数量。在 JECFA 术语中，外部剂量常指暴露量或摄入量。外部暴露常在流行病学研究观察法中应用。

内部剂量是指外源化学物与机体接触后机体获得的量或外部剂量被吸收进入体内循环的量，也可以指机体与微生物接触后被感染存活的微生物数量。对于外源化学物来说，这是化学物质被机体吸收、分配、代谢、排泄的结果，其数据来源于大量的毒物代谢动力学研究。对于微生物而言，这是病原微生物、食品和宿主（包括动物和人）相互妥协的结果。

靶剂量是外源化学物被机体吸收并分布在特定器官中的有效剂量，或指微生物感染机体后出现在某特定器官的量。对于外源化学物，可以利用代谢动力学分析方法决定靶剂量是指亲代复合物还是亲代与子代的新陈代谢产物，另外还需要考虑剂量是按照最大值还是按平均值来度量。对于微生物，靶剂量是微生物感染致病机理研究的结果。

在描述外源化学物剂量时有两个重要的决定因素：给予频率和持续时间。不同的剂量水平、频率和持续时间可以导致急性、亚慢性或慢性中毒等不同的毒性效应。在剂量-反应评估过程中，剂量可以任选三种方式中的一种，但原则上要求剂量描述应都包括毒性、频率和时间。剂量可以用很多度量方法，包括简单的给予剂量（例如 mg/kg 体重）、每日摄入量［例如 mg/(kg 体重·d)］、身体总负担量（例如 ng/kg 体重）、一定时期内身体平均负担或靶器官浓度等。

引起食物中毒的微生物因其具有不同的致病力而导致各种急、慢性或间歇性机体反应，很少是累计效应的结果，因此微生物剂量多强调确定频率下感染量或一次性的摄入量，其表达方式一般是菌落总数的常用对数值。

理论上讲，"剂量"应指外源物及其代谢产物在作用部位的浓度或剂量，即所谓的"内部剂量"。但在实际工作中，内部剂量常常不易于测定，所以一般都用外源物暴露或者给予剂量（浓度）即"外部剂量"来表示。

在毒理学或流行病学研究中，暴露剂量（外部剂量）很少精确地知道，经常需各种假设来估计。有时暴露可通过检测血液生物学标志物或靶器官浓度先获得内部剂量或靶剂量，再通过内部剂量向外部剂量的生物转化来进行剂量-反应评估。然而关于生物转化的关联性，目前研究还非常有限，很多转化标准常是在达到最多暴露量的多年后才会制定。

有时，在建立剂量-反应模型之前首先将动物实验的数据外推转化成人体暴露剂量，再与产生反应的人体内暴露数据建立一个剂量-反应模型。但是，这种模型需要人们了解外源化合物在动物和人体内的吸收率、靶器官、代谢、排泄和反应等生化过程，以及微生物病原因子、食品介质和不同宿主因子相互影响感染发病的机理。但正是这些知识的缺乏增加了这些模型分析的不确定性。

总之，使用外部剂量时，应考虑外源物在生物体内的吸收系数、系数速率，以及其他影响因素，最好能辅以血液、组织和器官或其他生物体液的测定，以更准确地反映生物体的实际暴露水平。

3.1.2 反应

反应（effect，reaction）亦称效应、作用，是指机体暴露于外源性物质之后出现的可观察或可检测到的生物学改变。这些可能的结果可以由一系列观察值组成，比如从生化指标变化等早期反应到更多长期复杂反应，如癌症发生和发育缺陷形成等。在微生物风险评估中，反应终点强调的是发病概率或死亡概率。

在毒理学研究中，反应可分为适应性反应和有害反应。有害反应是指暴露于较高剂量水平时，其形态、生理、生长、发育、生殖或有机系统的改变，这些改变导致身体机能的削弱或机体对环境变化的反应能力降低，使受损害风险增加。这种反应有时表现为种属或器官差异，也有的是个体差异。适应性反应不会引起有害反应，是机体为维持稳态而对环境变化所呈现的应激反应。在大多数情况下，当暴露于某一低剂量水平时，就会引起适应性反应。这些反应是可逆的，当暴露停止后，机体可以恢复到原来的状态。

在不同的试验受体上（动物、人体、细胞培养）随机进行的同剂量-反应也是不同的，这种随机的反应差异常常会符合某种统计分布，比如某种群体受体中某一反应的已知频率统计分布。总之，统计分布主要特点就是提供主要趋势（常用中值或平均值来表示）和数据的有效范围（常用标准偏差来表示）。

大部分剂量-反应分析数据可归为以下四类：

质反应（qualitative responses）：主要是给定的时间内产生某种反应的实验动物或人体的数目。通常用外源化合物或微生物在群体中引起某种毒效应的发生率来表示，例如在癌症测定时患肿瘤的动物数比例。

计数离散（counts）：主要是指在每个单独实验受体上进行的测试项目的离散度，如皮肤上乳突淋瘤的数目等。

连续测量（continuous measures）：即在连续规定的数值范围内的任意数值，主要是关于每个个体有关的定量方法，一般以具体测量值来表示，例如体重等。

有序分类值（ordered categorical measures）：主要从一系列规定值中选取一个值（例如肿瘤严重度）。有序数据反映了某种反应的严重性。它们一般是分类数据，很少是表征反应的直接数据。

以上四类数据在建立剂量-反应分析模型时计算方式有些不同，但总的来说，剂量-反应分析模型是用来描述暴露剂量或时间与反应之间的关系。

3.1.3 剂量-反应关系

3.1.3.1 剂量-反应关系类型

现代毒理学又将剂量-反应关系分为定量个体剂量-反应关系和定性群体剂量-反应关系两种基本类型。

（1）定量个体剂量-反应关系

定量个体剂量-反应关系是描述不同剂量的外源物引起生物个体的某种生物效应强度，以及两者之间的依存关系。在这类剂量-反应关系中，机体对外源物的不同剂量都有反应，但反应的强度不同，通常随着剂量的增加，毒性效应的程度也随之加重。大多数情况下，这种与剂量有关的量效应，是由于外源物引起的机体某种生化过程的改变所致。

例如，在相当宽的剂量范围内，有机磷农药可以抑制乙酰胆碱酯酶和羧酸酯酶，其抑制程度随剂量的递增而加重。虽然因各器官系统对乙酰胆碱酯酶抑制的敏感性有差距，临床表现有所不同，但机体毒性反应程度都直接与乙酰胆碱酯酶的抑制有关。

（2）定性群体剂量-反应关系

反映不同剂量外源物引起的某种生物效应在一个群体（实验动物或调研人群）中的分布情况，即该效应的发生率或反应率，实质上是外源物的剂量与生物体的质效应间的关系。

在研究这类剂量-反应关系时，要首先确定观察终点，通常是以动物实验的死亡率、人群肿瘤发生率等"有"或"无"生物效应作为观察终点，然后根据诱发群体中每一个出现观察终点的剂量，确定剂量-反应关系。

确定外源物对生物体有害作用的剂量-反应关系，必须具备以下三个前提条件：

① 肯定观察到的毒性反应确系暴露外源物所引起，即两者之间存在着比较肯定的因果联系。

② 毒性反应的程度与暴露剂量有关。确定效应与剂量的关系，需要满足：生物体内存在着作用部位（分子或受体），所产生的效应与作用部位的浓度有关，作用部位的浓度与暴露剂量有关等三个条件。

③ 具有定量测定外源物剂量和准确表示毒性大小的方法和手段。在剂量-反应关系中，可以用不同的毒性终点来确定。选用的毒性终点不同，所得到的剂量-反应关系就可能有显著的差别。

3.1.3.2 剂量-反应关系曲线形式

把外源物暴露的剂量作为横坐标（自变量）、以生物学的毒性效应为纵坐标（因变量）作图，就可以得到剂量-反应曲线。剂量-反应曲线主要有三种形式：对数曲线、S形曲线和直线。

（1）对数曲线

许多外源物的剂量-反应关系呈现一条先锐后钝的曲线，类似数学上的对数曲线，亦称抛物线。因为它是一种对数曲线，所以只要将剂量转化为对数剂量就可转换成为一条直线。

（2）S形曲线

如果群体中的所有个体对外源物的敏感性的变异呈对数的正态分布，剂量-反应曲线就呈 S 形曲线。典型的 S 形曲线较多出现在一些质反应中，反应在剂量增加到阈值时才出现。但在生物效应上并不多见。

毒理学上最常见的一类长尾的不对称 S 形曲线，这反映暴露量在增加的过程中，反应的强度或反应率的改变呈偏态分布。这可能是因为剂量愈大，生物体的改变愈复杂，干扰因素愈多，而且体内自稳机制对效应的调整机制也愈明显；也可能是由于群体存在一些耐受性较高的个体，要使群体的反应率升高，就需要大幅度地增加暴露量。在毒理学试验中，每个剂量组出现的反应频数，都包括了低剂量时也能出现的那部分反应。除了下限剂量组之外的所有剂量组的反应频数，实际上都是反应的累积频数。实验结果直接按反应累积频数与剂量作图时，常态分布的反应频数就呈 S 形曲线，而偏态分布的反应频数则呈长尾的不对称 S 形曲线。

(3) 直线

如果剂量改变与反应的强度或反应率的改变直接成正比，这种剂量-反应曲线就为直线。这种直线类型的剂量-反应关系比较少见，有时可见于某些离体实验。

(4) 其他

某些机体生理功能需要的外源物（如多种维生素、微量元素等）暴露剂量与个体反应呈现 U 形曲线。在最小剂量区段，机体反应的程度高，这一区段常称为营养缺乏，即因营养缺乏而引起的机体有害反应；随着剂量的增加，反应程度下降，机体呈现自稳状态，但增加到一定计量时，机体反应程度又随之增加。到一个阈值之后，机体呈现营养素过量而引起的有害反应。如大量暴露维生素 A、硒、雌激素等机体必需物质，可分别造成肝损害和出生缺陷、脑组织损害，或者使患乳腺癌的风险明显增加。

剂量-反应关系可用剂量-反应关系曲线表示，只有对某种物质的剂量-反应曲线有足够的了解，才能预测暴露于已知或预期剂量水平时的危险性。健康指导值或 MOE 的计算需要在剂量-反应曲线上确定 1 个参考点或分离点（point of departure，POD）。对已知反应的未观察到有害作用的剂量（no-observe-adverse-effect level，NOAEL）、阈值、观察到有害作用的最低剂量（lowest-observed-adverse-effect level，LOAEL）、基准剂量（benchmark dose，BMD）以及在最敏感种属中观察的临界效应的斜率，所有这些指标都是危险性评估的基础。

3.1.4 剂量-反应模型

目前，剂量-反应数据可用数学模型来描述。剂量-反应模型（dose reaction modeling，DRM）是对科学数据进行拟合的数学表达方法，描述了剂量与反应之间关系的特征。数学模型从非常简单的到极其复杂的模型，涉及范围极广。

3.1.4.1 模型简介

剂量-反应模型是用数学表达式来表示剂量和反应的关系。数学模型包含三个基本要素：推导模型的假设、模型的函数表达式、函数表达式的参数。

比如，最简单的剂量-反应模型是线性模型，它描述了一个连续的反应，主要组成如下。

假设：反应的加剧是与剂量成比例的。

函数形式：$R(D) = \alpha + \beta \times D$；$R(D)$ 表示剂量 D 引起的反应。

参数：α 表示控制组（未暴露组）的平均反应，β 表示每单位剂量变化引起的反应量。

剂量-反应模型种类很多，从简单的线性模型到复杂的难以用一个公式表达的模型（例如生化模型）。在描述剂量-反应关系时，几个模型可连在一起使用，一个描述剂量-反应的某部分，另一个描述剂量-反应的其余部分。采用毒物动力学模型可以描述关于组织浓度和给予剂量关系模型，而多级癌症模型可以描述关于组织浓度和反应的关系模型，将这两个模型结合起来才能准确描述剂量-反应关系。

剂量-反应模型也可以吸收其他信息到模型中，如年龄和学习时间常用于剂量-反应分析模型中，而其他因素，如物种、压力、种族、性别和体重等，也会应用到剂量-反应模型中。

3.1.4.2 剂量-反应分析模型建立基本步骤

剂量-反应分析模型建立可以分为六步，每步都有很多选择。前四步是用于剂量-反应的数据分析，它提供了模型与数据的连接方式，从而可预测给定剂量的反应或预测导致某反应水平的剂量值。后两步是关于分析结果的实施和评估。

第一步：选择剂量-反应分析用数据。

数据的选择要符合风险特点，要分析危害特征是建立在成对剂量组的分析上还是所有剂量组上。针对每一个可观察到的反应终点都进行剂量-反应分析是不可取的，一般可从数据质量、有用程度、可获得性以及样本的大小等角度出发，筛选合适的剂量-反应数据。

第二步：选择合适的模型。

数据类型可以对数学模型模拟的复杂性产生影响，决定了模型的选择。另外，是否有足够的数据支持选定的模型也是一个值得关注的复杂问题。模型可分为两类：以实验为基础的经验模型和生物学模型。大部分剂量-反应分析模型用的是经验模型，该类模型数据不是基于机理机制的数学描述。生物学模型主要遵循疾病发作和发展过程的基本机理，比经验模型更为复杂，数据要求也更高。

第三步：确定数据与模型的统计学关系。

最普遍的统计学方法是假设反应的统计分布，利用该分布得到一个数学函数来描述数据与模型的拟合度。选择这种统计学关系还可以检验假设，得到预测模型的置信区间，但是，相当数量的剂量-反应分析模型都是简单函数得到的。

第四步：通过数据拟合确定模型。

第二步选择的模型是由已定义的模型参数组成的，参数值的选择决定了曲线拟合。如果可以得到数据与模型有规律的统计关系，就可选出关系函数最优化的参数值。例如，常采用的最小二乘法，通过最小化预测值与观测值差的平方和来连接数据和模型。当然，模型参数估计还可以用更简单的方法，如通过数据点画一条直线，通过计算直线的斜率和截距可估计该线性模型的参数。一般来说，统计方法优于简单方法。总之，模型参数一般可以根据数据类型、模型类型、数学函数、可用软件和差异值，通过计算机程序来获得。

第五步：对结果进行分析。

根据前面步骤获得的模型参数和数学公式，通过计算输出、模型预测、基准剂量测定或直接外推等方式，对反应或剂量水平进行预测，从而制定相应的健康指导值。

最简单的预测方式就是根据已知剂量采用模型预测反应水平或者根据设定的某反应水平直接计算剂量水平。通常，在做预测时，重点是观察受体动物与空白组动物反应的改变，并根据不同类型的数据（质反应、计数离散、连续或有序数据）要求采用不同的预测方法。总的说来，受试组的反应水平可以用三种方式来表示：增加的反应水平（即简单地与对照组的反应水平相减获得的差距）、相对的反应水平（即与对照组反应水平相除获得的倍数）和额外的反应水平（即将反应水平的增加率由零扩展到最大的可能水平范围）。不同的方式会影响最终的判断和措施制定，所以必须谨慎选择。当然，预测方法也可以通过从某试验结果外推到其他暴露剂量或从实验动物外推到人来进行。

在化学危害物评估过程中，应用剂量-反应分析模型预测可以定量评估无阈值效应和有阈值效应的风险。由于遗传毒性化学物的安全剂量通常以百万分之一的发生率为标准，而动物实验所测得危险发生率一般在 1/20 左右，因此，无阈值方法通常将剂量-反应关系外推至少四个数量级，这给结果带来了很大的不确定性。有阈值法通常以 NOAEL 或 BMD 为指标，并通过使用不确定系数，获得该化学物的安全暴露剂量水平。

在微生物风险评估过程中剂量-反应分析模型应该可以量化风险，并结合暴露评估确定感染率或发病率，从而制定从农田到餐桌过程的一系列关键控制点和关键限值。

总之，通过剂量-反应分析模型预测，公共卫生部门一般采取禁用或规定接触剂量水平等手段来降低有害化学物过量使用带来的风险，或采用制定食品标准或建立 HACCP 关键控制点等方式来控制食品被病原微生物污染的风险。

第六步：分析结果的评估。

通过模型比较和不确定性分析来描述模型预测的灵敏度，判断最终预测结果的可靠性。具体方法包括可以做一个模型与数据拟合精度的分析，也可分析模型的参数选择对最终结果的影响，例如不确定性分析和贝叶斯算法等。

3.1.5　剂量-反应分析方法

在剂量-反应分析模型过程中，有些人群是典型的潜在暴露人群而且有相似的暴露水平，可以获得充足的人体数据，但大部分情况下，剂量-反应分析方法都使用外推。由于食品中所研究的化学物质的实际含量很低，而一般毒理学试验的剂量又必须很高，因此在进行危害描述时，就需要根据动物实验的结论对人类的影响进行估计。为了比较并得出人类的允许摄入水平，需要把动物实验的较高剂量数据经过处理外推到比它低得多的剂量。

外推法基本可以分为两类：一类是评估剂量-反应分析中超出某实验数据范围的暴露风险；另一类是估计健康推荐值，例如 ADI，而不对风险量化。简单来说，危害描述一般是由动物毒理学试验获得的数据外推到人，计算人体的每日容许摄入量（ADI 值）。严格来说，对于食品添加剂、农药和兽药残留，可制定 ADI 值。对于食品污染物，分两种情形：针对蓄积性污染物如铅、镉、汞等制定暂定每周耐受摄入量（PTWI 值），针对非蓄积性污染物如砷暂定每日耐受摄入量（PTDI 值）。对于营养素，制定每日推荐摄入量（RDI 值）。目前，国际上由 JECFA 制定食品添加剂和兽药残留的 ADI 值以及污染物的 PTWI/PTDI 值，由 JMPR 制定农药残留的 ADI 值。

动物实验外推到人通常有三种基本的方法：利用不确定系数（或安全系数）；利用药物动力学外推；利用数学模型。药物动力学外推广泛用于药品安全性评价并考虑受体敏感性的差别，毒理学家对于最好的模型及模型的生物学意义尚无统一的意见。

大多数情况下，由于剂量-反应分析模型数据都来源于实验动物，并且设计的给予剂量明显超过了人类的潜在暴露量。动物实验较高剂量外推到低得多的人剂量水平时，这些外推步骤无论在定性还是定量上都存在不确定性。首先，危害的特性随着剂量改变而改变甚至会完全消失；其次，人体与动物在同一剂量时，药物代谢动力学作用有所不同，另外化学物质的代谢在低剂量和高剂量水平可能存在不同代谢方式。高剂量可以破坏正常的代谢过程，而产生不良作用，低剂量则不会。高剂量可以诱导更多的酶、生理变化以及与剂量相关的病理学变化；高剂量的动物实验不能准确地反映出人体在长期摄入该危害物下的病理变化。因此在高剂量外推到低剂量时，必须考虑这些危害变化以及不同剂量-反应水平差异等不确定因素，使用基于人与动物不同的毒物代谢动力学和毒物作用动力学的复杂模型。

另外，在进行外推时，还必须考虑到不同人群（大人和儿童）间的差异和所暴露环境的差异如饮食差异等。

3.2 剂量比例

动物和人体的毒理学平衡剂量一直存在争议，JECFA 和 JMPR 通常用 mg/kg 体重作为种属间缩放比例。美国官方基于药物代谢动力学提出新的规范，以 mg/(3/4kg 体重) 作为缩放平衡比例。理想的是通过测量药物在动物和人体组织的浓度，以及靶器官的代谢率来获得。血液中药物浓度接近这种理想状态。但在实际的风险评估过程中是很难做到的，因此在无法获得充足证据时，可用通用的种属间缩放比例。

安全系数法就是把动物实验中采用的一般来说较高的耐受剂量，外推到一般人群的低剂量水平。这种计算方式的理论依据是人体和实验动物存在合理的可比较剂量的阈值。采用这种方法，首先，要确定对靶器官的毒性以及导致毒理反应的化学机制；其次，要估计对应于最敏感实验动物种类身上表现出的最敏感毒理学效应的"未观察到有害作用剂量"（no observed adverse effect level，NOAEL）低于这个阈值剂量，无毒性反应发生。再用 NOAEL 值除以合适的安全系数就可以求得人体的安全阈值水平或每日允许摄入量（acceptable daily intake，ADI）。ADI 表示人体对于该种化学物质的每日最高允许摄入量，如果大于这个量就可能存在风险。

安全系数是用来克服由于人类的敏感性和饮食习惯多样化等差别带来的不确定性，一般为 10～2000，大小选择取决于实验数据的可信度。通过长期的动物实验数据研究认为安全系数一般使用 100（10×10），其中一个系数 10 调整人和实验动物种属的差异，另一个系数 10 调整人群中个体反应的差异，对于食品添加剂一般使用 100。如果是人体实验，安全系数用 10 比较恰当。如果是动物实验，且不是终生实验，则要用较高的安全系数（1000～2000）。

由于某些个体的敏感程度可能会超出安全系数的范围，因此即使采用安全系数也并不能保证绝对安全。安全系数包括了种属间和种属内差异，另外可用不确定系数来弥补实验的各种局限性，如短期实验资料外推到慢性长期暴露，或者弥补实验动物数目的不足，以及实验研究的其他问题。校正系数是以中毒机制、毒物动力学等动物实验研究结果，来比较与人类风险的相关性，并用来调整不确定性系数。

对于农药残留风险评估来讲，目前使用最多的是联合系数，是把 FQPA（美国食品质量保护法）推荐的安全系数和传统系数（种间 10×，种内 10×）以及对不同毒理学考虑的附加不确定性系数（additional uncertainty factor）一同考虑，最后得出一个联合系数（combined factor）。

对于大多数长期使用的食品添加剂或其他化学危害物来说，其毒理数据很少是根据风险评估得出的，它们长期使用，但毒性低。对有些化学物质，标准的毒性试验不完全适用于危害描述。一般来说，可接受的摄入量是通过毒理数据、长期使用的结构活性关系、代谢数据和毒性动力学数据综合分析而得到的。

3.3 有阈值法

3.3.1 阈值剂量

阈值剂量（threshold dose）是指诱发机体某种生物效应呈现的最低剂量，即引起超过机体自稳适应极限的最低剂量（即稍低于阈值时效应不发生，而达到或稍高于阈值时效应将发生），也称最低可观察到有害作用剂量（lowest observed adverse effect level，LOAEL），是剂量-反应关系原理的另一个非常重要的概念。由于生物个体间反应程度的差距，以及同一剂量可引起不同的生物效应等原因，致使寻求任何外源物的实际阈值剂量都十分困难。

一种化学物对每种效应都可有一个阈值，因此一种化学物可有多个阈值。对某种效应，对不同的个体可有不同的阈值。同一个体对某种效应的阈值也可随时间而改变。

阈值剂量应该在实验测定的 NOEL 和 LOEL 之间。在利用 NOEL 或 LOEL 时应说明测定的是什么效应，什么群体和什么染毒途径。当所关心的效应被认为是有害效应时，就称为 NOAEL 或 LOAEL。阈值剂量并不是试验中所能确定的，在进行风险评价时通常用 NOAEL 或 NOEL 作为阈值的近似值。

尽管如此，急性毒性反应的阈值剂量的生物学基础已经被确认，有关中毒机制方面的许多研究也都被证实和肯定，绝大多数外源物的毒性反应，尤其是急性毒性反应，都存在一个阈值剂量。但某些慢性毒性效应，特别是化学致癌效应有无阈值剂量，还没有足够的证据。无论如何，在对外源物进行毒理学评价时，确定有无阈值剂量并尽可能地寻求"实际阈值剂量"，不仅有重要的理论价值，而且对于确定安全暴露水平等具有十分重要的实际意义。通常认为，食物和膳食中低分子量等大多数非致癌化学物和非遗传毒性致癌物为终点的毒性作用具有阈值剂量，在剂量-反应关系的研究中都可获得一个阈值，危害特征描述一般采用阈值法。

3.3.2 未观察到有害作用剂量

"未观察到有害作用剂量"（no observed adverse effect level，NOAEL）是指用敏感方法未能检出外源物毒性效应的最大剂量，即阈值剂量下不出现毒性效应的最高剂量，是根据实验观察并经统计学处理而获得，简称"无作用剂量"，也曾称为"无观察作用剂量"（no observed effect level，NOEL）。JECFA 使用 NOEL，JMPR 常用 NOAEL。

实验研究中所得到的无作用剂量，可能是由于剂量过低不产生毒性作用，也可能是因动物数目少或观察时间太短而没有观察到有害作用。所以无作用剂量，与所选择的动物种系和数目、观察指标的敏感性、暴露和观察时间的长短等多种因素有关。因此，严格意义上讲，用"未观察到有害作用剂量"更为全面和确切。但是，未观察到有害作用剂量并不意味着"零风险"（risk-free）。最近已经有报道，从"量"效应终点（continues endpoints）（计量反应资料）求得的未观察到有害作用剂量，仍有 5% 的风险，即平均反应率为 5%；由"质"效应终点（计数反应资料）获得的未观察到有害作用剂量，其风险超过 10%。

在具体的实验研究中，比 NOAEL 高一档的实验剂量就是 LOAEL。应用不同物种品系的实验动物、接触时间、染毒方法和指标观察有害效应，可得出不同的 LOAEL 和 NOAEL。

3.3.3 NOAEL 法

NOAEL 法是指在规定剂量下，受试组和对照组出现的不良反应在生物学或统计学上没有显著性差异时得到最高剂量或浓度的方法。NOAEL 法主要困难是它是基于不良反应的证明，而且结果还主要依赖于测试方法的精度。剂量-反应分析模型建立的六个步骤中，统计学的联系（第三步）决定了与控制群体相比是否有统计学显著作用（例如在 5% 水平上）。当反应无统计学显著性时，就认为这个摄入剂量无显著不良作用。例如毒理学中的动物实验，统计测试能发现大于 10% 的作用，因此，人们期望 NOAEL 能反映作用在 0%～10% 或更多范围的剂量。NOAEL 的选择（第四步）识别了未产生统计学显著作用的最高剂量水平。NOAEL 通常给出基于健康的较低推荐值和较强的观察不良作用的能力。

不同实验设计会得到不同的 NOAEL 值，这取决于实验所采用的实验条件，包括以下条件。

群体大小：发现某剂量水平的 NOAEL 能力直接依赖剂量水平的样本大小。样本越大，未发现作用的可能性越小，确定的 NOAEL 灵敏度越高，但成本和代价也随之增加。

剂量选择：NOAEL 是可直接应用于研究中的剂量之一。在实际数据中，NOAEL 取决于实验中选择的剂量水平和 LOAEL 水平所对应的反应强度。如果真正的不良反应剂量间隔过大，高于 NOAEL，那么得到的 NOAEL 可能会低于真正的阈值剂量；如果间隔剂量小一点，低于 NOAEL，两者差值可能更精确，NOAEL 可能会更接近真正的阈值剂量。

试验变化：包括被试者生物学的变化（例如基因）、试验环境的变化（例如喂养时间、试验室位置、选择时间或中期度量）和试验误差。试验变化越大，统计率越低，导致较高的 NOAEL 值。

在讨论 NOAEL 或 LOAEL 时应注明具体的试验条件，并注明 LOAEL 有害作用的程度。对于获得的剂量-反应数据，可以用以下公式计算健康推荐量（ADI）（第五步）：

$$ADI = NOAEL/UF \tag{3-1}$$

不确定系数（uncertainty factors，UF），包括不确定性和变异性。NOEL 或 NOAEL 值除以合适的安全系数等于 ADI。如若缺乏慢性研究结果或无法识别所有剂量水平的作用等导致数据库不足，不能确定 NOAEL 时就要用 LOAEL 来估计健康推荐量。

人体和实验动物存在合理的可比较计量的阈值，但人体可能对实验要更敏感一些，遗传特性的差别更大一些，而且人类的饮食习惯要更多样化，因此 JECFA 和 JMPR 采用安全系数以克服这些不确定性。通过对长期的动物实验数据研究中得出安全系数为 100，并已广泛应用于各种具有不同毒代动力学或毒效动力性质的化学物研究，是所有从事有阈值效应的化学物的风险评估机构均能接受的标准方法。该方法易于应用，一直被 FAO、WHO 等机构采用，而且 WHO 确定了实施的指导原则和程序。

不同国家的卫生机构有时采用不同的安全系数。100 倍不确定系数可看做是两个 10 倍系数的乘积，它们分别调整的是人和动物的差异以及人群中的毒理反应的差异。这样使得不确定系数变得灵活。例如，WHO 在建立儿童三聚氰胺 TDI 时，首先默认 UF 为 100 来制定种族间和个体间的变异性，由于考虑到婴幼儿的敏感性，在 100 倍的 UF 上又额外添加了 2 倍，UF 定为 200。若被评估的添加剂与传统食品相近，经人体代谢后可转化为无毒的成分则可以使用较低的 UF。在可用数据非常少或制定暂行 ADI 值时，JECFA 也使用更大的安全系数。

一般来说，人体在摄入某种化学物质小于或等于其 ADI 值时，不存在明显的风险，应用安全系数可以弥补不同人群中的差异。但理论上存在某些个体的敏感程度超出了安全系数的范围，因此并不能保证每个个体都是绝对安全的。

对于数据充分的化学物来说，还可以引入化学特异性调节系数（chemical-specific adjustment factors，CSAFs）代替默认系数 100，这些数据是不同物种或人类变异性在毒物代谢动力学（化学物在体内的运送）或毒物作用动力学（化学物在体内的作用）数据。通常做法是将获得的动力学数据进行科学、定量的剂量-反应分析，从而将种属间和个体间差异的 10 倍系数进一步细分为毒物代谢动力学和毒物作用动力学系数。采用 CSAFs 代替 UF，可以使风险评估过程更加科学。

第六步是分析整个实验中剂量组的效果，此剂量组被认为是基于剂量-反应分析模型的 NOAEL 值来推测高剂量水平时的不良作用。例如，剂量-反应分析模型可用来确定 95% 置信区间时作用量值，这个作用被预测发生在 NOAEL 组中。而且，第六步可以在 NOAEL 和 BMD 方法中评价健康推荐量的灵敏度和所选的不确定因素。

3.3.4　基准剂量法

另一种推测 ADI 的方法是基准剂量法（benchmark dose，BMD）。BMD 通常指与对照组相比达到预先确定的有害反应发生率的统计学置信区间的下限值，又可称为基准剂量可信区间低限值（BMDL），其可以采用一个较低的有作用剂量，如 BMDL10 或 BMDL05。例如，BMDL05 就是指引起对照组动物中出现 5% 概率的不良反应的 95% 统计学可信区间下限值，其中 5% 为不良反应的基准水平。基准剂量更接近可见的量-效范围内的数据，但仍要采用安全系数。

与 NOAEL 法不同的是，BMD 法本质上并不是低剂量外推法。这个方法是将产生一个非零效应（低效应）值或反应水平的暴露作为反应点（point of departure，POD）而进行风险评估。BMD 法有很多优点，如在统计分析中用了全部的剂量-反应数据，使不确定性量化。例如，由于小样本或样本中高变异性引起的数据中较高的不确定度会在健康指导值的低值中得到反映。

选择 BMD 模型数据（第一步）与 NOAEL 法基本相似。因为该方法的 POD 不以确定不产生有害作用的暴露水平为基础，所以组内样本量大小不是最重要的，对于具有显著剂量相关趋势的递进型单一反应的试验（数据单调递增或递减）最适合采用 BMD 法，可为模型建立提供最佳实验依据。当然，样本数量不能太少，否则无论是确定 NAOEL 还是 BMD 都会出现问题。

BMD 法主要的难点是它要求预选基准反应水平（BMR）。总的说来，所选水平是对健康作用可忽略的水平。很多反应水平，例如 1%、5%、10%，可能被选做 BMR；BMR 的不同选择可能导致不同身体健康指导值的差异。

选 BMD 模型（第二步）依赖于可选数据类型和反应特点。复杂模型比简单模型需要更大的剂量组，人们已经提出几种用于各种类型数据的模型。在美国环境保护署（EPA）的基准剂量软件 BMDS 程序中列出了很多常用的模型（http：//www.epa.gov/ncea/bmds/）。

JECFA 在第 64 次会议上用 BMDL 值计算了很多的遗传毒性致癌物和致癌性的食品污染物的 MOE 值，BMDL 值是将实验数据拟合到一系列模型才得到的。

数据与模型的统计关系（第三步）可假定很多形式。对于量子数据宜选二项分布。

BMD 的选择（第四步）关键是 BMR 的确定，BMR 的选择需要毒理学和医学知识，还没有达成专家一致共识。BMR 选择中常用的方法是选择一个过度的反应，常为 10% 反应水平，表示为 BMD10。

与 NOAEL 法一样，BMDL 法通过使用 UF，对可接受暴露水平进行评估。健康指导值计算公式：

$$ADI = BMDL/UF \qquad (3\text{-}2)$$

BMDL 法利用更多的剂量-反应信息，具有一定的优势，但它只适用于符合模拟要求的数据，此时所有剂量水平导致可见的不良作用，不确定系数的值可以采用 NOAEL 法中一样的不确定系数。对大量典型复合物研究显示 BMDL 法和 NOAEL 法类似，互相取代得出的健康指导值也很相似。

因此，不同于 NOAEL 法，BMD 法包括基准反应水平确定、基准剂量水平的确定以及它们的置信区间的确定。利用拟合模型不但可以外推估计低于 BMDL 剂量时的反应，还可估计特殊反应水平的剂量。但应该注意，从单个模型外推并不合理，因为数据拟合的其他模型同样可能得出不同的低剂量估计值。对一个 10% 反应的 BMD（BMD10）线性外推可作为低剂量外推的简单方法，但一般不建议采用。以基准剂量为依据的 ADI 值可能会更准确地预测低剂量时的风险，但与基于 NOEL/NOAEL 的 ADI 值可能并无明显差异。BMDL 法并不能替代 NOAEL 法，应当作为一种额外的风险评估工具，它可能对某些特定的风险评估具有优势。

基于动物实验数据的剂量-反应评估有如下两种基本方法：

① 不同组进行结果对比，定义统计学上有作用剂量和无可见不良作用剂量，即 NOAEL，然后在考虑了种族差异和个体差异后用 NOAEL 代替 POD 来估计健康水平推荐量。

② 对剂量-反应数据拟合一个模型来确定两者相互关系，同时，模型还可定义与事先确定的基准反应水平相关的暴露量。继而可用此值估计基于健康水平的人体推荐量或计算

MOE 或推算人体在不同暴露水平下的健康风险和风险特征。

3.3.5 建立健康指导值

健康指导值是针对食品以及饮用水中的物质所提出的经口（急性或慢性）暴露范围的定量描述值，该值不会引起可察觉的健康风险。建立健康指导值可为风险管理者提供风险评估的量化信息，利于保护人类健康的决策的制定。危害特征描述通常会建立安全摄入水平，即每日容许摄入量（ADI）或污染物的每日耐受摄入量（TDI）。对于某些用作食品添加剂的物质，可能不需要明确规定 ADI，即认为没必要制定 ADI 的具体数值。此外，健康指导值主要还有暂定每日最大耐受摄入量（provisional maximum tolerable daily intake，PMTDI）、暂定每周耐受摄入量（provisional tolerable weekly intake，PTWI）、暂定每月耐受摄入量（provisional tolerable monthly intake，PTMI）。JECFA 提出，当人群暴露量接近关注的水平，而又缺乏可靠的数据支持时，就使用"暂定"一词，这体现了评估的暂时性。

JECFA 通常根据最敏感物种的最低 NOAEL 值来制定 ADI。对于一些可在体内蓄积一段时间的污染物，JECFA 使用 PTWI 和 PTMI 制定耐受摄入量的原则与制定允许摄入量的原则相同。若某些添加剂具有相近的毒理学效应，可为这些添加剂建立组 ADI，限定它们的累计摄入量。化学结构相似的食物添加剂可能有理由归为一组。因为这类混合物中每种化学物都产生相同的代谢产物，所以可应用简单剂量相加模式计算整体暴露量。组 ADI 值适用于组内所有成分，各种成分的总摄入量不能超过组 ADI。例如丙烯醇酯类化学物（一类常用的香料，动物实验显示其代谢后可转化为丙烯醇而具有肝毒性），其 ADI 适用于组内所有丙烯基酯类化学物的混合摄入。此外，根据 FAO/WHO 定义为，化学物的急性参考剂量（ARfD）是根据评估时所有的资料，24h 或更短的时间内人体从食物和（或）饮水中摄取某种物质而不引起任何可观察到的健康损害的估计剂量，通常以单位体重表示。当评判制定 ARfD 的必要性时，应利用证据权重法对整体数据进行审议，以确定重复剂量毒性试验中所出现的有害效应是否与单次暴露有关。

健康指导值最好能建立覆盖整个人群，其通常是建立在最敏感的关键健康指标的基础上，可保护最敏感的亚人群。然而，某些情况下，可建立针对某特定人群的第二个（或较高的）健康指导值，如针对亚人群的观察终点或发育毒性确定某物质的健康指导值。

3.4 无阈值法

对于没有阈值的化学物，如遗传毒性致癌物，不存在一个没有致癌危险性的低摄入量（尽管专家们对此有不同的看法）。

对于没有阈值剂量的有害作用，可以采用低剂量外推或应用一些数学模型来研究。定量评估无阈值效应的危险性，通常使用动物实验中发病率的剂量-反应资料来估计与人类相关的暴露水平的危险性。由于曲线估计的不准确性，在动物实验观察范围内的剂量-反应曲线通常不能外推出低危险性的估计值。因此，最好选择适当的模型。

人们提出了各种各样的外推模型。低剂量线性模型是最简单的模型，广泛适用于多种类型的实验数据。国际上使用的方法和模型各种各样，如线性多阶段模型和从剂量-反应曲线上的某一固定点（TD50、TD25、TD10、TD5 或 NOAEL）进行外推的简单线性外推法。目前的模型都是利用实验性肿瘤发生率与剂量，几乎没有其他生物学资料。没有一个模型可以超出实验室范围的验证，因而也没有对高剂量毒性、促细胞增殖或 DNA 修复等作用进行校正。基于这样一种原因，目前的线性模型只是对风险的保守估计。这就通常使得在运用这类线性模型做风险描述时，一般以"合理的上限"或"最坏估计量"等表达。这被许多法规机构所认可，因为他们无法预测人体真正或极可能发生的风险，加之不同人群的个体差异情况就变得更加复杂。许多国家试图改变传统的线性外推法，以非线性模型代替，采用这种方法的一个很重要的步骤就是，制定一个可接受的风险水平。它被认为代表一种不显著的风险水平，但风险水平的选择是每个国家的一种风险管理决策。

3.5 遗传毒性和非遗传毒性致癌物

外源化学物按其致突变性和致癌性可分为遗传毒性致癌物（genotoxic carcinogens）、遗传毒性非致癌物、非遗传毒性致癌物（non-genotoxic carcinogens）及非遗传毒性非致癌物四类。

对于遗传毒性与非遗传毒性这一概念，传统的认识可以追溯到 20 世纪 40 年代早期，当时已认识到癌症的发生有可能源于某一种体细胞的突变。理论上，几个分子，甚至单个分子引起突变，在动物或人体内持续而最终发展成为肿瘤，通过这种机理致癌的物质是没有安全剂量的。

3.5.1 遗传毒性致癌物

遗传毒性致癌物，又称为诱变性致癌物，包括直接致癌物、间接致癌物及某些无机致癌物。

① 直接致癌物：其化学结构的固有特性是不需要代谢活化即具有亲电子活性（有极少例外），能与亲核分子（包括 DNA）共价结合形成加合物（adduct）。这类物质绝大多数是合成的有机物，包括内酯类如 β-丙烯内酯等，烯化环氧化物如 1,2,3,4-丁二烯环氧化物，亚胺类，硫酸酯类，芥子气和氮芥，活性卤代烃类等。

② 间接致癌物：这类致癌物往往不能在接触的局部致癌，而在其发生代谢活化的组织中致癌。间接致癌物可分为天然和人工合成两大类。人工合成的主要有：多环或杂环芳烃类如苯并 [a] 芘、3-甲基胆蒽等；单环芳香胺类如邻甲苯胺等；双环或多环芳香胺类如联苯胺等；喹啉类；硝基呋喃类；硝基杂环类；烷基肼类等。天然物质主要有黄曲霉毒素、环孢素 A、烟草和烟气、槟榔及酒精性饮料。

③ 无机致癌物：是指铀、镭、氡等可能由于其放射性致癌。镍、铬、钛、锰等金属及其盐类可在一定条件下致癌。在无机致癌物中，有些能损伤 DNA，但有些可能通过改变 DNA 聚合酶而致癌。

3.5.2 非遗传毒性致癌物

非遗传毒性致癌物是指不直接与 DNA 反应，通过诱导宿主体细胞内某些关键性病损和可遗传的改变而导致肿瘤的化学致癌物。

① 细胞毒性致癌物，可能涉及慢性杀灭细胞导致细胞增殖活跃而发癌，如次氮基三乙酸、氮仿。

② 固态致癌物，物理状态是关键因素，可能涉及细胞毒性，如石棉、塑料。

③ 激素调控剂，主要改变内分泌系统平衡及细胞正常分化，常起促长作用，如乙烯雌酚、雌二醇、硫脲。

④ 免疫抑制剂，主要对病毒诱导的恶性转化有刺激作用，如嘌呤同型物。

⑤ 助致癌物，只单独接触无致癌性，在接触致癌物之前或同时接触可增加肿瘤发生。如乙醇、二氧化硫等。

⑥ 促长剂（促癌剂），本身不能诱发肿瘤，只有作用于引发细胞才表现其致癌活性，如 TPA、DDT、苯巴比妥、灭蚁灵。

⑦ 过氧化物酶体增殖剂，过氧化物酶体增殖剂导致细胞内氧自由基生长，如安妥明、二邻苯二甲酸酯。

3.5.3 遗传毒性和非遗传毒性致癌物鉴别

遗传毒性致癌物能够直接或间接引起靶细胞的遗传改变，其主要作用靶是遗传物质。非遗传毒性致癌物作用于非遗传位点，可能导致细胞增殖和/或靶位点的持续性的功能亢进/衰竭。大量的研究数据说明遗传毒性致癌物与非遗传毒性致癌物之间存在种属间致癌效应的区别。某些非遗传毒性致癌物（称为啮齿类动物特异性致癌物）在剂量大小不同时会产生不同的效果（致癌或不致癌）。相比较之下，遗传毒性致癌物没有这种作用，不存在阈值剂量。

毒理学家和遗传学家已经研究出检测方法用来鉴别引起 DNA 突变的化学物质。遗传毒理学试验适用于遗传毒性致癌物和非遗传毒性致癌物的致癌性预测。鼠伤寒沙门氏菌回复突变试验（Ames）、CHO 细胞染色体畸变试验、CHO 细胞 SCE 试验及小鼠淋巴瘤细胞 TK 位点基因突变试验是四个常用的用来检测化学物质的致突变能力遗传毒理学试验。

哺乳动物性细胞致突变性与对人的遗传危害性之间还缺乏直接相关的证据。为评价外源化学物对人类的遗传危害性，遗传流行病学研究是最直接、最可靠的方法。但由于遗传性疾病发生率低，缺乏适宜的检测指标，而且潜伏期长，有的要在隔代或隔数代才表现，化学物接触的水平又很难确定，所以流行病学调查的难度很大。目前，评价遗传危害主要还是依据遗传毒理学试验的结果，特别是体内生殖细胞的致突变试验结果。如果一种化学物在多项遗传毒理学试验中证明有致突变性，一般假定其对人也可能具有遗传危害性。

在用遗传毒理学试验预测对人类的危害时，一般认为体内试验的权重大于体外试验、真核生物的试验大于原核生物、哺乳动物的试验大于非哺乳动物。对于预测可遗传的效应，生殖细胞大于体细胞。

环境因素对人类致癌性及遗传危害性的直接证据来自人群的流行病学资料，应加强这方面的研究。体内的外源化学物原型及其代谢产物含量、DNA 加合物、蛋白质加合物等可作为诱变剂的接触标志；DNA 损伤、染色体畸变、微核、SCE 等细胞遗传学指标，细胞基突变等遗传毒理学试验指标可作为致突变作用的效应标志；外源化学物代谢酶的多态性及DNA损伤修复酶的多态性则可作为易感性标志在人群流行病学研究中应用。

3.5.4　遗传毒性和非遗传毒性致癌物评估与管理

许多国家的食品安全管理机构，现在对遗传毒性致癌物与非遗传毒性致癌物都进行了区分，采用不同的方法进行评估。由于对致癌作用所获得信息的不足或知识的欠缺，并不能应用在所有的致癌物上，但这种致癌物分类法有助于建立评估摄入化学物致癌风险的方法。

对于非遗传毒性致癌物来说，由于其本身不能诱发突变，而是通过其他因子来启动致癌机制，因此非遗传毒性致癌物的剂量大小不同会产生致癌或不致癌的不同效果，是属于有阈值界限范围的物质。理论上，非遗传毒性致癌物可以用阈值法进行规范，可以用"NOAEL-安全系数"的剂量-反应外推方法确定其限值。在证明某一物质属于非遗传毒性致癌物之外，往往需要提供致癌作用机理的科学资料。

对于遗传毒性致癌物，没有（如对致癌过程启动的）阈值剂量。当无阈值的化学危害物难以从食物中提出时，可以采用数学模型对其进行评估。大多数数学模型假设低剂量的作用是线性的，以便推出低剂量时发生副作用的可能性。

对于遗传毒性致癌物，即使在最低的摄入量时，仍然有致癌的风险存在。对无阈值的物质的管理办法有两种：①禁止商业化地使用该种化学物质；②通过科学的评估方法确定一个"可接受风险（acceptable risk）"作为其安全水平，即制定一个足够小的被认为是可以忽略的、对健康影响甚微的"实际可能达到的最低水平"（as low as reasonably achievable，ALARA）或社会可接受的风险水平。在应用后者的过程中要对致癌物进行定量风险评估，一般国际上较为公认的是选用百万分之一（10^{-6}）作为界限。

总之，在进行危害描述时，着重需要研究以下方面的内容：

① 主要毒性终点及相应的剂量水平的识别。

② 对于有阈值的物质，则评估安全剂量水平［每日允许摄入量（ADI）］或暂定每日最大耐受摄入量（PMTDI）；对于有蓄积性的物质，评估暂定每周耐受摄入量（PTWI）或暂定每月耐受摄入量（PTMI），当低于此剂量时，一般观察不到毒性作用。

③ 对于无阈值的物质，则评估实际可能达到的最低水平（ALARA）。

④ 物质在动物或人体内的代谢过程。

⑤ 描述引起毒性反应的化学机制。

研究化学危害物在动物体以及人体的代谢是危害描述的一个重要方面，因为不同危害物在代谢方面存在很大差别，往往对毒性作用的影响很大，有些化学物质对人体的真正危害物不是其本身而是其代谢物。在毒性试验中，原则上应尽量使用与人具有相同代谢途径的动物种系来进行较长期的试验。研究受试物在实验动物和人体内吸收、分布、排泄和转化方面的差别，这对于将动物实验结果比较正确地推论到人具有重要意义。

一般而言，危害特征描述不需要知道精确的毒理作用机制，只要了解它的作用方式即可。如果毒性作用的机制是有阈值的，那么危害特征描述通常会建立安全摄入水平。

4 暴露评估

4.1 概述

4.1.1 暴露评估的基本概念和方法

暴露评估是进行风险量化的重要组成部分。最早出现的暴露评估概念出现在 20 世纪初，特别是流行病学、劳动卫生学以及保健物理学。流行病学是研究特定人群疾病、健康状况的分布及其决定因素，并研究防治疾病及促进健康的策略和措施的科学，而劳动卫生学、保健物理学的研究领域主要涉及的是职业性暴露。暴露评估是以上三个领域为基础的结合。20 世纪 70 年代以来，随着公众、学术界、行业和管理部门对化学品污染及食源性疾病的关注越来越多，暴露评估在风险评估中的重要性逐渐显现。

对于暴露发生在人体哪一点或哪部分至今并无确定的定义，一般认为人体暴露意味着与人体可见外部界面（皮肤与体孔，如嘴和鼻孔），或者吸收发生的交换界面（皮肤、肺、消化道）接触。在食品安全风险评估领域，暴露评估主要指的是膳食中的暴露评估。

暴露评估指对于食品中的危害物质的可能摄入量以及通过其他途径接触的危害物质剂量的定性和/或定量评价，是风险评估的重要步骤。暴露评估指人类和其他物种暴露于危害的实际程度和持续时间，一项暴露评估包括暴露在危害物质下的人群规模、自然特点以及暴露的程度、频率和持续时间等内容。膳食暴露评估是将食物消费量数据与食品中有害物的浓度数据进行整合，然后将获得的暴露估计值与所关注有害物的相关健康指导值进行比较，作为后续的风险特征描述的一部分。

国际化学品安全规划署（IPCS）对暴露评估的定义为：对一种生物、系统或（亚）人群暴露于某种因素（及其衍生物）所进行的评价。国际食品法典委员会（CAC）对暴露评估的定义主要在食品研究范围内，暴露评估为对一种化学物或生物经食物的可能摄入量以及经其他相关途径的暴露量的定量和（或）定性评价。这里的食品范围较广，如各类食物、饮料、饮用水和膳食补充剂等。

对于食品中的有害化学物，暴露评估时要考虑该化学物在膳食中是否存在、浓度、含有该化学物的食物的消费模式、大量食用问题食物的消费者和食物中含有高浓度该化学物的可能性。通常情况下，暴露评估将得出一系列摄入量或暴露量估计值，也可以根据人群（如分为婴儿、儿童、成人或分为易感、非易感）分组分别进行估计。这里的化学物包括了食品添加剂、污染物、加工助剂、营养素、兽药和农药残留等。

对于食品中的有害生物，一般专指人类摄入食物后可导致食物中毒或食源性疾病的致病微生物。引起食物中毒的微生物通常可分为两大类：感染型如沙门氏菌的各种血清型、空肠弯曲菌、致病性大肠埃希氏菌；毒素型如蜡样芽孢杆菌、金黄色葡萄球菌、肉毒梭菌。这种划分方法可以有效区别食物中毒的途径，感染型可以在人类肠道中增殖，而毒素型可以在食物或者人肠道中产生毒素。另一种分类方法是根据致病力的强弱，按国际食品微生物标准委员会（ICMSF）的建议分为四类：病症温和、没有生命危险、没有后遗症、病程短、能自我恢复（如蜡样芽孢杆菌、A型产气荚膜梭菌、诺如病毒、EPEC型和ETEC型大肠埃希氏菌、金黄色葡萄球菌、非O1型和非O159型霍乱弧菌、副溶血性弧菌）；危害严重、致残但不危及生命、少有后遗症、病程中等（空肠弯曲菌、大肠埃希氏菌、肠炎沙门氏菌、鼠伤寒沙门氏菌、志贺氏菌、甲肝病毒、单增李斯特氏菌、微小隐孢子虫、致病性小肠结肠炎耶尔森氏菌、卡宴环孢子球虫）；对大众有严重危害、有生命危险、慢性后遗症、病程长〔布鲁氏菌病、肉毒毒素、EHEC（HUS）、伤寒沙门氏菌、副伤寒沙门氏菌、结核杆菌、痢疾志贺氏菌、黄曲霉毒素、O1型和O139型霍乱弧菌〕；对特殊人群有严重危害、有生命危险、慢性后遗症、病程长（O19型空肠弯曲菌、C型产气荚膜梭菌、创伤弧菌、阪崎肠杆菌）。

开展暴露评估主要考虑的因素包括：污染的频率和程度；有害物质的作用机制；有害物质在特定食品中的分布情况。另外，上述讲的有害化学物在食品加工或贮藏等过程中只发生很小的变化，可以不考虑其动态变化，但对于食品中的有害微生物，由于它们是活体，在时间变化里会产生十分明显的升高或降低，除了上面考虑的因素外，还需考虑食品中微生物的生态；微生物生长需求；食品微生物的初始污染量；动物性食品病原菌感染的流行状况；生产、加工、蒸煮、处理、贮藏、配送和最终消费者的使用等对微生物的影响；加工过程的变化和加工控制水平；卫生水平、屠宰操作、动物之间的传播率；污染和再污染的潜在性（交叉污染）；食品包装、配送及贮藏方法和条件（如贮藏温度、环境相对湿度、空气的气体组成）；等等。

另外，WHO/FAO在风险评估报告提到了开展暴露评估总体考虑的因素：①在选择适当的食物消费数据和食品中有害物浓度数据前，必须明确膳食暴露评估的目的；②确保暴露评估结果的等同性，暴露评估程序可能针对不同对象有差异，但这些程序应该对消费者产生相同的保护水平；③不论毒理学结果的严重程度、食品化学物的类型、可能关注的特定人群或进行暴露评估的原因如何，都应选择最适宜的数据和方法，尽可能保证评估方法的一致性；④国际层面的暴露评估结果应该等于或大于（就营养素缺乏而言，应该低于）国家层面进行的最好的膳食暴露评估结果；⑤暴露评估应该覆盖普通人群，以及易感或预期暴露水平明显不同于普通人群的关键人群（例如婴幼儿、儿童、孕妇或老年人）；⑥各国基于本国的膳食消费数据和浓度数据，并使用国际上的营养素和毒理学参考值，由此便于国际组织的汇总和比较。

暴露评估可分为急性或慢性暴露评估。急性暴露是指24h以内的暴露，而慢性暴露是指每天暴露并持续终生。急性和慢性暴露评估的计算一般通过单位体重下食品中有害物（化学性的或生物性的）浓度和消费者摄入食物的量，写成通用公式，即：膳食暴露＝Σ（食品中化学物或微生物浓度×食品消费量）/体重（kg）。国际上形成的暴露评估一般方法或步骤如下。

① 可以采用逐步测试、筛选的方法在尽可能短的时间内利用最少的资源，从大量可能存在的有害物中排除没有安全隐患的物质。这部分物质无需进行精确的暴露评估。但是使用筛选法时，需要在食品消费量和有害物浓度方面使用保守假设，以高估高消费人群的暴露水平，以避免错误的暴露评估与筛选结果做出错误的安全结论。

② 为了有效筛选有害物并建立风险评估优先机制，筛选过程中不应使用非持续的单点膳食模式来评估消费量，同时还应考虑到消费量的生理极限。要不断完善评估方法和步骤，确保能够正确评估某种特定有害物的潜在高膳食暴露水平。

③ 暴露评估方法必须考虑特殊人群，如大量消费某些特定食品的人群，因为一些消费者可能是某些所关注化学物浓度含量极高的食品或品牌的忠实消费者，有些消费者也可能会偶尔食用有害物浓度高的食品。

4.1.2 暴露评估的数据来源

暴露评估的关键是获得计算暴露量所需的数据。这些数据是环境或特定产品中，危害物质的出现情况与感染方面的数据。暴露评估的精确度由使用的分析方法和抽样规则等的精确度和特殊性决定。然而，通常难以同时运用和比较取自不同来源的数据。因此，改进评估的一个主要办法是采用相同的分析方法和抽样规则。由于经济性的考虑，与暴露有关的数据通常是根据原有的评估步骤的要求进行估计和测定的。长时间的监测数据则是要求更高水平的评估结果的关键。

由于绝大多数情况下，对危害物质的污染情况的调查需要较长的时间，并通过多种途径进行，这就需要获得有关其特性、内外因的影响以及分析方法中各参数方面的准确数据。还需要使用消费方式方面的信息，这与不同人群使用或饮用、摄入剂量、加工处理方式和消费方式等有关，包括不正常的甚至是极端的暴露情况。在多数情况下，要进行风险评估的地方缺少定量分析所需要的数据资料。进行暴露评估的关键是需要提高数据资料的可比性和同质性，数据的同质性应至少保证所提供的数据具有类似的格式，并为所需求的目标提供必要的信息。

暴露评估所需数据可分为食品中有害物的浓度和食品消费量两部分。其中有害物可分为化学物和微生物两方面。化学物可以是：批准使用前（尚未批准使用）；已经在食物中使用多年（已批准使用）；天然在食品中或由于污染所导致的。在第一种情况，化学物的浓度可以从食品制造和加工商那里获得。其他两种情况，可以从市场上的食品中获得化学物的浓度数据。对于每一种评估，都应该评估现有数据的适用性（例如，某些市场来源的数据可能不足以进行急性暴露评估）。

暴露评估所需的微生物数据包括食品微生物危害的污染率和污染密度、加工变量、加工后变量和消费变量。污染率和污染密度可以来自食品生产供应链的任意一个阶段，分级过程需要考虑检出限、定量限、样本量、检测方法敏感度和特异度的信息。加工过程杀灭微生物危害的程度和再污染的情况需要参考加工时间、加工措施的效果和实施条件。加工后变量是指储存、流通、零售、餐厅和家庭操作行为对微生物危害生存、增长和灭活的影响，要考虑的因素包括存储条件（温度和包装情况）、存储时间（货架期）、产品特性（pH 值、水分活度、抗生素成分浓度）、微生物危害的生理条件、其他细菌污染状况、交叉污染、进食前处理方法（清洗和清洁）、腐败和烹调（方法、时间和温度）等。消费变量是食品消费频率和消费量之间的函数。食品消费量以全人群或消费人群的人均消费量表示，前者是将食品的总量除以总人数，后者是将食品消费量除以实际消费的人数。

4.2 食品及水中化学物浓度数据

4.2.1 批准使用前的化学物

根据国际食品法典委员会（CAC）的建议，对化学物批准使用前的数据可主要参考该化合物的最高限量（MLs）或最大残留限量（MRLs），在使用这些数据时，CAC 建议应了解 MLs 或 MRLs 的推导方法。比如农药残留的 MRLs 由 WHO/FAO 的农药残留联合专家委员会（JMPR）根据良好农业规范（GAP）条件下的田间试验结果提议，然后经农药残留法典委员会（CCPR）讨论并推荐给 CAC；对于兽药残留，MRLs 由 WHO/FAO 的食品添加剂联合专家委员会（JECFA）根据兽药使用良好规范条件下的控制残留清除试验提议，然后经食品兽药残留法典委员会（CCRVDF）讨论并推荐给 CAC。

对于农药残留和食品添加剂，MRLs 和 MLs 通常都是基于良好操作规范而制定的，但是如果从消费者安全方面考虑，这些设定值可能会更高。对于兽药残留，也考虑良好操作规范，然而在膳食暴露估计中的值应该低于每日允许摄入量（ADI 才是决定因素）。在批准之前，当基于良好操作规范获得的 MRLs 和 MLs 建议值导致潜在的慢性或急性膳食暴露超过相关的健康指导值时，在最终决定 MRLs 或 MLs 时，可能会使用更准确的数据进行精确膳食暴露估计。对于兽药残留，目前 JECFA 的做法是使用菜篮子方法推导并估计出可能的膳食暴露；在国际层面，这种估计并不精确，但在国家层面，可能会进行进一步的精确暴露评估。

就化学污染物而言，MLs 由食品污染物法典委员会（CCCF）根据 JECFA 的建议而设定。MLs 需要与可耐受摄入水平相匹配，并且是基于食品中能够达到的最低污染水平，而不需将该种食品从食品供应链中清除。对于具有慢性毒性效应的污染物，在可能出现该污染物的食品中建立其 MLs 不可能直接或立即影响人群的暴露水平，除非大量的食品被从市场上撤除。此外，当一种化学物的总暴露水平低于健康指导值时，对暴露有贡献的食品中的 MLs 不可能对公众健康造成任何影响。以上总结见表 4-1。

4.2.2 尚未批准的和已批准的化学物

利用 MRLs 和 MLs 可以很方便地进行未批准使用化学物的暴露评估，但是应该意识到，每个人消费的食品未必总是含有相应的 MRLs 和 MLs 的化学物浓度。为了更精确地估计膳食中化学物的可能含量，需要食品中化学物含量的分析数据。这些数据可以来源于田间试验和动物试验数据（农药残留和兽药残留）或食品的监测数据（所有化学物）。在国际和国家层面的暴露评估，最好选择不同来源的数据。某些商品是大量单个食品混合而成（例如橙汁），在这种情况下，使用单个食品或组合样品的浓度的算术均数来估计该商品的浓度是比较合适的。

表 4-1　食品中化学物浓度数据来源

化学物类型	批准使用前的暴露评估	批准使用后的暴露评估
食品添加剂	建议的 MLs 值	登记的生产商使用水平
包装材料	建议的生产商使用水平 迁移数据	食品企业调查 总膳食研究 科技文献
污染物(含天然毒素)	建议的 MLs 值 监测数据 总膳食研究 GEMS/Food 数据库 科技文献	
农药残留	建议的 MRLs 值 田间监管试验的最高值 田间监管试验的中值	监测数据 总膳食研究 GEMS/Food 数据库 科技文献
兽药残留	残留清除试验	监测数据 总膳食研究 科技文献
营养素	建议的强化的 MLs 值 食物成分数据	监测数据 总膳食研究 科技文献

从国际层面上讲，CAC 建议使用由各国或其他来源的数据进行国际暴露评估时，应尽可能对数据的来源、调查/设计的类型、采样过程、样品制备、分析方法、检测限（LOD）/定量限（LOQ）以及质量保证程序进行详细的描述。

4.2.2.1　获取食品中化学物浓度数据的方法

(1) 监管试验和残留清除试验（只适用于农药残留和兽药残留）

传统上，食品中未批准使用物质的残留数据主要来源于农药的监管试验和兽药的残留清除试验，而这是农药和兽药获得批准上市必须提交的数据。

对于农药残留，这种田间试验通常是由生产商或其他机构进行。该试验模拟注册的最大使用情形（包括使用率、使用次数、收获前或停药间隔期等）。试验旨在确定动物性或植物性食品和饲料在最早进入市场时的化学物最大残留水平，并用于制定法规上可行的残留水平。这些数据通常高估了膳食中化学物的含量，因为它们反映的是最大使用率和最短停药间歇期的残留水平。因此，这些数据不能作为评估实际膳食暴露的首选数据，但是可以用作评估根据 GAP 计算的 MRLs 建议值对消费者安全性的首选数据。

对于兽药残留，残留清除试验通常是由生产商或其他商业机构进行，在目标种属动物上使用商业配方和推荐的剂量规格进行试验。选择的剂量应该代表注册剂量的最大水平。该试验是用来估计兽药在可食部分和产品中残留物的形成和清除（用作标记物残留），并用作推导 MRLs 和估计暴露量的基础。MRLs 是残留物清除曲线上对应选定时间点的残留浓度的第 95 百分位数的 95% 可信区间上限值。使用 MRLs 进行暴露估计，会高估可能存在于动物性食品中的残留物的浓度，因为这是假定所有的目标种属动物都使用了该兽药，且动物性产品都是恰好在 95％的残留物浓度清除到 MRLs 水平时获得的。因此 MRLs 不能用作膳食暴露评估的首要数据。然而 MRLs 可在下列情况下用作保守的膳食暴露评估：当残留清除试验中残留水平很低或未检出时，或 MRLs 是根据其他因素制定的，例如分析方法的 LOQ。

监管试验数据和残留清除试验结果并不考虑残留物有时会在农田和市场或家庭之间发生降解的情况，也不考虑残留物在食品制备和加工时潜在的损失情况。

（2）监测数据

反映食品中化学物浓度的数据经常是通过监测项目获得的，这些食品样品来自流通链中接近消费的环节。这些数据通常较好地反映了消费者购买的食品中的化学物浓度。

监测数据有两种类型：随机型和目的型。目的型数据通常是出于执法目的，为了解决某一特定问题而收集的，当使用这种数据进行膳食暴露评估时要十分谨慎，因为这些数据并不能代表所有市售食品。真正有代表性的残留数据很少，应该对用于膳食暴露评估的残留数据的来源进行仔细描述和评价。

对于已批准使用的兽药和农药的慢性膳食暴露，适当的监测数据要优于田间监管试验和清除试验数据，因为原则上讲，前者更接近于实际食用状态。这些样品通常是从接近于食用环节的终端市场及运送到超市和食品杂货店之前的大型配送中心随机抽取的。因此，这些数据考虑到了残留物在运输和储存过程中发生的降解情况，对于农药而言，也可能同时提供了收获后在食品分配过程中作为防腐剂使用的杀真菌药和生长调节因子的残留情况。然而，有些监测项目是为了验证给定标准的依从性，可能不使用最敏感的分析方法，或只用标记器官，例如可能只会分析肝脏中重金属污染物的残留情况，而不会描述食用食品中的化学物浓度。

对于急性膳食暴露评估，只有一小部分进入食物链的食品被监测，这意味着使用监测数据会有明显的局限性。

（3）用校正因子对化学物浓度进行优化

食品中化学物浓度可以用基于未加工原料浓度数据的校正因子进行优化，以反映加工导致的或考虑实际可食用部分后的化学物浓度变化。在膳食暴露评估中通常使用加工因子，以使结果更能反映实际的暴露水平。特殊情况下，对农产品的加工可以升高或降低食品中化学物的浓度，或改变食品中化学物的属性。

加工试验通常特别针对食品、活性成分和加工过程。在缺乏加工试验的情况下，有时可以根据某些加工操作效应方面的一般信息（例如葡萄晒干后制成葡萄干），使用标准的质量守恒假设。

在某些情况下，风险评估者需要考虑国产和进口的作物或食品比例，从而对农药残留的膳食暴露进行精确估计。在许多情况下，预计只有部分食品或作物中含有待评估的化学物。当存在能够量化该部分食品比例的数据时，可以将这些数据作为校正因子纳入到浓度数据中，从而得到更准确的慢性膳食暴露评估结果。在制定农药残留 MRLs 的过程中，如何使用这类数据进行膳食暴露评估，目前在国际上尚没有达成一致性共识。有些数据仅针对某个国家或地区，只有当进行国家层面的膳食暴露评估时，才可以使用这类数据。

（4）总膳食研究

原则上讲，总膳食研究（TDS）是反映生活在一个国家的人群（也可能是亚人群）通过食品实际摄入的农残、污染物、营养素和（或）其他化学物平均浓度的最准确的方法。然而，某些 TDS 的准确性因样本量有限和调查持续时间而有所降低。因此，在使用 TDS 数据进行膳食暴露评估时，应该检查其是否适用于评估目的。

TDS 的浓度数据与其他通过监测获得的数据有所不同，因为前者反映的是已制备完毕的用于正常消费的膳食中的化学物浓度。TDS 并非基于以前的食物成分数据，也不需要使用未加工食品的加工因子，因为估计的膳食暴露是基于食品的可食部分，例如香蕉是去皮的，所有相关的化学物残留随着香蕉皮一起去掉。TDS 同时考虑了烹调对不稳定化学物质的影响以及所形成的新化学物。

TDS 所用的分析方法应该能够检测出食品中适当水平的化学物浓度。一般来说，TDS 所用检测方法的 LOD 或 LOQ 是执法所需检测方法的 $\frac{1}{1000} \sim \frac{1}{10}$。

由于 TDS 涉及的范围广泛，在资源有限的情况下，需对样品进行合并。样品的合并可以基于单个样品，也可以基于一类食品。这样的合并不会影响对总暴露的评估，但是会降低确定食品中化学物特定来源的能力。处于对资源的考虑，与针对每个食品获得的监测数据（通常样本量为 30～50 倍或更多）相比，TDS 通常只有很少的针对单个食品或食品类别的平均浓度数据（通常样本量为 1～8）。

我国从 1990 年开始实施 TDS 计划，已成功开展了 5 次（1990 年、1992 年、2000 年、2007 年、2013 年）。TDS 包括我国食物消费量数据、食物加工因子、多种污染物的含量以及摄入量数据。

4.2.2.2　食品中化学物的采样

获取食品中化学物浓度数据时的采样对于结果的有效性至关重要。根据研究目的的不同，有不同的采样计划和方法。确定采样计划时，应充分考虑的问题有：①食品的代表性，采样单中所列食品是否能代表人群通常消费的食品和（或）年龄/性别人群所消费的食品？②是否包括了消费量低，但含有潜在风险的被污染食品？③有多少采样地点？是否有代表性？④样品是代表商业销售的食品还是家庭制作的食品？⑤样品是否考虑了地区差异？包括土壤、气候、害虫媒介、GAP 以及这些食品是否在全国范围内广泛分布？⑥是否考虑了季节差异？⑦每一种食品是否都考虑了主要品种/品牌？样本量是否足够进行局部分析，如黄曲霉毒素。⑧是否建立了采样的标准操作程序？

对于急性暴露评估，还需要获得单个样品或单一农作物的残留信息。如界不能获得这些信息，可以采用一个变异系数，考虑不同样品间污染物浓度的差异，从一批合并样品中推导单一样品中的浓度。

采样后，样品制备包括从实验室（大体积）样品中准备分析样品，例如对样品进行再分类，以减少样品的体积；去除不进行分析的异物或部分样品，例如石子、枯萎的叶子、果核、肉骨头。对用于暴露评估的数据而言，感兴趣的是样品可食部分的化学物浓度；对于执法而言，在相关法规中特别指出的样品部分需制备后以进行分析。样本制备可能包括冲洗、去皮、烹调等，因此，食品是按照正常食用形式进行制备的（即餐桌上的食物）。在这种情况下，考虑到食用习惯的不同，对每种食品都需要按照一种或多种食谱或方法进行制备。同时，样品制备也可能包括在形成均质样品和分析前，对来自不同地区、品牌甚至食物类型（例如奶和奶制品）的样品进行合并。这种制备得出的估计值更接近在样品处理（包括物理处理过程）中的真正的平均值，以形成混合均匀或均质的分析样品，从分析样品中选择部分样品作为测试样品。在上述处理过程中，一些不稳定以及易挥发的物质可能会丢失，这时就要采用特别的处理措施，包括冷冻等措施。同时，还应特别注意确保测试样品数量的代表性，以及足以进行准确、可重复的测试，以得到分析样品中化学物/残留物的平均浓度。

4.2.2.3 食品中化学物浓度的数据分析

样品的分析方法存在许多重要差异，这取决于样品分析是为膳食暴露提供数据（例如TDS）还是用于 MRLs 或 MLs 的实施。例如某些存在毒理学问题的兽药残留代谢物对于膳食暴露评估很重要，但是由于并非属于相关残留物范畴，在用于执法目的的监管项目中并未进行分析。分析方法的敏感性也有很大差异。总的说来，对于急性暴露评估，LOD 或 LOQ应该尽可能地低，因为大多数食品并不含有能检出的残留物，而对这些样品的赋值会影响暴露结果。大多数 TDS 使用敏感的方法，如果目的是确保残留浓度在规定限量以下，则监测或监管项目通常使用敏感性较低的方法。在任何情况下，用于执法目的的残留数据，只要有具体的数值而非以合格或不合格这样的结果表达，对于检测限以下的样品赋以合适的数值，都可以用来进行暴露评估。

① 关于质量保证：进行最优暴露评估的关键取决于浓度数据的质量。浓度数据应尽可能使用符合评估目的的有效方法获得。影响数据质量的主要因素包括：获取有代表性食品样品的采样计划的适用性；根据每类数据的统计学属性来确定需要的样品数量；适当的食品处理程序；选择有效的分析方法；使用分析质量控制程序。

② 关于对未检出值/未定量值的处理：未检出值（ND）或未定量值（NQ）的赋值原则对于膳食暴露评估至关重要。在保证科学合理的情况下，浓度数据应充分考虑营养或毒理学意义。这个问题已被广泛讨论。就是否需要以标准程序报告 LOD 和 LOQ，目前尚没有国际指南。LOD 或 LOQ 报告的不一致，会导致在暴露评估中对 ND 或 NQ赋值的差异。因此，目前应该进行个案分析，认识到这一点非常重要，这样就需要记录所有的假设。

4.2.2.4 推导用于估计膳食暴露量的浓度数据

选择用于暴露评估的化学物浓度数据是一个很重要的问题，这取决于选择（评估）模型的目的。对于概率评估，可使用现有浓度数据的经验性参数或非参数分布。对于点评估或确定型评估，可能会使用基于所有数据获得的均数或中位数。在膳食暴露评估中，应阐明选择何种类型的数值及其原因。

对于污染物，暴露评估经常使用来自监测数据的食品中化学物的平均浓度。但这取决于预期的污染物浓度特征和（或）采样设计，在某些情况下，用中位数或几何均数是比较合适的，例如当浓度数据呈高度偏态分布，或有相当比例的结果低于 LOD 或 LOQ。对于总膳食调查和营养素，通常使用均数，因为样本量通常不足以获得有意义的中位数，特别是单个食品合并分析方法，因为每种食品只有有限的结果。对于故意添加到食品中的化学物，通常使用平均浓度来反映一段时间内食品中的预期浓度，这可以从生产商的使用数据（食品添加剂包括香料）和监测数据（食品添加剂包括香料、农残和兽残）那里获得。根据膳食暴露情形以及是否需要进行急性或慢性膳食暴露评估，食品中农残和兽残的水平可以用监管的田间残留试验的最高值（HR）、中位数（STMR）或 MRLs 来表示。

4.2.2.5　食品化学物浓度的不确定性

应用食品化学物的 MLs 和 MRLs 来进行膳食暴露评估会高估食品中化学物的含量，除非是用来做最坏情况的暴露评估，否则这些数据有很大的不确定性。在监管的田间试验条件下，使用农药、兽药后直接测定食品中农残、兽残的含量，或通过生产商提供的食品添加剂使用量数据，相应的不确定性较小。当食品进入到流通环节，用这些数据进行暴露估计，比前述提到的用化学物最大浓度更准确，但并不能反映食品储存、运输和（或）制备时对化学物浓度的影响。更准确的食品中化学物浓度数据是来自国家监测数据。但是最准确的数据是当食品被消费时测定其中的化学物浓度。这种方法提供的数据的不确定性最小，但是所用资源也是最多的。

描述食品中化学物浓度不确定性的一个常用方法是使用如下方法进行重复分析：①对所有参数使用"高端估计"；②对所有参数使用"低端估计"；③对所有参数使用集中趋势估计（均数或中位数）。基于其中的不确定性，风险管理者可以确定是否需要花更多的时间和资源去收集其他更多信息以优化暴露评估。对化学物浓度中未检出值以及截尾值的处理对于确定高端和低端估计是很重要的，因为对这些数值的假设和处理会影响评估的结果。

可以通过提高数据的质量来减少食品中化学物浓度数据的不确定性。应对数据质量进行描述并提供给数据使用者。这些信息应足够完整，以确保对数据是否适宜特殊目的做出正确的判断。

分析测量中的误差一般分为三类。粗差是指产生分析结果时出现的非主观的或不可预测的误差。这类误差是不能测量的。粗差既不能采用统计学手段进行评价，也不能包含在不确定性分析中。实验室质量保证程序中应减少粗差。随机误差存在于整个测量之中，使所有重复检测的结果分布在平均值两侧。测量中的随机误差是不能消除的，但是可以通过增加观察次数和对试验人员进行培训等方法降低随机误差。系统误差产生于大多数试验中，但是它们的影响存在很大的区别。试验中所有系统误差的总和叫做偏移，是测量过程中的一些偏差所造成的非偶发结果。因为经过大量的测量，系统误差的总和并不为零，单个系统误差并不能适合重复测量而直接获得。系统误差的问题在于除非采取适当的预防措施，否则很难发现。表 4-2 给出了操作过程中可能出现的误差来源。

尽管可以用许多方法来估计实验室测量的不确定性，但有两种优先选择的方法，通常称为"自下而上（bottom up）"方法和"自上而下（top down）"方法。自下而上方法或者称为"拆分（component-by-component）"方法，是把所有的分解为初级过程，然后再合并或归类为相同的过程，估计这些过程对测量过程中总定性的贡献。自上而下方法是基于方法的有效性、实验室质控样品的长期精密度测试结果、发表的文献数据、实验室间联合比对等数据而进行的。基于实验室间进行的不确定性估计也可以考虑实验室间的数据变异，并对方法的性能及其应用所不确定性进行可靠的估计。然而，必须要承认，联合比对试验是用来评价一个特定参加实验室的能力的。通常并不评价由于样品制备或加工而导致的不精密度，因为这些样品通常都是高度均质化的。

表 4-2　采样、样品制备和样品分析中的误差来源

过程	系统误差来源	随机误差来源
采样	采样点的选择 不正确的标记 样品污染	样品本身浓度变化大 样本量少
运输和贮藏 样品的制备 样品的加工	分析物的变质 选择分析样品比例错误 分析样变质或交叉污染	待测样与其他样品交叉污染 单个分析样的非均质性 分析样在研磨或绞碎过程中非均质性 样品均质过程中温度变化 影响均质的其他因素
提取/清除	分析样品的回收不完全 共同提取的物质相互干扰	样品成分差异 样品或体系中的温度变化
定量分析	共同提取的物质相互干扰 分析纯度不适 重量/体积测量发生偏移 读取测定值出现偏差 出现非样品来源的物质 确定与残留物不同的物质 标准偏移	进样差异 操作员失误 校正不当

4.2.2.6　可获得的食物成分数据库

营养素的食物成分数据含有各种食品和饮料的营养素含量。它们是基于对食品中营养素的化学分析，同时补充了一些计算和估算的数值。大多数据库是国家层面的，然而有些是针对地区的。由于不同国家食品的差异（例如品种、土壤、加工和强化），以及食物成分的鉴定、食品描述和分类、分析方法、表达方式用的单位等人为差异，导致很难在国际层面对大多数国家报告的营养素数值进行比较。

GEMS/Food 数据库是世界卫生组织（WHO）维护相关机构收集的食品中污染物和农药残留水平的信息数据库，以及基于国际推荐程序，通过总膳食调查和双份饭研究获得的食品中化学物估计膳食暴露量信息。GEMS/Food 国际数据库包括食品中污染物和农药残留的单个和聚合数据。GEMS/Food 已经提供了有助于理解所使用术语的信息，以及如何提交数据。基于公共卫生考虑，GEMS/Food 同样也建立了关键的、过渡性的和综合的污染物/食品组合优先名单。这些名单经常被更新。此外，WHO 还开发了计算机系统，以允许直接将数据录入 GEMS/Food 数据库、检索数据以及从数据库中编写报告。这个系统，即单个和聚合的实验室数据分析操作计算程序（OPAL Ⅰ），可以直接按需获得，同样也可以获得 OPAL Ⅱ，即基于 TDS 和双份饭研究提交食品中污染物污染暴露评估。

4.3　食品中有害微生物浓度数据

4.3.1　微生物数据要求

用于暴露评估的食品中有害微生物数据一般来源于两类：一类定性或定量描述微生物本

身的生物或物理状态；另一类与人类暴露有关的定量数据，所需数据量与具体暴露评估的目的、范围、建模方法等有关。下面介绍的暴露评估数据涵盖了食品从田间或饲养场到家庭或餐饮部门餐桌的全程食品链，具体的数据要求见表 4-3 所示，可分为食品产品、食品链、微生物危害和消费者四个层次。

表 4-3　暴露评估中所需的微生物数据要求

层　次	数据要求
食品产品	描述被消费食品的详细信息 大类食品下的具体小类（如肉制品下的香肠） 食品生产和运输的影响 食品的季节差异 同时消费的其他食品 影响微生物生长或失活的环境因素如温度、pH 值和食品其他成分 贮藏时间和保质期
食品链	田间或饲养场等环境下的生长情况 被监测的致病微生物危害情况，以及检测方法的灵敏度和特异性 动物性食品的屠宰工艺 每一阶段的处理过程 每一阶段加工的时间和温度 与混合相关的处理过程信息 与分装相关的处理过程信息 清洗或消毒方法 卫生和手工操作 加工设备 水源及水质 良好农业规范（GAP）、良好操作规范（GMP）、HACCP 过程
微生物危害	初始污染率和污染水平值 加工者、季节、动物、气候、地区、批次等信息 致病微生物的种属、亚种、血清型等信息 田间管理涉及的因素如危害物来源、传播机制、杀菌剂使用、动物迁徙、动物传播等 每一阶段的污染率和污染水平值变化 致病微生物的生长和残存情况以及环境因素影响 食品中致病微生物分布或聚类情况 加工设备、水源、加工者操作、包装等影响 减菌或杀毒操作对有害微生物的影响 加工环境下有害微生物的残存情况
消费者	人群特征如年龄、性别、宗教信仰、健康状况、国家、社会经济因素等 大类及下面的具体小类的食品消费频率 消费量如重量、比例、频次等 食品在餐饮或家庭贮藏时间和温度 烹饪方式 经手加工处理的操作以及可能导致的交叉污染

微生物数据特征因不同暴露评估而不同，这和不同暴露评估的目的有关。收集尽量多的微生物数据是为降低暴露评估结果的不确定性而实施的，通过收集微生物数据可以了解"数据差距（data gap）"在何处，将来进一步补充和收集更多更合适的微生物数据，由此可降低暴露评估的不确定性。通常来自科技期刊文献的微生物数据缺少详细的微生物分布或原始数据的介绍，只有平均值和标准差并不能很好地应用于暴露评估中，因此暴露评估常常需要

更详细的原始数据以开展研究。

没有适合于所有微生物暴露评估的最理想的数据格式。数据格式会因所需数据不同而异，可根据实际暴露建模选用的模型和参数进行筛选。一般数据格式的基本要求如下：如不涉及商业敏感，数据应充分贴近实际；微生物数据的单位需列出；原始数据优先被选用，而非均值或其他统计处理过的数据；如难获得原始数据，被选用数据的不确定性和变异性应最大限度地说明。另外，在收集和记录微生物暴露评估所需数据时，相对详细的要求如下：

① 数据文献出处等信息应详细和具体，包括已刊或未刊、发表人、详细日期等。

② 数据本身的详细信息，包括来源于实验室检测还是实际监测。

③ 被测微生物的样本信息，比如畜禽种类、来源、生产商、销售商、抽样方法、样本量、监测季节和日期、收集方法等。

④ 微生物检测方法，包括抽样方法、有害微生物的种属、检测标准、检测敏感性和特异性、检测单位等。

⑤ 微生物检测结果应记录原始数据。

⑥ 微生物数据呈现宜通过逻辑关系清晰的列表方式。

⑦ 微生物数据还可包括消费者暴露途径，复杂途径的可通过画图来呈现。

⑧ 微生物数据总结常通过图表并附加详细文字说明，参考文献应列出。

⑨ 如有必要，对同类已有监测的数据列出比较结果。

4.3.2 微生物数据来源

不同暴露评估的微生物数据来源也不同，有些数据可共用，有些数据仅适用于特定范围。微生物数据有些来源于长期的、系统的、连续的监测，也有些来源于即时的、临时的、应急的监测。但这些微生物数据来源一般都必须是经科学设计和分析获得，而非经过处理的或者用于某种特定目的的"二级数据"。通常暴露评估不能直接调用来自不同渠道的数据，需要进行必要的汇总和统计，这要根据暴露评估目的不同而定。有时开展暴露评估时要和风险管理结合起来，以确定所需的微生物数据是否合适和必需。以下对不同的微生物数据来源进行分述，同时对各个来源的优缺点一并分析。

4.3.2.1 国家食源性疾病监测数据

许多国家都已建立对食源性疾病信息收集的平台，这些信息一般通过国际的、国家的和地方的三级平台的卫生部门统计和报送，包括食源性疾病暴发时的食品种类和致病菌类型。此类监测数据有优点也有缺点。优点是可对历史上一段时间范围内的食品中致病菌进行统计和分析，包括食品类型、数量、组成等，致病菌的种属、亚型等，以及消费者的年龄、性别、健康状态等。近些年的监测数据库建设已日臻完善，比如著名的美国疾病预防与控制中心（CDC）的 FoodNet 与 PulseNet 数据库，我国国家食品安全风险评估中心也已构建了类似的国家级食源性疾病监测平台，这些数据都作为食品中致病微生物的暴露评估的主要依据。

当然这类监测平台也有一定的局限性，监测数据一般仅包括微生物危害，而较少考虑微生物的传播案例。而且，监测平台一般根据设立的哨点医院收集数据，常常统计的是寻求医疗救助的较重发病情况，而对较轻发病，或者不到医院就诊的数据却无法统计，因此这类监测平台不能完整概括所有食品样品中致病菌的真实分布情况，比如大量餐饮部门的情况。已有国家如日本开展了强制要求餐饮部门留存食品样品一段时间以待检测，或许可作为此类监测平台的补充。

4.3.2.2　流行病学调查数据

在流行病学领域关注的是不同消费者或不同消费者群体对特定微生物危害的易感水平和特异性。应用此类调查数据可为微生物暴露评估提供特定消费者和特定致病微生物的大量信息。同时，流行病学调查一般通过相对小的样本量开展，或因调研费用所限，不能对广泛人群的大样本开展，使得小样本的代表性不够典型。有时流行病学调查数据也不对公众开放。

4.3.2.3　系统监测数据

通常不同国家的政府机构都会组织对食品和水进行定期监测，一般通过国家监测机构或授权的实验室来实施，结果以有害微生物的污染率和污染水平来表示，这些数据对开展微生物暴露评估是非常有益的。此类监测数据由于是分散实施和收集，通常与消费者发病率之间的典型联系不够明确，同时数据也并非完全是随机获得。由于是国家官方机构操作和实施，通常只对出问题的目标食品开展监测，也就是说一般为了问题确认而开展监测，因此基于此类数据开展暴露评估可能存在一定偏差。

4.3.2.4　初级农畜产品调研数据

当前已有的微生物暴露评估中，一般针对食品链下游环节如销售、运输、贮藏等，而针对食品链上游环节，特别是针对初级农畜产品的数据较为缺乏。通常不同政府机构开展特定初级农畜产品的调查是为了更好掌握初级农畜产品中致病微生物的生态情况或者普查初级农畜产品的卫生现状，所以通常此类调研规模不是很大，常为针对一类食品中一类致病微生物（如鸡肉中沙门氏菌）。此类调研结果通常产生大量目标数据，但以污染率为主，污染水平的定量较少，通常对时间和地理因素考虑较少。这对微生物风险评估中所需的数据模式最为适合，在引入模拟特定食品中特定微生物的生长时也较为有用，比如建立预测微生物模型。

4.3.2.5　食品企业自查数据

食品加工企业对产品进行微生物数据的监测出于多种目的，通常此类监测也包括了产品销售和市场调研的信息。有些企业的目的是为了确保出厂前的终产品达到安全标准，有些企业的目的是为了采取预防措施以实施食品安全管理体系（比如 HACCP 体系所需的监测）。前一种目的的监测有时对加工过程中的交叉污染关注度不够，而后一种目的的监测对终产品的有害微生物有时关注度不足。同时，企业自查的有害微生物数据通常以定性为主，定量的仅是菌落总数或某些病原微生物指示菌。

企业自查数据有一定的局限性，除了上述提到的特定病原微生物的定量数据不足外，由于是企业自查，如果开展暴露评估，有时获取较难，或者汇总和分析较难。通常企业开展化学物暴露评估较早，积累的经验可用于微生物的暴露评估中。

另外企业有时也对销售阶段的微生物数据进行监测，但一般是对问题食品要进行召回操作了才去实施，比如即食食品中的李斯特氏菌、碎牛肉中的大肠杆菌 O157 等，如果以召回食品的数据为基础进行分析，和真实食品的状况也存在一定的差异。

4.3.2.6　政府报告数据

政府一般定期公布统计报告，如常见的年鉴形式，包括食品污染数据、食品消费数据、人口统计、消费者行为、营养膳食调查、食品生产数据、食品被召回情况、进出口检验和检疫数据等，以及开展的完整的风险评估报告。这些报告的数据一般来自政府的不同部门，调查细节如方法等一般难以明确或获取。同时，如果开展国际范围的暴露评估，不同政府报告的语言问题也是一个不小的障碍。

4.3.2.7　科技文献发表数据

科技文献包括经过同行评议的期刊论文、简报、摘要等，也包括用于同行交流的学术研讨会论文集、书籍、网络发表等。这些文献通常有较为详细的对特定食品和特定微生物的描述（种属、亚型、污染水平、环境因素等），且此类数据的来源也较为广泛，具有一定的代表性和典型性。因此，此类数据最适用于开展暴露评估中很多不宜获得的信息，如加工再污染、厨房中交叉污染的数据，都可以整合到暴露评估中。

科技文献发表的微生物数据通常来自实验室可控的严格的试验条件下，有时与暴露评估所需的实际条件有一定的差距，有时不同语言撰写的科技论文也会成为开展暴露评估和交流的障碍。同时，有时此类监测缺乏不确定性和变异性的描述，而不确定性和变异性是暴露评估中两个非常重要的数据评价指标。

4.3.2.8　未发表刊出的研究数据

除了上述提到的已公开发表的文献数据，有时大量未发表刊出的研究数据因新颖性、创新性甚至评审者的偏见性，而被科技文献的同行评审建议拒绝发表，而有时此类未发表刊出的研究数据也应被包含在暴露评估考虑的范围内。应对此种所需，可以建立相关的网络数据库备用，或者改变传统的先评审再刊出的模式，改为先网络发表再经评审的方式，将评审权进一步开放，由此可扩大暴露评估的数据来源。

4.3.3　微生物数据的收集、筛选和应用

开展风险评估的目的和框架决定了用于微生物暴露评估的数据收集、筛选和应用形式，因为很多数据最初并非收集后直接用于暴露评估中，下面涉及的内容包括微生物数据的再处理，特别是如果新数据无法获取，如何更好地对已有数据进行筛选和应用。

4.3.3.1　数据收集

微生物暴露评估所需数据范围较大，包括微生物生长、残存、污染率、污染水平等，需要理解目标微生物数据的精确度、可靠度和"典型性"。微生物数据的收集要求和通常的微生物取样和检测要求是一致的，这里概述暴露评估所需估计微生物危害的污染率和污染水平的一般步骤，同样如考虑更多暴露评估变量时也遵循类似的步骤。

（1）定义检索所需

数据检索是数据收集的第一步，后续评估都依赖数据检索中正确定位的问题，因此数据

检索要始终遵循食品链中关键环节最终与人体健康相关的因素，比如动物性食品在食品链的前端饲养阶段，如果估计微生物危害进行取样，要保证完全随机取样，取样后再进行致病微生物的增菌培养和计数。

另外，数据检索时精准的定义危害和研究范围也非常有必要，比如研究大肠杆菌，是产志贺毒素的大肠杆菌（STEC），还是肠出血大肠杆菌 O157。有时在对致病菌的致病性未知时，比如评估空肠弯曲杆菌（*Campylobacter jejuni*）时，可先检索弯曲杆菌属（*Campylobacter* spp.）的相关数据，致病因素可在后续暴露评估时分析和解释。

(2) 确认

数据确认一般需要明确目标人群，是一个地区、一个省市，还是全国或者国际范围的，是针对整个人群还是特定人群。另外还需要确认数据的取样时间段。如果开展全国水平上的数据取样，其代表性和典型性有时也很困难，取样的框架里包括全国人口普查数据和生产商数据，这二者有时会难获得，或者容易出现偏差。

(3) 设计取样方案和确认样本量

统计上获得无偏估计需要设计特定的取样方案，比如简单随机、分层随机还是聚类随机，通常以置信区间表示统计上的变异性。取样方案有时也会进行调整，比如自变量缺失、最终人群校正、诊断测试时的灵敏度和特异性需要等。估计的准确性依赖于样本量，这需要在设计取样前就完成，样本量可以通过经典统计或贝叶斯推断的思路来确定，特别是贝叶斯推断所需的先验知识。估计微生物污染率及其他参数的可靠性还会受到无响应调研的比例的影响。在进行参数估计的不确定性分析时通常大规模随机调研的不相容将不予考虑。但当考查政策因素影响时，无响应调研的比例就不能被忽视。

(4) 样品收集、输送和分析

样品收集方式对计算微生物的污染率和/或污染水平影响较大。比如对动物肠道菌群取样，如果直接从动物直肠中"擦拭"取样，这与真实状态最接近。同时，直肠取样由于菌群可能聚集造成过高或过低估计污染率结果。可以考虑的其他方法是通过新鲜的动物粪便取样，基本可代表真实的直肠菌群状态，既简便易行，又体现动物福利。当然，真实的随机是很难实现的，同时如果动物因感染影响到了排泄，通过粪便取样也会高估污染率。

样品输送和贮藏方式也会影响微生物最终的污染率，例如肠杆菌受冷冻处理或紫外线影响较大。大多数微生物在样品收集和输送时都有降低的趋势，当然这是在恒定温度下观测的结果。有些方法可以改变这种微生物的降低趋势，或者说"最大化"残存，比如采用合适的样品输送介质、添加低温保护剂的培养基以及可恢复"活的非培养型"（VBNC）细菌的方法。通过这些方法，微生物在样品分析前能够生长，也提高了后续分析的敏感性并适当改变高估污染率的结果。

样品分析同样重要，有两个因素影响到微生物分析结果，一个是敏感性，一个是特异性。关于敏感性在不同学科或研究方向上的定义有所差别，诊断意义上的敏感性一般指的是流行病学上检测样品中微生物危害的能力；而实验室检测意义上的敏感性一般指的是检测方法的检测限。特异性指的是区分目标微生物与其他微生物的能力。建议选用通用的标准方法如国际标准（如 ISO 和 CAC 等）和国家标准（GB 系列）。在实际操作中，如果未经验证，通常敏感性和特异性是未知的，微生物检测结果在不同组织、实验室甚至样品之间的差异会很大，选用统一方法进行检测将非常重要，比如同样的计数单位［菌落形成单位（CFU）或最大可能数（MPN）］。

4.3.3.2　数据检索

如果开展暴露评估所需的微生物数据不足，从数据库里检索更多数据的工作必不可少。对数据检索的一般要求是检索程序应明确和透明，并有合适的检索记录和解释。常见的科技文献数据库如 Web of Science 和 PubMed 等。在涉及微生物生长变化的数据库里，当前最有代表性的是英国食品研究所（IFR）的 Baranyi 教授整合已有数据库工作建立的 ComBase 数据库（http：//www.combase.cc），至 2016 年初已搜集了各类食品中特定微生物的生长或残存数据 45000 多条，并且可以非常方便地应用 Baranyi 命名的生长模型进行模拟获取生长参数如生长率或迟滞期时间等，这些对于开展后续的暴露评估将非常有用。

4.3.3.3　数据筛选

通常说"凡有数据皆存偏见"，因此数据要经筛选才可应用作为代表食品样品、微生物和过程参数的典型数据。来自数据库检索的数据通常是来自经同行评议的科技文献，其次是未经同行评议的或者未发表的政府文件、学位论文、会议论文集等数据。需要说明的是，并非所有经同行评议的数据都可直接用来进行暴露评估，因为这些数据最初并非设计用来评估的，与暴露评估所需数据的要求也可能有差距。还有些数据并不能从科技文献数据里获得，比如消费数据。如数据存在偏差或有限，或者任何对数据分析的意见都需确认和存档。即使没有任何可用的数据，还可参照专家意见应对这种数据不足。一般来说，数据应尽量接近暴露评估的数据要求，比如开展我国的暴露评估，尽量选用我国的数据，其他国家现有的数据只可作为参考；如果完全没有我国的数据，可以考虑近似的或者相近的国家数据；如果近似的或者相近的国家数据也缺失，那么就只能通过任何一个国家进行推测，这种过多的假设可能会影响到暴露评估结果的适用性。

数据筛选的标准可考虑的因素包括地理范围、时间、菌株、筛选方法、测试设备和设计、人口状况等。对于消费数据的估计应具体到每餐或每天的详细消费情况。消费数据应对总人口具有一定的代表性，最好是将总人口分成不同人群进行分类。

4.3.3.4　数据统计

微生物测定时受敏感性和特异性的限制，但在测试时很少进行统计分析。测定方法的检测限是通过已知浓度的样品通过系列稀释来确定的，也就是说通过定性测定获取最低的微生物检测浓度值。然而这种方法有时会导致错误，因为原始样品的本底菌或背景菌不考虑，并且真正无菌的样品也难获得。

估计样品中污染率和污染水平以及相关的不确定性需要充分考虑试验设计和测试的准确性。比如，测试的不确定性受到试验设计中样本量的影响，如果样本来自环境，我们需要考虑同一来源下的多重样本以及消费人群的量。可以通过贝叶斯推断的统计方法（基于先验概率信息推测后验概率信息）对样本中微生物污染率的概率分布进行推测，这其中提到的先验概率信息可以通过已知的检测来获取。

4.3.3.5 数据汇总

通常获得很多数据后倾向于全部应用到暴露评估中，但实际上可用的数据有限，需要进行数据汇总以确定哪些数据与暴露评估相关性高，或者可用于暴露评估建模的输入。对于数据汇总的方法常见的称为"元分析"（meta-analysis），如果已有检测数据或者先验信息，采用上述提到的贝叶斯推断方法是个不错的数据汇总方法，特别是当有新的数据补充时，可以采用贝叶斯推断方法进行调整。

在进行数据汇总时，还有一个重要的方法就是当出现了收集数据后发现会低估真实参数值时，可以考虑设置权重值的方法进行调整，比如基于样本量设置权重，或者基于专家意见对重要性进行排序和评分，后者根据外来数据降低权重值的方法降低偏见。同时，进行数据汇总也应考虑不确定性和变异性的问题，元分析在应对这一问题时较为常用。

另外，为了避免引入数据分析员或风险评估员的主观偏见，一般不能对数据进行删除或删减处理。如果能确定删减某些数据后，拟合的概率分布或数据主要统计分析值变化不大，可以适当地进行上述处理，不过这一操作要特别谨慎，以免对暴露评估结果影响过大，所有处理都必须遵循适当的标准，并且存档需透明化。

4.3.4 应对数据缺失或不足时的措施

数据缺失和不足是开展微生物暴露评估时常见的难题，但这不应成为阻碍开展暴露评估的借口，可以仔细分析问题所在，比如召集风险评估者和风险管理者进一步沟通，可以确认进一步补充数据的思路或方法。而且有时即使合适的典型数据存在，这一数据不足的问题仍然存在，比如有些数据属于政府或监管部门对外保密的，比如有些数据来源于商业机构对外需收费后提供。风险评估就是一个不断补充新数据、升级评估结果的循环过程。已有一些应对数据缺失或不足的措施，如模型重构、预测微生物建模、选用替代数据、寻求专家意见等。

4.3.4.1 模型重构

最理想的情况是进行微生物暴露评估时所有影响危害的因素都考虑到模型中，但是，有时某些因素受限或数据无法获得，或者某些暴露评估根据目的的设置并非所有因素都需考虑，比如并非所有的暴露评估都是从田间或饲养场到餐桌的全程食品链上的评估。当出现这种情况时，可考虑重构模型已排除那些没有数据或受限环节的因素，比如没有产地数据，就从加工环节开始，尽量选用食品加工中的微生物监测数据。同时，简化模型对减少结果不确定性也有一定益处。

4.3.4.2 预测微生物建模

预测微生物学是一门运用数学模型定量描述特定环境条件下微生物的生长、存活和死亡动态的学科。微生物预测模型分为一级模型、二级模型和三级模型3个级别。其中，一级模型用于描述一定生长条件下微生物生长、失活与时间之间的函数关系；二级模型表达由一级模型得到的参数与环境因素之间的函数关系；三级模型主要是指建立在一级和二级模型基础上的计算机软件程序，用于预测相同或不同环境条件下同一种微生物的生长或失活情况。

当开展微生物暴露评估时应用预测微生物建模可以弥补一些数据上的不足，比如当评估某些食品销售后的污染风险，从销售到消费之间的数据可以通过已有的预测微生物学建模来补充，微生物预测模型被用于描述在食物链不同环节如加工、销售、运输、消费等过程中环境因素对微生物数量变化的影响，成为暴露评估必不可少的重要组成。一些数据库和功能强大的软件极大方便了此类模型的构建。例如我们可以利用上述提到 ComBase 数据库直接搜索构建模型所需数据，并将所构建的模型应用于微生物暴露评估。然而，值得注意的是，如何选择恰当的微生物预测模型应用于暴露评估有待深入研究，预测微生物建模中不确定性和变异性的差异评定也应当引起广泛重视。

4.3.4.3　选用替代数据

严格来说，所有数据都是作为替代数据来应用的，除非是专门用于微生物暴露评估收集的特定数据。例如，中试车间的数据作为正式产品生产的替代数据；微生物在毛细管中热处理的数据作为食品加工中灭菌罐的杀菌替代数据；经典可用替代菌株剂量效应数据作为致病菌株的数据（例如用生孢梭菌作为肉毒杆菌的研究替代菌）；等等。一般来说对可选用的替代数据要通过不确定性分析。对于消费数据，如果缺乏相同人口群体的数据，如缺少孕妇、免疫缺乏者、老龄人群，可改用近似年龄和性别的人群数据来代替，其他国家或地区的也可作为参考。

同时，模式菌或替代菌可用在某些暴露评估中，比如要考察大肠杆菌 O157：H7 从粪便到动物胴体的交叉污染率，因低污染的大肠杆菌 O157：H7 在粪便样品中难以获得，最常见的方法即是用其他大肠杆菌来代替。这种代替数据的选用要特别谨慎，对涉及的各类假设都需明确列出。

另外，暴露评估后的敏感性分析是考察哪些因素对风险影响最大，如果经过敏感性分析，发现模式菌或替代菌对风险影响最大，那么在进行暴露评估是否选用此种替代菌就需要重新考虑。

4.3.4.4　寻求专家意见

另一种应对数据缺乏或不足的方法即是寻求专家意见和观点。这些专家观点必须经过规范化以避免主观上的偏见。如果不同专家意见差异显著，专家意见需要尽可能将支持意见的论据或来源进行明确列出，或者选用权重设置的方法来整合信息，使这些专家观点更具有理性和客观性。

4.4　食物消费数据

食物消费数据反映了个体或群体消费固体食物、饮料（包括饮水）、膳食补充剂的量。食物消费数据可以通过个人或家庭水平的食物消费调查或通过食物生产统计进行估计。食物消费的调查包括记录或日志、食物频率问卷（FFQ）、膳食回顾法和总膳食研究（TDS）。从食物消费调查获取的数据的质量取决于调查的设计、使用的方法和工具、受访者的意愿和记忆、统计处理和数据处理等因素。食物生产统计代表整个人群可消费的食物，通常以生产的原料形式表示。

4.4.1　食物消费数据的要求

理想情况下，在国际层面使用食物消费数据，应考虑到不同地区的食物消费模式的差异。在可能的情况下，膳食暴露评估应包含可能影响食物消费（哪些可能增加或减少风险）的因素的信息。这些因素包括抽样人群的人口特征（年龄、性别、种族、社会经济阶层）、体重、地理区域、数据收集所处的季节以及时间（公民工作日还是休息日）。敏感亚群（例如幼儿、育龄妇女、老人）以及处在分布极端的个体的食物消费模式也十分重要。鉴于消费调查的设计对任何暴露评估结果的影响至关重要，应尽可能确保调查设计的一致性。所有食物消费调查最好包括饮用水、饮料和食品补充剂的摄入量。理想情况下，包括发展中国家在内的所有国家应定期进行食物消费调查，最好是有个体的饮食记录。

个体记录数据一般会提供最准确的食物消费估计。如果所关注的食品有害物只有少部分人消费，则可能并不需要广泛的、覆盖整个人口的食物消费模式调查。如果资源有限，小规模的研究是适当的，并可能包括特定的食物或目标人群（如儿童、哺乳期妇女、少数民族或素食主义者）。这种方法可以提高对特定人群或特定食品有害物摄入量估计的精度。

4.4.2　食物消费数据的收集方法

4.4.2.1　以人群为基础的方法

利用国家级的食物供应量数据，如食物平衡表或食物损耗表数据，可以粗略地估计每年国家可利用的食品。这些数据也可用于计算人均可获得的能量、恒量营养素以及暴露的有害物。由于食物消费数据是以原材料和半加工品的形式表示，这些数据通常不用于估计食品添加剂的膳食暴露。国家食品供应数据的主要局限性是：它们反映了食品供应，而不是食物消费。烹调或加工造成的损失、腐败变质、其他方面的浪费以及其他操作引起的增加等均不容易评估。尽管有这些局限性，但是在跟踪食品供应趋势、确定能否获得某些营养素或化学物的潜在重要来源食品以及监测受控的目标食物类别方面，食物平衡表数据仍然是有用的工具。食品供应数据不能用于估计个体营养摄入量或食品化学物的膳食暴露水平或确定高危人群。

4.4.2.2　以家庭为基础的方法

可以在家庭层面收集许多关于食物可获得性或食物消费的信息，包括家庭购买的食品原料数据，以及被消费的食物或食品库存变化的随访。这些数据可用于比较不同社区、地域和社会经济团体的食品可获得性，追踪总人群或某一亚人群的饮食变化。但是，这些数据不能提供家庭中个体成员的食物消费分配信息。

4.4.2.3　以个体为基础的方法

采用基于个体的调查方法可以收集到与消费模式相关的详细资料，然而，与其他食物消费的调查方法一样，这种方法也可能会产生偏倚。例如，一些研究发现，24h 回顾法会低估某些人群某些恒量营养素的摄入量。实际摄入量与回顾的摄入量之间的回归分析也显示出"平台综合征"，即当食物消费水平低时，个体倾向于高估其消费量，而在食物消费水平高时，则倾向于低估其消费量。在某些情况下，个人还可能会高估认为是"好的食物"的消费量，而低估认为是"坏的食物"的消费量。本类常见方法如下。

① 食物记录法，或者膳食日志法，要求被调查者（或调查者）报告一段时期内消费的所有食物（通常是 7 天或更少）。通常，这些调查收集的信息不仅包括所消费食物的种类，还有食物来源、食物消费时间和地点。食物的消费量应尽可能准确测量，可以通过称重法或计算容量法来确定。

② 24h 膳食回顾法是回忆过去的一整天或从开始调查之时往回推 24h 内各类食物或饮料（包括饮用水，有时也包括营养补充剂）的消费情况。通常这些调查收集的信息不仅有消费食物的种类和数量，还有食物来源、食物消费时间和地点。在经过专业训练的调查员的帮助下，被调查者回顾所消费的食物和饮料，但这种帮助或引导不能对调查者有任何诱导性。这种调查通常是面访，但也可以通过电话或网络进行。在某些情况下，回顾是由被调查者自主进行的，但是相对而言，这种方法所得数据不可靠。研究者已经发明了多种方法来指导被调查者通过 24h 内多个参考时间点，来帮助自己记住食品的详细信息和其他食品。

③ 食物频率法（FFQ），有时被称为是"既定食物的膳食史询问"，由一个设计好的单个食物或一类食物列表组成。对于列表中的每一个食物或一组食物，被调查者都需要估计其每年、每月、每周或每天消费的频次。食物列表中食物的个数和种类，以及消费频次划分的方法也会有所不同。食物频率法可以是定量、半定量以及非定量的调查，非定量的食物频率调查没有明确的食物份大小，半定量的食物频率调查规定了食物份的大小。定量的食物频率调查则可以让被调查者估计各种食物的消费量。某些食物频率调查还包括常用的食物制备方法、肉的处理、营养补充剂使用情况以及某些食物最常见的品牌等内容。利用食物频率法评价膳食模式的有效性取决于问卷中列出的食物种类的代表性。尽管有些作者认为食物频率法所得数据能够开展有效的膳食暴露评估，其他作者则认为此法不能对某些恒量营养素进行有效评估。

根据所选食物或营养素的消费情况，通常可以用食物频率法对个体进行排序。尽管食物频率法并非是为获得绝对膳食暴露量而设计的，但是在估计那些每天变异很大或食物来源很少的化学物的平均膳食暴露量时，食物频率法要比其他方法更准确。简单的食物频率调查可能集中于一种或几种特定的营养素或食物化学物上，列出较少的食物种类。此外，食物频率法还可以用来发现完全不消费某些食物的人群。

④ 基于膳食的膳食史调查旨在评价个体的日常食物消费。用一个详细的记录表，记录特定时间段（通常是一个"典型周"）中每餐所消费的食物和饮料类型。由受过训练的调查者询问被调查者在这一周内每天的食物消费情况，可以使用专门设计的软件进行调查。参考的时间跨度通常是在过去的一个月或几个月，或能够反映季节差异的过去一年。

⑤ 食物习惯调查问卷可以用来收集一般的或特定类型的信息，例如，食品感觉和信仰、食品喜恶、食品制备方法、膳食补充剂的使用以及就餐点的社会环境。这些信息也经常出现在其他四种调查方法中，但是，也可以用作数据收集的唯一来源。这些方法通常用于快速评估程序中。调查问卷可以是开放的、框架性的、自我主导的或调查者主导的，也可以包括任何数量的问题，这取决于想要获得的信息。

⑥ 联合方法：可以将上述不同的方法联合使用来获得消费数据，以提高数据的准确性，增加膳食数据的有效性和其他实用性。例如，食物记录法已经与 24h 回顾法联合使用，针对目标营养素的 FFQ 法也已经与 24h 回顾法联合使用。经常使用 24h 回顾法来建立典型的饮食计划，可以用这个信息从膳食史回顾法中获取更好的信息。FFQ 法同样可以用作其他三种方法的交叉检验。

欧洲食物消费调查方法（EFCOSUM）项目是建议使用两种方法收集食物消费数据的例子，这是欧盟成员国之间协调食物消费数据最节约成本的方法，描述如下：每个个体至少进行两次 24h 回顾法，包括不连续的工作日和非工作日。同时，对不经常食用的食品进行消费习惯调查，以获取非消费者的比例。根据重复的非连续回顾法的信息，利用建模技术来估计日常食物消费，这个技术可将个体间和个体内的消费差异分开。根据暴露评估的目的，将不同来源的膳食消费数据进行其他组合也是合适的。

4.4.3　食物消费数据的记录和使用

食物消费数据应该以与膳食暴露评估中食品中有害物浓度数据相匹配的形式获取。食品可以以原形或作为一种菜肴或混合食物的一个成分而被消费。例如，牛肉馅可以直接被食用或作为牛肉砂锅的成分被食用。当选择食物消费模型时，了解所估计的消费量是否包括了所有食品来源是很重要的。菜肴可以被分解为各自的食物成分，然后与相应的单个食品相匹配，相加即得到所有来源的食品的消费量（例如，"苹果"是否包括了焙烤苹果派中的苹果和苹果汁中的苹果；"土豆"是否包括了法式炸薯片或土豆条中的土豆，如果土豆和法式炸薯片被作为不同的食品，就需要分开陈述）。食谱的匹配方法需要进行记录。

使用标准食谱和将食品成分归入单个食品会使食物消费数据存在一些不确定性（例如，一般假定面包中 70% 都是面粉）。如果忽略了混合食品的贡献，则这种误差会明显增高。使用标准化的食谱会降低变异性，对于高端消费人群而言，根据食谱中各成分的相对数量，可能会低估或高估单个食品或食品成分的消费量。将食物消费数据中的食品与具有浓度数据的食品进行匹配，是误差的另一种潜在来源，因为在许多情况下食品与食品描述并非完全对应。

关于食物消费数据的格式/模型。基于人群调查方法所收集的数据通常是针对初级或半加工农产品，这些食品代表每年供国内消费的总食品量。这个数值可以是整个人群的或个体的。每日消费的食物量可以通过将每年的总消费量除以 365 来估计。仅使用这些数据不可能估计每个阶段的消费量，或某种食品实际消费人群的消费量。个体食物消费调查的数据通常不能以原始格式（即每个被调查者的数据）公开获得，风险评估者只能依靠出版的统计总结。当可以获得原始数据时，可以用来估计来自多种食品的膳食暴露，估计特定亚人群的膳食暴露，或者估计食物消费的分布，而非仅仅是平均消费。当仅能获得汇总数据时，了解和记录以下信息是非常重要的，这些信息包括：商品、商品的类型（例如鲜榨汁、浓缩榨汁）、统计归类方法以及是否代表典型消费者或高端消费者、高端消费者的确定（例如，消费量或膳食暴露水平的中位数或均数）、是否仅代表实际消费人群或总人群的消费水平（所有的调查者，每人的估计量）、是否代表了每日消费量、每个消费时段的消费量或每餐或调查期间的平均消费量（就多天的调查而言）等。当比较不同国家或调查者的食物消费数据时，即使使用相同方法，也应该很谨慎，因为当试验设计、工具、统计分析和结果报告存在差异，那么其结果也不可能轻易进行比较。

市场份额校正方法可以用于加工食品或使用农药的农作物百分比的食物消费数据。这种方法主要用在有意添加到食品中的被评估物质。化学物的最大或平均浓度仅被分配到使用添加剂或使用了农药的农作物的市场份额中，而非所有食品种类的消费数据中。这种技术可以精确估计平均膳食暴露结果，但并不能使最易暴露的那部分人群（即那些含有添加剂或农药的食品的忠实消费者）的膳食暴露估计更精确，因为这样会低估他们的实际膳食暴露水平。当评估添加剂或香料的膳食暴露时，如果可能的话，市场份额数据应该考虑品牌的忠实性。对于农药，在制定 MRLs 时，可以考虑校正使用农药的农作物的比例；当批准使用后，在国家层面，应该考虑到部分人群会全部消费使用农药处理的农作物的可能性。

4.4.4 日常食物消费模式

对于概率暴露评估，易于获得的食物消费数据的分布并不代表真正的长期消费模式。例如，较短时间内收集的食物消费数据经常被用作终生的食物消费。从方法学的角度来讲，很难从单个被调查者那里获得代表性消费数据，来代表消费者的终生消费模式。然而，一系列年龄组报告的国家或某一群体的某一时间点或者短期的食物消费数据可以用来作为终生消费的模型。

用于估计长期膳食消费的方法包括：食物消费量联合食物消费频率的方法（如 IEFS），以及利用短期消费数据、消费天数的相关性来估计污染物或营养素"日常"摄入量的统计模型。当被关注的化学物存在于各种基础食品中时，这些方法是最适宜的，这样每人每天的营养素摄入或化学物暴露就不会是零。为了更好地模拟偶尔食用的食品的长期消费频率，需要用参数或非参数的统计方法。用这些方法可以得到营养素或化学物的长期摄入分布，其变异要比使用短期消费数据小得多。

有研究反对使用短期消费数据来估计长期或日常消费，他们指出，膳食调查的持续时间会影响对消费者百分比的估计、食物的平均和高端消费量以及对食物或营养素高端或低端消费个体的分类。因此，用这些数据估计慢性膳食暴露评估的长期消费量时，需要进行调整。

4.4.5 食物消费数据库

食物消费数据库主要基于人群调查方法收集数据，食物平衡表数据包括可供人群消费的现有食物数量，通过国家统计的食物产量、消耗或利用的数据而获得。大多数国家一般都可以获得这些数据。例如美国农业部经济研究所和澳大利亚统计局编写的食物平衡表。世界卫生组织统计数据库（FAOSTAT）是一个类似的包含 250 个以上国家的食物平衡表数据集。当缺乏成员国的官方数据时，可通过国家食物生产和使用的统计信息来估计这些数据。

WHO 基于部分 FAO 食物平衡表建立了 GEMS/Food 全球性膳食数据库，有近 250 种原料和半成品的日消费量数据。使用消费聚类膳食分析方法，20 种主要食品的食物消费模式相似的国家被归为一类，再根据地理分布进行细分，基于 1997～2001 年所有可获得的 FAO 食物平衡表数据，产生了 13 个消费聚类膳食。2006 年，对消费聚类膳食进行了更新，在第一版本的基础上纳入了对国家的评论；虽然新版聚类膳食仍是基于 1997～2001 年数据，但在可能的情况下填补了一些已经明确的数据空白。消费聚类膳食预计每10 年更新一次。

4.5 膳食暴露水平的建模估计

有了食品中有害物的浓度和食品消费量两部分主要的数据，即可对膳食暴露水平进行估计，这可应用不同的模型来实现。膳食暴露评估即通过整合食品中有害物的浓度和目标人群的食品消费量实现对人群摄入某种有害物（化学物或微生物以及代谢产物如毒素）的定量估计。

根据食品消费量和有害物数据信息，可构建两大类膳食暴露评估模型，即点估计模型和概率估计模型（图 4-1 形象地说明二者的异同点）。其中点估计模型需要的信息较少，概率估计模型利用的信息较多。具体方法的选择依赖于评估目的、目标有害物特征、人群特点、评估精度要求等。特别的，在点估计和概率估计之间还有一种可称为单一分布（或简单分布）的模型类型，一般可看作概率估计模型的特殊形式。点估计模型与单一分布估计模型都是以食品有害物水平和食品消费量的事前估计相结合，即每种食品只有一种一个消费量水平和一个有害物浓度水平。概率估计模型是对待评价有害物在食品中存在概率、残留水平（浓度）及相关食品的消费量进行统计模拟的一种方法。

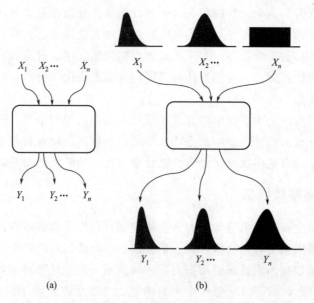

图 4-1 点估计模型（a）和概率估计模型（b）示意图

另外，在针对微生物暴露评估建模中，因微生物不同于化学物，微生物具有一定的活性，在食品链上只有条件合适就会生长，当出现逆境条件下还会失活，因此预测微生物学模型是针对微生物暴露评估体系中的特殊建模类型。以下按照点估计模型和单一分布模型、概率模型、预测微生物学模型的顺序进行介绍。

4.5.1 点估计模型与单一分布估计模型

膳食暴露评估中的点估计模型或称确定性评估模型就是一个单个的数值，这个数值可以描述消费者暴露水平（例如人群的评价暴露水平）的一些数据。例如，平均的膳食暴露评估是目标食品的平均消费水平与这些食品中目标物质的平均残留水平的乘积，在有合适的数据情况下，还可以计算高暴露人群的点估计水平（例如处于 90 百分位数的消费者）。膳食中所摄入的化学物性质及评估目的各有不同，具体点估计模型可分为急性暴露点估计模型和慢性暴露点估计模型。

4.5.1.1 急性暴露点估计模型

WHO/FAO 的农药残留联合专家委员会（JMPR）提出了急性暴露点估计模型，称为国际短期膳食摄入量估计法（IESTI），已在欧盟及国际权威机构指定农药残留最大限量标准（MRLs）时得到了较广泛应用。IESTI 以食品为对象，选取食品消费人群的高端消费量和田间监测试验的高残留量来表示。该方法主要是针对一餐或在一天内摄入了能引起急性反应的农药，通过对其在一天内的膳食暴露量与急性参考剂量（ARfD）进行对比而评估。

该模型按食品类型可分为以下几种情形进行估计。

其一，食品单位质量小于 25g，检测样品中食品污染物的残留数据能够反映该食品污染物在一餐饭后的残留水平，如原始农产品或经加工的农产品（谷物、小麦、油料种子及豆类等小粒农作物）。这种情况也适用于肉类食品、蛋类以及肝脏和肾脏等可食动物内脏类食品。可用下式表示：

$$IESTI = LP \times HR/bw \text{ 或 } IESTI = LP \times HR \times P/bw \tag{4-1}$$

其二，食品单位质量大于 25g（如苹果），检测样品中食品污染物的残留数据不能够反映该食品污染物在一餐饭后的残留水平，所食用的食品本身可能含有比检测样品更高的残留污染物。此时，将引入一个默认的变异因子（v）。这种情形又进一步分成以下两种情况。

① 单位食品质量小于消费人群的每日高端消费量 LP，如桃、李等水果。该情况假设个体一天内消费多于 1 个单位质量的某食品，且第一个单位质量的该食品残留水平为 $HR \times v$，其余为 HR，可用下式表示：

$$IESTI = [U \times HR \times v + (LP - U) \times HR]/bw \tag{4-2}$$

② 单位食品质量超过消费人群的每日高端消费量 LP，如大白菜、西瓜等。该情形假设个体一天内仅消费小于或等于 1 个单位质量的某食品，且消费部分残留水平为 $HR \times v$，可用下式表示：

$$IESTI = LP \times HR \times v/bw \text{ 或 } IESTI = LP \times (HR \times P) \times v/bw \tag{4-3}$$

其三，对于散装或多种成分混合的加工食品，如果汁、牛奶等，以监测试验获得的各监测样品残留浓度中位数 $STMR$ 作为其残留浓度值；加工食品的残留浓度为 $STMR \times P$，由未加工食品的 $STMR$ 乘以加工因子来计算，可用下式表示：

$$IESTI = LP \times STMR \times P/bw \tag{4-4}$$

以上公式的参数解释如下：

LP——高端消费量水平（食用者第 97.5 个百分点），kg；

HR 或（$HR \times P$）——田间监测试验中最大残留浓度值，或经加工因子调整后的加工食品的高残留量，mg/kg；

U——食品可食部分的单位质量，kg；

v——变异因子，是单位食品的高端残留量除以监测样品的平均残留量求得，大多数取值为 2～4，英国曾建议取均值 3，欧盟曾有不同取值建议，比如食品单位质量小于 25g 的取 1，单个食品质量高于 250g 的取 5，食品质量介于 25g 和 250g 的取 7，特别的莴苣和甘蓝取 3，菠菜取 1 等；

bw——消费人群的平均体重，kg；

$STMR$ 或 $STMR \times P$——田间监测试验中各监测样品的中位残留水平，或加工食品的中位残留水平，mg/kg；

P——加工因子，加工后食品中的污染物残留浓度除以加工前原始农产品中污染物浓度。

IESTI 采用了食物高端消费量和污染物高残留量进行计算，体现了保护大部分人群的原则，简便易行，便于推广。但忽略了观察个体体重差异、个体间消费量、残留物摄入水平等方面的差异，结果偏差较大。同时由于采用化学物最高残留值，将高估暴露的危险度，产生过度保守值。

4.5.1.2　慢性暴露点估计模型

慢性暴露点估计的计算方法是以可能含有某种有害物（如农药）的食品为对象，以每种食物在全人群的平均消费量（每人每天消费量均值）乘以相应食物田间监测试验的残留中位数 $[STMR/(STMR \times P)]$，然后累加得到经各种食物的总暴露量，可用下式表示：

$$IEDI = [x_1 \times STMR_1 + x_2 \times STMR_2 + \cdots + x_n STMR_n]/bw \tag{4-5}$$

$$或 \quad IEDI = [x_1 \times STMR_1 \times P_1 + x_2 \times STMR_2 \times P_2 + \cdots + x_n STMR_n \times P_n]/bw \tag{4-6}$$

式中　x_k——第 k 种食物在全人群的平均消费量（$k=1,2,\cdots,n$）；

$STMR_k$——第 k 种食物田间试验的残留浓度中位数，$STMR_k \times P_k$ 由未加工食物的 $STMR_k$ 乘以加工因子 P_k 计算（$k=1,2,\cdots,n$）；

bw——人群平均体重。

同样慢性暴露点估计方法也不考虑变异性和不确定性，是一种简单点评估方法，其结果通常与每日允许摄入量（ADI）相比较进行评估。需要注意的是，因为是用全人群消费量菌数与化学物残留中位数相乘再进行所有食物暴露量的累加，在反映人群平均水平上的暴露时也趋于保守。

4.5.1.3　单一分布估计模型

单一分布估计又称为简单点估计，这种模型在假定某污染物在所有食品中均以最高残留水平存在的同时，考虑相关食品消费量的变异，即若计算每天或每餐化学物摄入量，食物消费量采用分布形式而相应污染物浓度采用检测的最大值。可用下式表示：

$$Y_{ij} = (x_{ij1}c_{1,\max} + x_{ij1}c_{2,\max} + \cdots + x_{ijn}c_{n,\max})/w_i \tag{4-7}$$

式中　Y_{ij}——第 i 个体在第 j 天中第 k 种食物的暴露量（$k=1,2,\cdots,n$）；

x_{ijk}——第 i 个体在第 j 天中第 k 种食物量（$k=1,2,\cdots n$）；

$c_{k,\max}$——污染物在第 k 种食物中残留浓度的最大值（$k=1,2,\cdots,n$）；

w_i——个体 i 的体重；

n——第 i 个体在第 j 天消费食物种类数。

虽然该模型考虑了食物消费量的变异，但由于污染物仍采用高端检测量，故暴露估计值仍然比较保守。点估计和单一分布的方法趋向于使用"最坏情况"的假设，不考虑污染物在食品中的存在概率及不同食品中化学物的浓度差异，而人们持续摄入高浓度的食物在实际中很少发生。总是或者绝大多数暴露于含有高浓度待评价污染物的食品，显然不符合实际。当某种污染物广泛分布于多种食品时，在计算高端消费量膳食暴露量时就会遇到困难。理论上，一个高暴露人群膳食中某污染物的总摄入量是由所有相关食品的高端暴露量相加得到，而食品高暴露量是由食品中污染物最大浓度乘以该食品高端消费量得出，这将总体上过高估计可能的摄入量。因个体对所有相关食品都是高消费的可能性不大，这就需要采用总膳食研究中的"市场菜篮子"方法结合生物标志物的真实摄入资料，或者通过下面的概率方法进行随机模型模拟。

4.5.2　概率模型

和点估计模型类似的是，根据膳食中所摄入的有害物性质及评估目的各有不同，具体概率估计模型可分为急性暴露概率估计模型和慢性暴露概率估计模型。当前多采用点估计方法进行污染物的暴露评估，其原因是该法简便易行，易推广到大范围应用，且能保护绝大部分人群。但点估计方法仅采用某一固定值进行评估，无法量化个体水平消费量和食品中污染物水平的变异，且无法对参数估计的不确定性进行说明，因此可归入筛选法。而概率评估是将个体作为研究对象，通过对可获得的全部数据进行模拟抽样，得到人群的暴露量分布，得到的信息量远远大于确定性估计，且结果更符合实际。

4.5.2.1　急性暴露估计概率模型

与单一分布模型较为近似的形式，概率模型可表示如下：

$$Y_{ij} = (x_{ij1}c_1 + x_{ij2}c_2 + \cdots + x_{ijn}c_n)/w_i \tag{4-8}$$

式中　Y_{ij}——第 i 个体在第 j 天中第 k 种食物的暴露量（$k=1,2,\cdots,n$）；

　　　x_{ijk}——第 i 个体在第 j 天中第 k 种食物量，在概率模型一般需要大规模的膳食调查使其符合特定的概率分布（$k=1,2,\cdots,n$）；

　　　c_k——污染物在第 k 种食物中残留浓度，在概率模型中一般通过市场上食品的常规检测而获得，使其符合特定的概率分布（$k=1,2,\cdots,n$）；

　　　w_i——个体 i 的体重；

　　　n——第 i 个体在第 j 天消费食物种类数。

4.5.2.2　慢性暴露估计概率模型

慢性暴露评估的基本模型可表达如下：

$$Y_{ij} = (x_{ij1}c_1 + x_{ij2}c_2 + \cdots + x_{ijn}c_n)/w_i \tag{4-9}$$

式中　Y_{ij}——第 i 个体在第 j 天中第 k 种食物的暴露量（$k=1,2,\cdots,n$），由此慢性暴露评估关注的是污染物的慢性、长期或累积性毒性，定义为消费者对某种污染物日常日摄入量的平均值，这在化学物中更为常见；

　　　x_{ijk}——第 i 个体在第 j 天中第 k 种食物量（$k=1,2,\cdots,n$）；

　　　c_k——污染物在第 k 种食物中残留浓度的平均值（$k=1,2,\cdots,n$）；

w_i——个体 i 的体重；

n——第 i 个体在第 j 天消费食物种类数。

4.5.2.3　概率模型中常见的概率分布形式

从以上概率模型的表达中可知，非常关键的是对暴露评估中的变量进行概率表达。概率专门针对随机现象（实验）或不确定性现象进行表述。某个变量的概率表示了一次试验或观测某一个结果发生的可能性大小。若要全面了解某个变量，则必须知道变量的全部可能结果及各种可能结果发生的概率，即必须知道随机试验结果的概率分布。在概率模型上有两种较为常见，一种称为概率密度函数（PDF），另一种称为累积概率函数（CDF），可看做是用数学模型来描述随机变量与概率密度或概率的关系。

概率分布描述的变量可分为离散型和连续型，比如上面提到的污染物在某种食物中的残留浓度，实际上可在某个区间范围取任何值，因此就属于连续型变量。当然这在实际操作中有些难度，比如可通过市场上食品的常规检测，相当于一个整体中的部分样本，并不能完全代表污染物残留的真实分布，解决这类问题可通过随机抽样的方法进行转化，关于概率模型中的随机抽样方法将在下一小节进行介绍。离散分布和连续分布是概率统计常用的两类变量分析。简单地说，符合离散分布的变量可以一一列举，而符合连续分布的不能一一列举，但变量充满某一空间。因暴露评估中常见的变量都为连续型，表 4-4 列出了常见的连续概率分布函数的表达式以及参数意义。

表 4-4　常用连续概率分布函数表达式

概率分布	参数意义
贝塔分布 Beta(α_1, α_2)	α_1 和 α_2 为形状参数
指数分布 Expon(β)	β 为衰减常量
伽马分布 Gamma(α_2, β_2)	α_2 和 β_2 分别为形状参数和尺度参数
逻辑分布 Logistic(α_3, β_3)	α_3 和 β_3 分别为位置参数和尺度参数
正态分布 Normal(m_1, sd_1)	m_1 和 sd_1 分别为正态分布的平均值和标准差
波特分布 Pert($min_1, most_1, max_1$)	min_1、$most_1$ 和 max_1 分别为波特分布的最小值、最可能值和最大值
三角分布 Triang($min_2, most_2, max_2$)	min_2、$most_2$ 和 max_2 分别为三角分布的最小值、最可能值和最大值
均匀分布 Uniform(m_2, sd_2)	m_2 和 sd_2 分别为均匀分布的平均值和标准差

不同连续概率分布表达式代表的意义差别较大（表 4-4），如何选择适合暴露评估中的概率分布对结果影响较大。优选可通过专家意见、历史经验或统计分析而实现，常用的评价方法包括赤池信息量准则（AIC）、贝叶斯信息准则（BIC）、卡方检验（X2）、安德森-达林检验（A-D）、科尔莫戈罗夫-斯米尔诺夫检验（K-S）和均方根误差检验（RMSE）等。其中 AIC 和 BIC 统计量是利用简单表达式，使用对数似然函数计算得出的，一般认为 AIC 假设"真"模型不在候选集中，应用均方误差最小原则，渐进于最优模型，这种假设更符合实际情况，因此首选 AIC 作为判断依据。另外，卡方检验也可用于连续型或离散型样本数据的拟合优度检验，一般通过任意选择数据段进行观测值和期望值的比较，可通过等概率数据段的方式来消除数据段选择的任意性（如@RISK 软件）。作为类似的模型"信息标准"检验参数，AIC 和 BIC 结果类似，AIC 基于渐进最优的假设，而 BIC 不是，AIC 趋向于对强度弱于 BIC 的参数数量进行惩罚，AIC 更易于使概率分布获得收敛。而其他几种检验参数（X2、A-D

和 K-S）都为常用评价方法，各有优缺点，可作为评价概率分布参数选择的辅助参考。

4.5.2.4　概率模型中的抽样方法

在食品污染物的暴露评估中，通过各个输入量的概率分布建模获得暴露的概率模型，常见的是对输入量进行随机抽样，从而使有限的样本通过随机转化为更符合真实状况的分布情况。最常用的抽样方法是蒙特卡罗（Monte Carlo）方法，也称为随机模拟或随机抽样方法。蒙特卡罗方法用于暴露评估建模的基本思想是，为了模拟影响暴露评估结果的输入量真实情况，首先建立一个概率模型或随机过程，使得模型参数等于输入量的解，进而对模型或过程的观察或抽样试验来计算所求参数的统计特征，再给出所求解的近似值，而这个解的精确度可用估计值的标准误差来表示。

当所求问题的解是某个事件的概率，或者是某个随机变量的数学期望，或者是与概率、数学期望有关的量时，通过某种试验的方法，得出该事件发生的频率，或者该随机变量若干个具体观察值的算术平均值，通过它得到问题的解。这就是蒙特卡罗随机抽样的基本思想。蒙特卡罗方法常以一个"概率模型"为基础，按照它所描述的过程，使用由已知分布抽样的方法，得到部分试验结果的观察值，求得问题的近似解。通俗地说，蒙特卡罗方法是用随机试验的方法计算积分，即将所要计算的积分看作服从某种分布密度函数的随机变量的数学期望。

概率模型中的随机抽样通过一系列的可能发生的场景接近可能的真实情况，比如监测了 100 个即食食品中单增李斯特氏菌的含量（样本），推测所有食品中的菌分布情况（总体）。假设样本中单增李斯特氏菌菌数抽样检测后计算求得平均值和标准差，假设符合对数正态分布，按照蒙特卡罗抽样原理，使对数正态分布的返回值等于一个随机概率值介于（0,1）之间，由此可反推测总体样品中致病菌的"真实"分布的平均值和标准差。

蒙特卡罗抽样方法的实质是一种伪随机，并非真实的随机。在暴露评估中选定的特定概率分布，如正态分布（Normal）、泊特分布（Pert）、贝塔分布（Beta）等，可通过电脑软件都有内置的伪随机数发生器，如 Matlab 软件中 Rand 函数，用户只要输入激发值（种子数），即可获得一定序列的独立的随机变量。对于离散型概率分布的随机抽样可采用直接抽样的方法，但对于连续型概率分布，如正态分布、贝塔分布等，直接抽样通常较为困难。

蒙特卡罗方法的优点：①能够比较逼真地描述具有随机性质的事物的特点及物理实验过程；②受几何条件限制小；③收敛速度与问题的维数无关；④具有同时计算多个方案与多个未知量的能力；⑤误差容易确定；⑥程序结构简单，易于实现。蒙特卡罗方法的缺点：①收敛速度慢；②误差具有概率性；③在粒子输运问题中，计算结果与系统大小有关。有些改进的抽样方法可对蒙特卡罗方法进行改进，如拉丁超立方（Latin hypercube，LH）和马尔科夫链蒙特卡罗（Markov chain Monte Carlo，MCMC）。拉丁超立方方法即是对产生随机变量进行方法改进，假设我们要在 m 维向量空间里抽取 n 个样本，先将每一维分成互不重迭的 n 个区间，使得每个区间有相同的概率，比如设置成一个均匀分布，使之各区间长度相同，然后在每一维里的每一个区间中随机抽取一个点，再从每一维里随机抽出前述选取的点，将它们组成 n 向量。马尔科夫链蒙特卡罗是针对有时无法对特定概率分布进行抽取样本的问题，通过构建稳态的马尔科夫链（即 MCMC 中第一个 MC）再通过蒙特卡罗（即后一个 MC）方法产生非独立样本的一种抽样方法。

4.5.2.5　不确定性与变异性

作为定量风险评估的重要组成部分，暴露评估建模采用概率分布评估方法，比点估计评估方法更准确和切合实际。概率分布中不确定性是因为缺乏所需科学信息造成的，和数据本身以及选择的模型相关；变异性属于微生物菌种变异情况或研究系统影响，难以通过后续研究得以避免。已有研究表明，二者区分与否对风险特征结果的判断差异较大，甚至能得出完全相反的风险概率结果。评价不确定性和变异性的方法很多，如专家决策、蒙特卡罗抽样、Bootstrap 自助法、贝叶斯分析等。不确定性可以看做是缺乏数据或信息导致的，补充数据或信息可以减少不确定性；但变异性由于体现的是异质性和多样性，可以评定，却很难减少和避免。不确定性和变异性对评价定量暴露评估构建的模型敏感性影响较大，敏感性一般指的是哪些数据输入对最终结果影响，以获得降低风险的有效控制措施。在后续的敏感性分析中，已有研究表明未区分不确定性和变异性，对评估结果与风险阈值之间的关系有较大影响。这在选用概率评估模型进行暴露评估时不可忽略。

4.5.3　预测微生物学模型

微生物预测模型被用于描述在食物链不同环节如加工、销售、运输、消费等过程中环境因素对微生物数量变化的影响，成为微生物定量暴露评估必不可少的重要组成。表 4-5 列出我国近些年来开展微生物暴露评估研究中应用的常见预测微生物模型。

表 4-5　国内微生物暴露评估研究中应用的预测微生物模型

致病菌	食物	一级模型	二级模型
副溶血性弧菌	生食牡蛎	Gompertz	平方根
	文蛤	指数	修正平方根
	三疣梭子蟹	Gompertz	Bělehrádek 平方根
	贝类	指数	修正平方根
	杂色蛤	Gompertz	Bělehrádek 平方根
	三文鱼片	Gompertz	平方根
创伤弧菌	虾	Baranyi	响应面
沙门氏菌	带壳鸡蛋		
	常见餐饮食品	两阶段线性模型	响应面
单增李斯特氏菌	散装熟肉制品		Ratkowsky 平方根
	即食沙拉	修正 Gompertz	Ratkowsky 平方根
蜡样芽孢杆菌	巴氏杀菌奶	生长	—
	巴氏杀菌奶	Baranyi	Ratkowsky 平方根
	中国传统米饭	修正 Gompertz	Ratkowsky 平方根
金黄色葡萄球菌	原料乳	Gompertz	平方根
	猪肉	Gompertz	
假单胞菌	巴氏杀菌奶	Baranyi	Ratkowsky 平方根
气单胞菌	冷却猪肉	修正 Gompertz	Ratkowsky 平方根
赭曲霉毒素 A	不同食物	—	—
黄曲霉毒素 B$_1$	中国香料	—	—
	粮油产品	—	—

食品预测微生物学（predictive food microbiology）最初由 Roberts 和 Jarvis 于 1983 年提出，现在已成为食品微生物领域最活跃的研究方向之一。食品预测微生物学是一门在微生物学、数学、统计学和应用计算机科学基础上建立起来的新学科，它是研究和设计一系列能描述和预测食品微生物在特定条件下生长和衰亡的模型。

食品预测微生物学的主要目的是运用数学模型对食品微生物的变化进行定量分析，定量描述在特定环境条件下食源性微生物的生长、残存、死亡动态。当描述能力达到预测能力时，预测微生物学揭示特定微生物（某类食品中特定的腐败菌、病原菌）的生长、残存、死亡动态是由其所经历的环境因子决定的。环境因子包括内在的 pH 值、水分活度等和外在的温度、气体浓度以及时间等。许多因子会影响微生物的生长，然而只有几个因子起决定作用。无论在肉汤培养基或其他食品中，每个单一因子对微生物的影响可以看作是独立的。

应用数学模型的预测微生物学有多种分类方法，依据描述微生物的情况，分为描述微生物生长的数学模型和描述微生物失活的数学模型。依据数学模型建立的基础分为以概率为基础的模型和以动力学为基础的模型。目前认可度较高的是 Buchanan 基于变量的类型把模型分为三个级别。一级数学模型是描述在特定的培养条件下，一种微生物对时间的生长或存活曲线；二级模型描述的是培养和环境变量对微生物生长或存活特性的影响；三级模型是描述合并或联合在一起的初级和二级模型。

4.5.3.1　一级模型

一级模型主要表达微生物量（或测定一起的响应值，例如浊度）与时间的函数关系。模型的微生物定量为每毫升菌落形成量（CFU/mL）。由于单细胞微生物呈指数生长的特性，一般用相对细胞数的对数对时间作图得到生长曲线，描述微生物 S 形生长曲线的有 Gompertz、Richards、Stannard、Schnute、Logistic、Baranyi 和其他模型。S 形函数是最常用于拟合微生物生长曲线的函数。修正的 Logistic 和 Gompertz 方程分别为：

$$\lg x(t) = A + \frac{C}{1 + e^{-B(t-M)}} \tag{4-10}$$

$$\lg x(t) = A + C\exp\{-\exp[-B(t-M)]\} \tag{4-11}$$

式中　$x(t)$——时间 t 时的细胞数量；

　　　A——t 降至 0 的渐近线数值；

　　　C——向上和向下渐近线之间的差值；

　　　B——时间 M 时的相对生长率；

　　　M——绝对生长率最大的时间。

Gompertz 方程最初不是设计用来描述微生物生长，只是模型中的参数被赋予了物理含义来解释微生物的生长参数，而这些参数在建立和解释模型时都发挥了重要作用。由 Baranyi 等在 1994 年提出的 Baranyi 模型得到了越来越广泛的应用，其最大优点就是拟合性较高，而且是真正意义上的动力学模型，可以描述环境因素随时间变化的微生物生长情况：

$$Y = Y_0 + \frac{Y_1}{\ln 10} + \frac{Y_2}{\ln 10} \tag{4-12}$$

$$Y_1 = \mu_m t + \ln[e^{-\mu_m t} - e^{-\mu_m(t+t_{lag})} + e^{-\mu_m t_{lag}}] \tag{4-13}$$

$$Y_2 = \ln\left[1 + 10^{(Y_0 - Y_{\max})}\left(e^{\mu_m(t - t_{\text{lag}})} - e^{-\mu_m t_{\text{lag}}}\right)\right] \tag{4-14}$$

式中 Y_0 和 $Y_{\max}$——分别是最初菌落数和最终菌落数；

μ_m——最大表观生长率（GR）；

t——生长时间；

t_{lag}——迟滞期时间（LT）。

通过迭代 Y_0、$Y_{\max}$、μ_m 与 t_{lag} 进行参数估计，以降低剩余平方和（residual sum of squares，RSS）：

$$\text{RSS} = \sum_{i=1}^{n}\left[Y(t_i, Y_0, Y_{\max}, \mu_m, t_{\text{lag}}) - Y_i\right]^2 \tag{4-15}$$

相对于描述微生物生长的预测模型，在暴露评估建模中还需要描述微生物残存或失活的模型，早期的研究也是伴随 D 值的概念展开的。在拟合微生物失活曲线时，经常出现微生物对数图非线性的现象。可能原因是细菌菌群含有亚菌群，这些亚菌群有各自的动力学变化，因此细菌的残存曲线是几种动力学模式的综合体现，出现凹形、凸形甚至 S 形曲线。因此，许多学者提出了 log-normal、log-logistic、Arrhenius、Gamma、Pareto 等非线性模型进行拟合，其中大多数模型通常没有考虑非零渐近线以解决参数饱和现象。近年来，基于概率分布的 Weibull 频数模型将失活曲线看作暂时的细菌失活致死分布的积累形式，已成功拟合不同因素影响下的微生物残存或失活情况：

$$\lg N_t = \lg N_0 - \left(\frac{t}{\delta}\right)^p \text{ 或 } \lg S(t) = -\left(\frac{t}{\delta}\right)^p \tag{4-16}$$

式中 δ——细菌数量第一次减少 90% 的时间；

N_t——t 时间的菌数；

N_0——初始菌数；

p——形式参数 β，当 $p = 1$ 时，δ 即为 D 值。

4.5.3.2   二级模型

二级或次级模型主要表达初级模型的参数与环境条件变量之间的函数关系。微生物在食品系统上的生长受多种变量的影响，包括温度、pH 值、水分活度、氧气浓度、二氧化碳浓度、氧化还原电位、营养物浓度和利用率以及防腐剂等的影响。

最早模拟温度对微生物的影响源于基于反应速率的 Arrhenius 指数模型：

$$\ln(\text{速率}) = \ln A \times \Delta E / (RT) \tag{4-17}$$

或者：

$$\ln(\text{速率}) = \ln A + \frac{\Delta E}{R} + \frac{1}{T} \tag{4-18}$$

式中 A——与每个单位时间内反应物的碰撞数目相关的常数；

E——活化能，J/mol；

R——气体常数 [8.314J/(K·mol)]；

T——热力学温度，K。

目前这一方程及其变形仍在很多预测微生物学研究中使用。

描述生长的二级模型如 Bělehrádek 或 Ratkowsky 平方根模型：

$$\sqrt{\mu_{max}} = b \times (T - T_{min}) \tag{4-19}$$

式中　b——常数；

T——温度；

T_{min}——微生物生长的理论最低温度，为模型和温度轴间截距。

T_{min}是一个模型参数，其值范围为 5~10℃，低于微生物可观察生长的最低温度。

后来这一模型被不断修正和完善，逐渐扩展到 pH 值、水分活度、CO_2 浓度等，但式(4-19)基本形式被看作是最经典的预测模型之一。

4.5.3.3　三级模型

三级模型主要指建立在一级和二级模型之上的电脑应用软件程序。目前世界上已开发的预测软件多达十几种，其中以美国农业部开发的病原菌模型程序（pathogen modeling program，PMP）、加拿大开发的微生物动态专家系统（microbial kinetics expert system，MKES）以及英国农粮渔部开发的食品微生物模型（food micromodel，FM）最为著名。美国和英国的研究者已经着力于世界上最大预测微生物数据库（ComBase）的共建和开发。

4.6　暴露评估实例

暴露评估为风险评估的核心内容。在进行完暴露评估时，要将结果写出完整的暴露评估报告。一个完整的暴露评估报告应该遵循以下基本要求：一是暴露评估应对所采用的方法进行清晰的表达，包括对相关模型、数据来源、假设、局限性及不确定性；二是清楚明确地描述在暴露评估中所用有关化学物或微生物浓度来源和消费模式的假设方式；三是准确清晰地描述高度暴露人群评估的置信区间，同时对其出处来源也要加以描述。这里以某市开展过的即食食品中气单胞菌的定量暴露评估为例，说明开展食品中有害物，特别是食源性致病菌的评估思路。

气单胞菌（Aeromonas spp.）是属于革兰氏阴性的兼性厌氧短杆菌，在近几年的研究中被证实是一种人畜共患病的病原菌，有关该菌作为胃肠炎和败血症的一种重要致病菌的报道日益增多，同时该菌也是冷却猪肉中的优势腐败菌之一。对肉及肉制品中的致病菌开展风险评估有助于控制其危害，如鸡肉中的空肠弯曲菌、绞碎牛肉中的大肠杆菌（O157：H7）等，为制定合理有效的致病菌风险监管建议提供了理论参考。

微生物的定量暴露评估对所消费的食品中的致病菌的数量或是对致病菌的毒素含量进行定量估测，其假设是不论食品初始带菌量的多少，每份食品的摄入造成感染疾病的风险相同。国内外的暴露评估针对气单胞菌的较少，已有研究表明冷却猪肉中气单胞菌在销售、运输和贮藏过程中受时间和温度两个因素影响显著，有必要进一步开展暴露评估，以便更好地监测其生长，降低病原菌污染冷却猪肉的风险。

该研究结合某市的调查数据，基于前期构建的气单胞菌生长模型，采用蒙特卡罗（Monte Carlo）方法模拟气单胞菌从冷却猪肉销售、运输以及储藏过程中会产生的数量变化和食用后可能造成危害的概率分布，并开展敏感性分析确定显著影响因素，为食品安全监管人员提供风险管理建议。

4.6.1　暴露评估模型的构建

2009—2010 年以随机抽样的方式从某市范围内的超市中采集冷却猪肉共计 100 份样品,检测用选择性培养基平板计数,按国标法 GB 4789.2—2010 进行气单胞菌计数。此研究中采集的样品均为包装完成后 1h 以内的冷却猪肉,结果可近似认为是冷却猪肉中气单胞菌的初始污染量。

冷却猪肉从屠宰、包装、配送、销售、运输、贮藏到消费的生产消费链较长,不确定性因素较多,该研究主要考察从销售、运输到食用前 3 个环节,相当于消费者从超市购买到家庭贮藏食用前这一阶段中冷却猪肉中气单胞菌受时间和温度影响下的生长情况。虽然在此阶段其他致病菌仍会在冷却猪肉中增殖,该研究主要以气单胞菌为冷却猪肉优势菌开展评估。

以下暴露模型的构建均应用美国 Palisade 公司的@Risk5.5 软件,因其选用蒙特卡罗取样方法具有强大的估计不确定性功能而选用。基于冷却猪肉中气单胞菌的抽检结果及其他合理参考结果,检测限为 0.78lgCFU/g,选择合适的概率函数构建气单胞菌的概率分布。

4.6.1.1　冷却猪肉中气单胞菌的初始污染水平

上架销售时冷却猪肉中气单胞菌的初始污染水平(PP)应用 Beta 函数进行描述,其中阳性样品(LP)和阴性样品(Ln)中气单胞菌的污染水平均采用 Cumulative 函数进行描述。由于冷却猪肉中的阴性样品检出量未定,该研究选用 Jarvis 等式计算实际污染水平来估计阴性样品中的未检出浓度。公式如下:

$$M = -(2.303/V) \times \lg(Z/N) \tag{4-20}$$

式中　M——样品中的真实浓度;

　　　V——检测时所用样品量;

　　　Z——阴性样品的数量;

　　　N——检测样品的总数。

将其计算值假设为阴性样品的菌量平均值,并用反向偏斜累积概率分布描述阴性样品中的气单胞菌的浓度。

综上,销售阶段中冷却猪肉中气单胞菌的污染情况应用 Diserete 函数进行描述,详细参数设置见表 4-6。

4.6.1.2　销售至食用阶段中气单胞菌的时间和温度概率分布

冷却猪肉在销售阶段的时间和温度最大值、最可能值和最小值根据经验确定,均以 Pert 函数描述。冷却猪肉从超市销售点到消费者家庭的运输时间参照联合国粮农组织(FAO)对液态奶调查的平均值和标准差,应用 Normal 函数描述;而这一阶段的运输温度波动较大,在此参照欧盟的消费者调查结果,以 Pert 函数描述。消费者家庭贮藏时间根据经验确定,以 Pert 函数描述;家庭贮藏温度参照欧盟对英国、荷兰、法国、希腊等家用冰箱的冷藏温度的调查数据,以 Normal 函数描述。以上参数设置详见表 4-6。

表 4-6 构建冷却猪肉中气单胞菌暴露评估模型的参数设置

阶段	变量	定义	公式
上架销售	P_p	气单胞菌初始污染率/%	Beta(15,87)
	$1-P_p$	气单胞菌的未检出率/%	
	L_p	阳性样品的污染水平/(lgCFU/g)	Cumulative(0.78,4,{0.78,1.0,1.33,1.6,1.85,2.33,2.41,2.48, 2.59,2.71,3.26,3.36},{0.067,0.200,0.267,0.333,0.400,0.533, 0.600,0.667,0.733,0.800,0.867,0.933})
	L_n	阴性样品的污染水平/(lgCFU/g)	Cumulative(-5.22,0.78,{-5.22,-2.22,0.78},{0.01,0.50, 0.99})
	N_0	气单胞菌初始污染水平/(lgCFU/g)	Discrete[L_p:L_n,P_p:$(1-P_p)$]
销售	T_1	销售温度/℃	Pert(-2,4,7)
	T_1	销售时间/h	Pert(4.8,14.4,50)
运输	T_2	运输温度/℃	Pert(4,10,25)
	T_2	运输时间/h	Normal(1.06,0.42)
家庭	T_3	贮藏温度/℃	Normal(8.32,2.49)
	T_3	贮藏时间/h	Pert(0,19.2,48)
生长模型	U	最大生长率/h^{-1}	$\sqrt{\mu}=0.0133(T+10.901)$
	LPD	迟滞期时间/h	$\sqrt{1/LPD}=0.01106(T+12.7276)$
	N_t	最终菌数/(lgCFU/g)	$N_t=N_0+\exp(-LPD \times U)[-1+\exp(LPD \times U)+\exp(U \times t)]$
风险阈值			5

4.6.1.3 气单胞菌预测模型的选用

应用预测微生物模型评估冷却猪肉中气单胞菌从销售、运输到消费阶段的增长情况，一级模型用来评估气单胞菌经过超市销售至食用阶段贮藏时间下的生长，二级模型用来评估冷却猪肉在销售至食用阶段贮藏温度对气单胞菌生长的影响。该研究中采用前期研究结果，一级和二级模型分别选用修正的 Gompertz 模型和 Ratkowski 平方根模型估计消费者最终食用气单胞菌的量。表达式详见表 4-6。

4.6.1.4 暴露评估模型的仿真运行

构建暴露评估模型后，以气单胞菌预测模型的最终菌数为输出变量，选用 @Risk 软件中的蒙特卡罗取样方法运行迭代 10000 次。以气单胞菌导致食物中毒的经验值 5lgCFU/g 为风险阈值。

4.6.2 暴露评估的结果与分析

4.6.2.1 冷却猪肉中气单胞菌的初始污染水平

采集 100 份冷却猪肉样品进行气单胞菌定量检测，结果如表 4-7 所示，表明共有 86 份菌数含量低于 0.78lgCFU/g，占 86.0%；14 份样品超过 0.78lgCFU/g，阳性检出率为 14.0%。冷却猪肉上架销售时的气单胞菌阳性污染平均值为 2.07lgCFU/g，未检出的阴性样品污染水平为（-2.22 ± 1.77)lgCFU/g。应用 Diserete 函数描述冷却猪肉中气单胞菌初始污染水平的概率分布如图 4-2，表明冷却猪肉上架销售时气单胞菌量最低为−5.22lgCFU/g，最高为 3.99lgCFU/g，平均值为−1.60lgCFU/g。

表 4-7   2009—2010 年某市冷却猪肉中气单胞菌的抽检调查结果

气单胞菌量 /(lgCFU/g)	<0.78	1.00	1.33	1.60	1.85	2.33	2.41	2.48	2.59	2.71	3.26	3.36	0.78
样本量	86	1	2	1	1	1	2	1	1	1	1	1	1

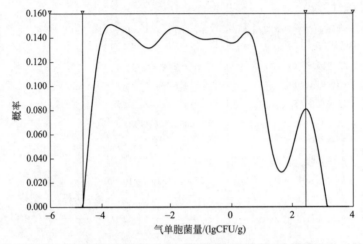

图 4-2   冷却猪肉中气单胞菌的初始污染水平的概率分布

4.6.2.2   冷却猪肉销售至食用阶段中气单胞菌变化的概率分布

由图 4-3 可知，冷却猪肉中气单胞菌自销售、运输至家庭食用前的增长情况与初始污染水平的比较，在销售阶段的最大值和最小值分别为 6.06lgCFU/g 和−4.15lgCFU/g，均值为−0.23lgCFU/g，销售阶段气单胞菌增长 1.37lgCFU/g；运输阶段增长 1.03lgCFU/g，此阶段气单胞菌的变化范围从−3.13lgCFU/g 至 7.12lgCFU/g，均值为 0.80lgCFU/g；家庭贮藏阶段气单胞菌显著增长，变化范围为（3.09±2.82）lgCFU/g。

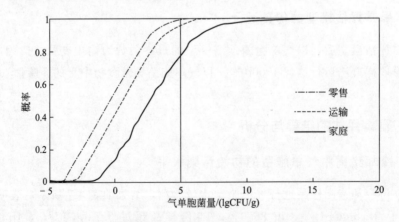

图 4-3   冷却猪肉销售至食用阶段中气单胞菌变化的概率分布

将气单胞菌的风险阈值定为 5lgCFU/g，为引起消费者食物中毒的最低浓度。冷却猪肉在 3 个阶段增长超过风险阈值的概率较低，其中气单胞菌初始污染为 0，销售、运输和家庭贮藏 3 个阶段分别为 0.8%、3.9% 和 22.1%，表明气单胞菌对冷却猪肉的危害逐步增大，消费者在家庭食用前因贮藏时间较长而产生安全风险的概率最大。

4.6.2.3 冷却猪肉中气单胞菌的最终污染水平

将消费者食用冷却猪肉时看做气单胞菌的最终污染水平。由图 4-4 可知，最终污染范围从 -0.82lgCFU/g（5% 置信水平）、2.90lgCFU/g（中值）至 7.66lgCFU/g（95% 置信水平），均值为 3.09lgCFU/g。结合上述研究，消费者食用冷却猪肉超过气单胞菌风险阈值（5lgCFU/g）的概率为 22.1%，减少家庭贮藏时间有助于减少气单胞菌的潜在风险。

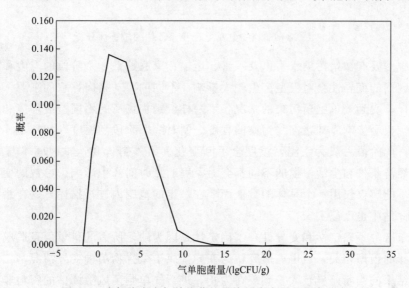

图 4-4　冷却猪肉中气单胞菌的最终污染水平的概率分布

4.6.2.4 敏感性分析

模型的敏感性指的是哪些数据输入对最终结果影响最大，取决于数据中的不确定性，以获得降低风险的有效控制措施。图 4-5 为气单胞菌的最终污染水平与冷却猪肉各阶段的相关性，其中与最初污染水平的相关系数为 0.884，较之其他因素最高，表明最初污染水平对消费者食用安全的风险影响最大。而销售、运输和家庭贮藏阶段的相关系数分别为 0.058、0.043 和 0.209。

根据敏感性分析结果，控制致病菌的初始污染水平、减少食品的家庭贮藏时间和温度有利于降低风险。食品监管部门可进一步对初始污染水平的影响因素进行细化并加以控制。另外，该研究未涉及冷却猪肉的烹调阶段，基于上述暴露评估模型的结果，消费者有必要在食用冷却猪肉时充分加热烹调。

4.6.3 暴露评估的结论

该次评估选用概率分布评估方法，比点估计评估方法更准确和切合实际，主要评价从冷却猪肉上架销售为起点，经过销售和运输各阶段到最终消费时冷却猪肉中气单胞菌的污染水平，运用的预测模型是数学模型，特别是预测微生物学模型已在风险评估研究获得了广泛应

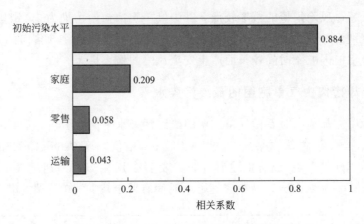

图 4-5　冷却猪肉中气单胞菌暴露评估的敏感性分析

用。在模型中主要有初始污染水平以及零售、运输、家庭贮藏 3 个阶段的温度和时间共 7 个参数，所以它们的变异性会对模型产生较大影响。不同的冷却猪肉，它的来源、生产加工的过程都不一样，受到气单胞菌污染的状况各不一样。销售场所的不同造成环境和人员卫生条件存在差异，也会影响冷却猪肉受污染的程度。同时 3 个阶段的温度，特别是零售点到家庭的运输阶段，此阶段一般为室温，温度会不断变化。另外销售和运输时间本身也具有变异性。消费者经济条件和生活习惯的不同都会对家庭贮藏时间产生影响。参数的变异性造成在构建模型时不能够仅仅用一个具体的数值而要在一定的范围内进行描述，这在蜡样芽孢杆菌的定量暴露评估中也已证实。

　　该研究未区分不确定性和变异性，不确定性是因为缺乏所需的科学信息造成的，和数据本身以及选择的模型相关，但也有研究认为变异性属于微生物菌种变异情况，二者区分与否对风险特征结果的判断差异较大。到现在为止，进行气单胞菌风险评估的资料非常缺乏，国内外都还没有较完善的气单胞菌定量风险评估。由于现有文献中缺少气单胞菌的剂量-反应模型的有关报道，该次评估选择 5lgCFU/g 作为发生气单胞菌食物中毒的风险阈值，这是不确定性的重要来源。气单胞菌初始污染水平的检测从部分超市抽检，且样品中并没有包括所有种类的冷却猪肉，完善监测数据的统计有利于减少风险评估的不确定性。

　　研究表明从冷却猪肉销售、运输到食用阶段，气单胞菌的初始污染水平与最终风险相关性最大，家庭贮藏时间和温度也是影响气单胞菌致病风险的重要因素。食品监管部门应加强冷却猪肉销售阶段的抽查力度，消费者购买冷却猪肉后也应尽快食用以减少气单胞菌的危害。

5 风险特征描述

国际食品法典委员会（CAC）将风险特征描述（risk characterization）定义为：根据危害识别、危害特征描述和暴露评估的结果，对特定人群发生不良健康影响或潜在的健康损害效应的概率、严重程度所作的定性和（或）定量评估，包括评估过程中伴随的不确定性。风险特征描述是风险评估的最后环节，主要是显示风险评估的结果。即通过对前述危害识别、危害特征描述和暴露评估三个环节结论进行综合分析、判定、估算获得评估对象对接触评估终点中引起的风险概率为基础，最后以明确的结论、标准的文件形式和可被风险管理者理解的方式表述出来，最终达到为风险管理的部门和政府的食品安全管理提供科学的决策依据。

风险特征描述是风险评估步骤中风险管理者问题最集中的部分。当进行"风险特征描述"时，其过程的结果是"风险估计"。风险特征描述还应该强调整体风险评估的质量保证。

5.1 风险与危害

5.1.1 危害与风险的差异

风险评估中"危害"是一狭义定义，范围不包括国防、信息、交通等范畴内所提及的危害，也不包括心理伤害。仅仅指食品中可能导致一种健康不良效果的生物、化学或物理物质或状态。危害被认为是一种"物质"，食品中的"危害"同时具有相对性、时代性及地域性。

在食品安全领域中，"风险"是一种健康不良效果的可能性及这种效果严重程度的函数，表达的是概率及严重程度的可能性。这种效果是由食品中的一种危害所引起，或几种危害交错产生，或在流通环节产生，危害和风险都是客观存在且都是相对的。但在某种状态下，危害可能是存在与不存在、是与否的关系，而风险对于任何物质及状态都是存在的，在于存在是用发生可能性及严重程度来表述。由于危害是存在，不可避免，而风险是可能性，同时对于不同对象，风险在程度上也具备相对性，因此一般按照人类意志会改变危害发生的概率，或一旦出现危害改变损失程度的防范措施也会不一样。

风险的结果既是客观又是主观的，所谓客观，如公认人生老病死是必然，这样结果是一定的，不可避免。所谓主观，如天气预报中对出现状况的预测，下雨、天晴、阴天或下小雪都有可能，不可预见，如果下雨，则下雨概率是多少？甲分析为 30%，而乙分析为 40%，这是主观个人判定的结果，但我们并不能认定谁是谁非，因为他们可能都对，所以这里的风险又是主观与客观的共同体。

5.1.2　可接受风险

从理论而言，几乎所有化学物质、大多微生物等都是危害物质，但只要接触剂量低于某阈值，则对于人体或环境等是无风险的。但实际上，在多种因素的干扰之下，如人类认识危害的能力限制，某些化学物阈值难以确定，微生物活体存在诸多变数等出现这样或那样的难度，尤其是对于某种物质，其致癌性没有阈值可以衡量，由此提出了可接受风险的概念。可接受风险是指公众和社会在精神、心理等各方面均能承受的风险。可用图 5-1 说明。

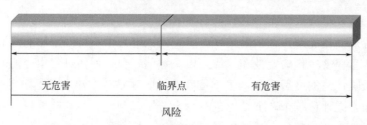

无危害　　　　　　临界点　　　　　　有危害

风险

图 5-1　危害与风险之关系

说明：①临界点是有无危害的分界点，但该临界点是依据危害的相对性与时代性随时发生动态变化，在左右之间移动；②风险概率存在无危害及有危害区间，但严重程度在无危害区域内为 0%，在有危害区域里为 0~100%

5.2　化学危害物风险特征描述

食品安全的风险评估一般可以分为定性、半定量和定量风险评估，因此，三者的风险特征描述各有不同。对于食品中的化学性危害和微生物危害，在风险特征描述过程中所采用的方法学不同。化学危害因素通常分为有阈值的化学危害物和无阈值的化学危害物。

5.2.1　阈值的含义

这里所指的阈值具有两种不同的含义。其一，基于科学含义指在没有反应效应发生情况下的暴露水平，如有生理刺激，但未形成反应效应；其二，阈值代表一个水平，在该水平上没有反应效应，但这仅仅指在这个水平下的效应极为不明显，以至不能被观察和监测到，如NOAEL。在类似情况下，相对于实际结论而言，这更基于分析者或采纳分析方法的原则所界定的阈值。

在第一层含义中阈值也许需要考虑剂量-反应模型，阈值剂量的引入将剂量-反应模型化为不同情况，一方面在阈值以下，有效剂量为零；另一方面，在阈值以上，有效剂量是剂量-反应模型上剂量点减去阈值剂量。阈值通常不能提高模型的拟合效果，而阈值的置信度一般非常大。

5.2.2　有阈值化学物风险特征描述一般原则

在风险描述中通常有阈值的化学物采取如下方式，暴露评估剂量（estimated exposure

dose，EED）大于 RfD 的，可认为出现风险的可能性较大，由此求出达到风险水平的人群总数。高危人群总暴露估计值与 RfD 比较，前者为多条途径暴露剂量，如其小于或等于 RfD，则出现风险的概率极小，反之则大。另外，暴露限值（margin of exposure，MOE）的计算公式为：

$$MOE＝NOAEL 或 LOAEL/EED \tag{5-1}$$

采用 MOE 推导 RfD 的 UFs 与 MF 的值比较，如果 MOE 大于并等于该值，则风险可能性小，反之则大。还可以用风险估计值（有时称风险商）表示，即根据 RfD 和 EED 计算暴露人群的终生风险，公式为：

$$R＝(EED/RfD) \times 10^{-6} \tag{5-2}$$

上述公式中 R 表示发生某种风险的概率，而这里的 10^{-6} 则表示与 RfD 对应的可接受风险水平。

5.2.3　无阈值化学物风险特征描述一般原则

对于无阈值的化学物风险描述主要指致癌物特征分析，包括计算超额风险度和超额病例数两方面。这里分为计算终生、人均及特殊人群的风险。

计算终生（以 70 计算）超额风险度：

$$R＝1-\exp[-(Q \times D)] \tag{5-3}$$

式中　　R——致癌的终生概率，在 0～1 范围内；

D——个体日均暴露剂量率，$mg/(kg \cdot d)$；

Q——人的致癌指数，$[mg/(kg \cdot d)]^{-1}$。

计算人均年超额风险公式为：

$$R_{(py)}＝R/70 \tag{5-4}$$

在上述式中，70 是一个假定数，指期望当前的平均寿命为 70 岁。计算特殊人群的年超额病例数 EC，在公式中的 AG 表示标准人群的平均年龄，该数据通常通过对该评估地区采取调查来获取，这里的 P_n 表示平均年龄为 n 的年龄组人数。公式具体表示如下：

$$EC＝R_{(py)} \times (AG/70) \times \sum P_n \tag{5-5}$$

5.3　微生物危害因素风险特征描述一般原则

微生物危害因素的风险特征描述也是表示对危害识别、危害特征描述和暴露评估的综合获得的风险估计结果；是其对某指定人群产生不良结果的严重程度和可能性进行定性或定量的估计，包括与这些估计有关的不确定性的描述。这些估计可以通过将单个与危害有关的流行病学数据与疾病的普遍性进行比较而得到。

具体可以理解为微生物危害风险描述是将前面阶段的所有的定性和定量信息综合，提供一个对指定人群风险的合理估计。风性特征描述常常依赖可获得的资料和专家的判断，定性和定量信息的综合可能只允许对风险性进行定性估计。

微生物危害的最终风险评估的可信程度依赖于变量、不确定性和前面各阶段的假设。不确定性和变量的不同在随后的风险管理模式的选择中很重要。不确定性与数据本身和模型的选择有关。数据不确定性包括那些可能由流行病学、微生物学和实验室动物研究获得的信息进行评估和推断时引起的不确定性。当使用与在一定条件下发生的现象有关的数据来估计或预测在其他条件下发生而相关数据无法得到的现象时，会导致不确定性。生物变量包括微生物种群毒力不同、人群及特定的亚种群的易感性不同。证实用于风险评估的估计和假设的影响非常重要；对于定量的风险评估，可以通过使用敏感性和不确定性分析做到。

5.4 不确定因素分析

在风险评估实践中，对所有的不确定因素进行复杂的定量分析往往是行不通的，需要重点阐明两点：一是风险评估过程中不确定性的主要来源，在可行的情况下，进行半定量估计（例如，将不确定性的程度分为高、中、低 3 个等级），分析其对风险评估结果可能带来的影响（例如，是趋向于增加还是降低评估结果的保守性）；二是评估过程的局限性，并提出未来的研究方向或数据需求，以进一步完善风险评估。

5.4.1 不确定性的主要来源

一般不确定因素主要来自三类：一是由于信息不完整不足以对危害进行特征描述及暴露评估等过程，这主要造成评估方法本身的不确定性；二是由于数据与信息不完整或不充分等带来偏颇，这主要造成参数设定不确定性；三是由于风险评估技术本身要求的科学性与数学模型模拟结果的差异性，这主要是模型不确定性。

5.4.1.1 设计方法带来的不确定性

设计方法带来的不确定性主要反映在描述实际风险发生过程本身就存在偏差，主要包括危害特征描述存在差异、分析方法出现错误、判断出现误差及不能全面考虑分析不确定因素等，最严重的方法性的错误则是不能完整地考虑风险评估过程中所存在或可能存在的已知不确定性，即最后一种。

5.4.1.2 参数带来不确定性

参数带来的不确定性主要包括了检测方法误差、采样出现误差、采用非同类样品检测的数据或其他替代推导而来的数据等。其中检测方法错误包括了随机及系统误差，随机误差来自检测过程中的精确性问题，而系统误差则来自整个方法正确性问题。采样误差来采集样本是否具备代表性，是否代表整个群体的特性，如实施某暴露评估而采用的数据来自为其他目的而进行暴露评估的数据。但是最大的不确定性来自人群。

5.4.1.3 模型带来的不确定性

在实施风险评估过程中，危害特征描述及暴露评估过程采用数学模型对于有效解决数据不足等瓶颈起到了非常重要的作用，但依靠数学模型模拟数据毕竟不是真实测定值，于是模型本身也带来了一些不确定性。模型带来的不确定首先包括了关联性误差及模型误差，其中关联性误差包括了化学物理性质、结构活性关系及与环境或人体关系之间相关性误差。

5.4.2 评估过程的局限性

风险评估是一个以已知数据进行科学推导的过程，不可避免地会包含不确定性。在对食品中的化学物进行定量风险评估的过程中，由于所选用的数据、模型或方法等方面的局限性，如数据不足或研究证据不充分等，均会对风险评估结果造成不同程度的不确定性。因此，在风险特征描述的过程中，还需要对各种不确定因素、来源及对评估结果可能带来的影响进行定性或定量描述，为风险管理者的决策制定提供更为全面的信息。不确定性主要来源于危害特征描述和暴露评估步骤。危害特征描述的不确定性主要包括两个部分：一是健康指导值制定过程中的不确定性，这部分主要与试验结果的外推（包括从实验动物外推到人以及从一般人群外推到特定人群）和试验数据的局限性有关；通常采用一定的不确定系数或化学物特异性调整系数（CSAF）进行校正等方案解决，系数的具体确定方法在危害特征描述部分已做了介绍。二是剂量-反应评估过程的不确定性，这部分主要包括三种来源：①以小样本的单一试验来推断总体人群的情形时所产生的抽样误差；②试验设计的差异带来的不确定性，不同的试验设计、方案、选用模型往往会推导出不同的剂量-反应关系；③由于剂量-反应剂量之间的内推或观察剂量范围之外的外推过程所产生的不确定性。以上这些不确定因素可通过统计学方法，如概率分布或概率树进行定量分析和表述。

暴露评估过程的不确定性主要包括两类：①选用数据的不确定性，影响因素包括化学物含量数据或消费量数据的代表性、数据之间的匹配度、检测数据的精确度等；②暴露评估模型和参数估计的不确定性，例如，模型基于的关键假设和参数的确定、默认值的选用等，这主要与科学知识的全面性有关。对于暴露评估过程中的不确定性，可以通过改进抽样方案以提高样本的代表性、增加样本量、提高检测的精确度来降低不确定性，或采用概率分布或概率树的方法进行描述。

5.5 风险特征描述的主要内容和方法

5.5.1 风险特征描述的主要内容

风险特征描述主要包括评估暴露健康风险和阐述不确定性两个部分内容。

（1）评估暴露健康风险

即评估在不同的暴露情形、不同人群（包括一般人群及婴幼儿、孕妇等易感人群），食品中危害物质致人体健康损害的潜在风险，包括风险的特性、严重程度、风险与人群亚组的相关性等，并对风险管理者和消费者提出相应的建议。相应的方法包括基于健康指导值的风险特征描述、遗传毒性致癌物的风险特征描述和化学物联合暴露的风险特征描述。

（2）阐述不确定性

由于科学证据不足或数据资料、评估方法的局限性使风险评估的过程伴随着各种不确定性，在进行风险特征描述时，应对所有可能来源的不确定性进行明确描述和必要的解释。

5.5.2 风险特征描述的主要方法

(1) 基于健康指导值的风险特征描述

对于有阈值效应的化学物质，FAO/WHO 食品添加剂联合专家委员会（JECFA）、FAO/WHO 农药残留联席会议（JMPR）、欧洲食品安全局（EFSA）等国际组织或机构通常是以危害特征描述步骤推导获得的健康指导值为参照，进行风险特征描述，也就是通过将某种化学物的膳食暴露估计值与相应的健康指导值进行比较，来判定暴露健康风险。如果待评估的化学物在目标人群中的膳食暴露量低于健康指导值，则一般可认为其膳食暴露不会产生可预见的健康风险，不需要提供进一步的风险特征描述的信息。以反式脂肪酸为例，根据国家食品安全风险评估中心（CFSA）的风险评估结果，我国居民的膳食反式脂肪酸平均供能比为 0.16%，大城市为 0.34%，均远低于 WHO 所设定的健康指导值（1%），因此可认为目前我国居民反式脂肪酸摄入风险总体较低。然而，当膳食暴露量超过健康指导值时，就要谨慎地对健康风险进行判定及描述其相关特性，因为数值本身并不能作为向风险管理者和消费者提供暴露健康风险信息的唯一依据，还需要综合考虑其他相关因素。因为健康指导值本身在推导过程中已经考虑了一定的不确定系数或安全系数，所以对于以慢性毒性为主要表现的化学物，其膳食暴露量偶尔或轻度超出健康指导值，并不意味着一定会对人体产生健康损害作用。对于急性毒性，若估计的膳食急性暴露量超过了急性参考剂量（RfD），可能产生的健康风险应根据具体情况进行分析，例如考虑是否需要进一步进行精确暴露评估。

当待评估化学物的膳食暴露水平超过健康指导值时，若需作进一步的具体描述，向风险管理者提供针对性的建议，则需要详细分析以下因素：①待评估化学物的毒理学资料，如观察到有害作用的最低剂量水平（LOAEL）、健康损害效应的性质和程度、是否具有急性毒性或生殖发育毒性、剂量-反应关系曲线的形状；②膳食暴露的详细信息，如应用概率模型获得目标人群的膳食暴露分布情况、暴露频率、暴露持续时间等；③所采用的健康指导值的适用性，例如是否同样对婴幼儿、孕妇等特殊人群具有保护性。以鱼类中的甲基汞为例，其健康指导值，即暂定的每周可耐受摄入量（PTWI）的推导是建立在最敏感物种（人类）的最敏感毒理学终点（神经发育毒性）的基础上，而生命其他阶段对甲基汞毒性的敏感性可能较低。因此当膳食甲基汞暴露量超过 PTWI 值时，JECFA 认为风险特征应针对不同人群进行具体分析：对于除了孕妇之外的成年人，膳食暴露量只要不超过 PTWI 值的 2 倍，即可认为无可预见的神经毒性风险；而对于婴儿和儿童，JECFA 认为其敏感性可能介于胎儿和成人之间，但因缺乏详细的毒理学资料，暂时无法进一步给出一个明确的不会产生健康风险的暴露值。另外，JECFA 还指出，考虑到鱼类的营养价值，建议风险管理者分别对不同的人群亚组进行风险和收益的权衡分析，以提出具体的鱼类消费建议。

(2) 遗传毒性致癌物的风险特征描述

对于既有遗传毒性又具有致癌性的化学物质，一方面，传统的观点通常认为它们没有阈剂量，任何暴露水平都可能存在不同程度的健康风险；另一方面，通过试验获得的未观察到致癌效应的剂量水平可能仅代表生物学上的检出限，而不一定是实际的阈值水平。因此，对于遗传毒性致癌物，JECFA、JMPR、EFSA 等国际机构不对其设定健康指导值。JECFA 建议对食品中该类物质的风险特征描述采用以下方法：① ALARA（as low as reasonably achievable）原则。即在合理可行的条件下，将膳食暴露水平降至尽可能低的水平。这是一个通用性的原则，是在缺乏足够的数据和科学的风险描述方法的前提下，为最大限度保护消费者健康所提供的建议。但是该原则并未考虑待评估化学物的致癌潜力和特征、膳食暴露水平等因素，因此，其现实指导意义不大，无法向风险管理者和消费者提供有针对性的建议措施。②低剂量外推法。对于某些致癌物，可假设在低剂量反应范围内，致癌剂量和人群癌症发生率之间呈线性剂量-反应关系，获得致癌力的剂量-反应关系模型，用以估计因膳食暴露所增加的肿瘤发生风险。例如，食品中黄曲霉毒素的风险评估中，JECFA 根据所推导的黄曲霉毒素 B_1 致癌强度的剂量-反应关系函数，对不同暴露水平致肝癌的额外发病风险进行了预测。需要注意的是，在进行剂量外推的过程中，必须根据经验选择适宜的数学模型，随着选用模型的不同，风险估计值的结果可能相差较大，并且数学模型无法反映生物学上的复杂性。该方法较为保守，通常会过高估计实际的风险。③暴露限值（margin of exposure，MOE）法。MOE 是动物实验或人群研究所获得的剂量-反应曲线上分离点或参考点［即临界效应剂量，如 NOAEL 或基准剂量低限值（BMDL）］与估计的人群实际暴露量的比值，计算公式为 MOE＝BMDL 暴露水平。风险可接受水平取决于 MOE 值的大小，MOE 值越小，则化学物膳食暴露的健康损害风险越大。2005 年，JECFA 第 64 次会议上首次提出，针对遗传毒性致癌物，建议采用 MOE 法进行风险特征描述。目前，MOE 法是在对食品中遗传毒性致癌物进行风险特征描述过程中最常应用的方法。与其他方法相比，MOE 法在风险特征描述中具有以下优点：①实用性和可操作性强，MOE 法结果直观地反映了实际暴露水平与造成健康损害剂量的距离，易于判断和理解。②可用于确定优先关注和优先管理的化学物，若采用一致的方法，可通过比较不同物质的 MOE 值以帮助风险管理者按优先顺序对各类化学物质采取相应的风险管理措施。

然而，目前尚没有一个国际通用标准用来判定 MOE 值达到何种水平方表明危害物质的膳食暴露不对人体产生显著健康风险，这与不同机构评估过程中计算 MOE 值时所选用的数据类型、数据质量及化学物的毒理学资料等因素有关。对于遗传毒性致癌物，加拿大卫生部以 MOE 值＜5000、5000～500000 以及＞500000 分别对应高、中、低优先级别的风险管理顺序；英国致癌化学物委员会（EFSA）则认为当 MOE 值达到 10000 以上时，待评估化学物的致癌风险已经很低。

除了遗传毒性致癌物，MOE 法还可应用于对某些因数据不足暂未制定健康指导值的化学物的风险特征描述，如 JECFA 在第 64 次会议上，采用 MOE 法对丙烯酰胺、氨基甲酸乙酯、多环芳烃类等物质进行了风险特征描述，EFSA 采用 MOE 法对铅进行了风险特征描述。

(3) 化学物联合暴露的风险特征描述

对食品中化学物风险评估的传统方法，以及风险管理者制定的管理措施都是基于单个物质暴露的假设而进行的。但实际情况可能是食品中存在多种危害化学物质，人们每天可通过多种途径暴露于多种化学物质，而这种联合暴露是否会通过毒理学交互作用对人体健康产生危害，如何评估联合暴露下的人群健康损害风险，已逐渐成为风险特征描述的研究热点以及风险管理者所关注的问题。化学物的联合作用包括 4 种形式：剂量相加作用、反应相加作用、协同作用和拮抗作用。但根据以往的研究经验，除了剂量相加作用之外，若每种单体化学物的暴露水平均不足以产生毒性效应，那么各种化学物的联合暴露通常不会引起健康风险。因此以下主要对剂量相加作用及其对应的风险特征描述方法进行介绍。

在食品安全风险评估领域中，剂量相加作用和相应的处理方法是研究得较为深入的一种联合作用方式。该情形通常发生于结构相似的一组化学物间，若它们可通过相同或相似的毒作用机制引起同样的健康损害效应，当其同时暴露于人体时，即使每种物质的个体暴露量均很低而无法单独产生效应，但是联合暴露却可能因剂量相加作用而对人体产生健康损害风险。针对具有剂量相加作用的一类化学物，目前常用的风险特征描述的方法包括：①对毒作用相似的一类食品添加剂、农药残留或兽药残留，建立类别 ADI，通过将总暴露水平与类别 ADI 值比较进行风险特征描述，JMPR 采用该方法对作用方式相同的农药残留进行评估；②毒性当量因子（TEF）法，即在一组具有共同作用机制的化学物中确定 1 个"指示化学物"，然后将各组分与指示化学物的效能的比值作为校正因子，对暴露量进行标化，计算相当于指示化学物浓度的总暴露，最后基于指示化学物的健康指导值来描述风险。例如，JECFA 在对二噁英类似物进行风险评估的过程中，采用了 TEF 法，以 2,3,7,8-四氯代二苯并二噁英（TCDD）为指示物进行风险特征描述。

（4）微生物危害的特征描述

比较而言，食品微生物危害的作用和效果都更加直接和明显，而这些微生物危害的界定和控制均有较大的不确定性。目前全球食品安全最显著的危害是致病性细菌。就微生物因素而言，由于目前尚未有一套较为统一的科学的风险评估方法，有关微生物危害的风险评估是一门新兴的发展中的科学。CAC 认为危害分析和关键控制点（HACCP）体系是迄今为止控制食源性危害最经济有效的手段。

微生物危害主要通过两种机制导致人体得病：产生毒素造成症状从短期稍微不适至严重长期的中毒或者危及生命；宿主摄入感染活的病原体而产生病理学反应。对于第一种情况，可以进行定量风险评估，确定阈值。对于后一种情况，目前唯一可行的方法是对机体摄入某一食品产生损害的严重性和可能性进行定性的评估。

此外，还需提及预测食品微生物学。预测食品微生物学，就是通过对食品中各种微生物的基本特征，如营养需求、酸碱度、温度条件、需氧/厌氧程度以及对各种阻碍因子敏感程度的研究，应用数学和统计学的方法，将这些特性输入计算机，并编制各种细菌在不同条件下生长繁殖情况的程序。它可使我们在产品的初级阶段就可以了解该食品可能存在的微生物问题，从而预先采取相应的措施控制微生物以达到食品质量和卫生方面的要求。掌握了预测食品微生物学，会对在针对食品中微生物危害因素进行风险评估有较大的价值。定量微生物风险评估应是预测食品微生物学的一个具体的应用。

综上所述，作为食品安全风险评估的最后一个部分，风险特征描述的主要任务是整合前三个步骤的信息，综合评估食品中危害化学物和微生物危害对目标人群健康损害的风险及相关影响因素，旨在为风险管理者、消费者及其他利益相关方提供基于科学的、尽可能全面的信息。因此，在风险特征描述过程中，不仅要根据危害特征描述和暴露评估的结果对各相关人群的健康风险进行定性和（或）定量的估计；同时，还必须对风险评估各步骤中所采用的关键假设以及不确定性的来源、对评估结果的影响等进行详细描述和解释；在此基础上，若需要进一步完善风险评估，还有必要提出下一步工作的数据需求和未来的研究方向等。

微生物风险评估实例——贝类副溶血性弧菌的风险评估

在了解了食品安全风险评估基本理论后，本章列举实例来说明微生物危害的风险评估的基本过程，由于微生物风险评估历史较短，已成功完成的案例对于今后工作更有借鉴意义。

微生物风险评估不同于化学风险评估，其差异在以下方面：

① 食品中的微生物可能增殖或死亡，而收获后可食用的动物产品中的化学物浓度变化较少。

② 微生物的风险主要是单次暴露结果，而化学危害经常是由于累计效应。

③ 兽药被相关部门认可可应用于动物，并确定用量以便残留对人体产生最小的暴露；而微生物污染是自然发生的，其暴露不易控制。

④ 微生物很少在食品中均匀分布。

⑤ 微生物的分布与二次迁移有关（如人到人），此外与食物的直接摄取有关。

⑥ 暴露人群可能显现短期或长期免疫，这对于不同的危害微生物会有很大的差异。

本章内容主要参考了美国 FDA 在 2005 年完成的贝类风险评估报告（Quantitative Risk Assessment on the Public Health Impact of Pathogenic *Vibrio parahaemolyticus*），以及钱永忠和李耘的风险评估专著《农产品质量安全风险评估——原理、方法和应用》的内容。旨在为从事风险评估学习、研究者提供微生物风险评估的基本模式。

美国 FDA 1991 年 1 月开始进行了贝类中致病性副溶血性弧菌（*V. parahaemolyticus* path）对公众健康影响的定量风险评估，并在 2001 年形成初步的风险评估报告，2005 年完成了评估工作。这项评估是基于美国 1997 年到 1998 年的四次暴发包括超过 700 例致病。这项评估从牡蛎收获到收获后处理、加工到消费建模，计算生食含致病性副溶血性弧菌牡蛎致病的可能性。消费时牡蛎中副溶血性弧菌的水平与收获方法及收获后处理有关。

这项评估的主要目的是：

① 确定影响生食含致病性副溶血性弧菌牡蛎致病的因素。

② 评价不同的控制措施可能对人体健康的影响，包括现有微生物标准的有效性以及标准的改进。

该风险评估关注以下问题：

① 剂量-反应中副溶血性弧菌量与致病的关系。

② 水和贝类中致病性副溶血性弧菌菌株出现的频率和范围。

③ 哪些环境因子（如水温、盐度）能够用于预测牡蛎中副溶血性弧菌的出现。

④ 收获时牡蛎中副溶血性弧菌的水平与消费时水平的关系。

⑤ 收获后处理对牡蛎中副溶血性弧菌水平的影响。

⑥ 采用不同的干预措施对风险的降低程度。

6.1 危害识别

在进行危害识别时，风险评估者需要收集审查微生物的临床监控数据以及流行病学研究信息，包括审核以前风险评价和评估、研究国际相关的暴发数据、收集流行病学统计结果等，当然在做这些数据收集时要充分考虑国内的情况。

副溶血性弧菌（*Vibrio parahaemolyticus*，Vp）是一种在港湾地区自然生长的革兰氏阴性嗜盐菌，在世界范围内公认是一种重要的食源性致病菌，第一例由副溶血性弧菌引起的食物中毒是 1950 年在日本大阪发生的，1969 年在美国发现其与食物中毒事件相关。引起中毒的食物主要是海产品，如梭子鱼、乌贼、海鱼，小海产品如蛤蜊、牡蛎、黄泥螺、海蜇等。海产品带菌情况普遍，墨鱼最高，带菌率 93%；梭子鱼 78%；带鱼 41.2%；黄鱼 27.3%。淡水鱼中也有本菌的存在。

副溶血性弧菌中毒一般是暴发性，较少出现散发现象。大多发生在 6~10 月份气候炎热的季节，寒冷季节极少见。潜伏期最短仅 1h，一般在 3~20h，食物中毒临床上表现为：上腹部疼痛、腹泻、恶心、呕吐等，腹泻多为水样便，亦有大便脓血。随后腹部剧烈疼痛，持续 1~2 天。主要病变在十二指肠、空肠和回肠上部。如痢疾者，一般病后 3~5 天痊愈，但重症者亦可造成脱水、休克。发生无年龄、种族的差异。

副溶血性弧菌溶血实验，从患者样品中分离的菌株在含有人血和家兔红细胞的培养基中生长，能产生 β 型溶血，而从海水中及海产品中分离的菌株则不溶血，一般称此溶血现象为神奈川（Kanagawa）现象。能在神奈川培养基上产生 β 型溶血者，称为神奈川试验阳性。从患者样品中分离出的细菌神奈川试验阳性率为 96.5%；而从海水及海产品中分离的菌株，神奈川试验阳性率只占 1%。在对志愿者口服时，神奈川阳性菌株 $2 \times 10^5 \sim 3 \times 10^7$ 个就能引起胃肠炎（表 6-1），而阴性菌株食入 2×10^6 个菌也不引起发病。

表 6-1 副溶血性弧菌引起胃肠炎的临床症状

症状	事件特征	
	中值/%	范围/%
腹泻	98	80~100
腹部痉挛	82	68~100
恶心	71	40~100
呕吐	52	17~79
头痛	42	13~56
发烧	27	21~33
发冷	24	4~56

几种不同的毒性特征曾被认为与副溶血性弧菌的致病性有关，这些特征包括：① 产生耐热直接溶血素（TDH）的能力（Miyamoto Y et al，1969）；② 入侵肠细菌的能力（Akeda Y et al，1997）；③ 产生肠毒素的能力（Honda T et al，1976）。然而，在环境或

临床分离过程中一般不能观察到后两个特征，所以区别致病性和非致病性 *V. parahaemolyticus* 的唯一特征是能否产生耐热直接溶血素。致病性菌株含有 *tdh* 基因，能产生 TDH，而非致病性菌株无此基因，所以就没有这种特性（Miyamoto Y et al，1969）。根据能否产生 TDH 可以得知环境中发现的 *V. parahaemolyticus* 主要是非致病的。

6.2 暴露评估

暴露评估是一个非常复杂的过程，因为病原菌是在不断地生长和死亡的。风险评估者因此就不可能准确地预测食品消费前的病原菌的数量。风险评估者为了定量估计个体（人口中随机的）摄入病原菌的数量，就必须运用模型并且做出预测。结合有消费频率的消费数据和食品与危害物关系的数据，就可以做出暴露的估计了。这通常用每年消费的被污染的餐数来表达，暴露评估将提供一个人口消费危害物数量的估计，以及在这次暴露中加工和制备食品过程中各种因素的影响。在可能的情况下要考虑易感人群和亚健康人群。

暴露评估就是确定生食双壳贝类摄入 *V. parahaemolyticus* path 的可能性以及摄入 *V. parahaemolyticus* path 的数量。暴露评估可分为捕获期模块、捕获后模块，以及由流行病学和摄入量组成的公众健康模块三部分。

6.2.1 捕获期模块

6.2.1.1 *V. parahaemolyticus* 进入贝类生长区及贝类体内的途径

从热带到温带的滩涂（江、河口）环境中都可以发现 *Vibrio* spp.。*V. parahaemolyticus* 进入贝类生长区的途径有：通过陆生、水生动物或人类活动如暂养贝类或排水，这些途径均可自然地把 *V. parahaemolyticus* 或一些新的菌株带入贝类生长区；陆生和水生动物（包括浮游生物、鸟类、鱼类、爬行类）也可能含有（携带）*V. parahaemolyticus*，从而起到中间宿主和传播媒介的作用；多种鱼的肠道内容物中均可分离到 *V. parahaemolyticus*；*V. parahaemolyticus* 还可以通过贝类商业捕获前的暂养进入无污染水域。

船内压舱物的卸载有可能将 *V. parahaemolyticus* 带入某特定环境。为了空载时能安全行驶，大多数的货船必须装载大量的压舱水。货船从始发地携带压舱水，直到有货要装船时水才会被放出，否则水一直在船上。在这个过程中，从另一个港口带上的生物可能被带到装货码头。

废弃物倾倒也能间接影响贝类生长水域 *V. parahaemolyticus* 的密度。例如，在罗得岛纳拉甘塞特海湾水中 *V. parahaemolyticus* 密度就与废弃物中的粪便大肠杆菌有关，然而这种相关性是间接的，废弃物主要影响与 *V. parahaemolyticus* 有关的浮游生物而起到间接效应。

6.2.1.2 在贝类体内及贝类生长水域中 *V. parahaemolyticus* 的流行及持续

一旦进入贝类体内或贝类生长水域，*V. parahaemolyticus* 是否能够存活下来与很多因素有关。这些因素包括环境条件、物种、贝类的生理及微生物遗传的相互作用。特定水域可能有更多有利于这种微生物生存、生长的环境条件。这些决定 $V.\ parahaemolyticus$ 流行的因素包括温度、盐度、浮游生物、潮涌（包括贝类低潮时的暴露）以及溶解氧等。

捕获前需要先确定贝类体内和贝类生长区致病性 $V.\ parahaemolyticus$ 含量的分布与变化，因为在特定区域内，上述的很多因素都可能使细菌含量增大。

6.2.1.3　捕获期模块的建模

虽然很多因素被确认可以影响捕获期贝类中的 $V.\ parahaemolyticus_{path}$ 含量，但是没有足够的数据能将所有的因素综合成一个可预测的模型。为了将某一环境因素作为捕捞时 $V.\ parahaemolyticus$ 密度的提示并入到模型中，有必要明确环境中 $V.\ parahaemolyticus$ 密度与内部参数的时间和空间变化的关系。而且，由于 $V.\ parahaemolyticus$ 数量相对较少和当前检测方法的限制，$V.\ parahaemolyticus$ 的分布很难搞清楚。图 6-1 是建立捕获期模块时应考虑的参数。该初级模型的参数中，水的盐分对 $V.\ parahaemolyticus$ 含量的影响不如水温度大，因此放在虚线内。

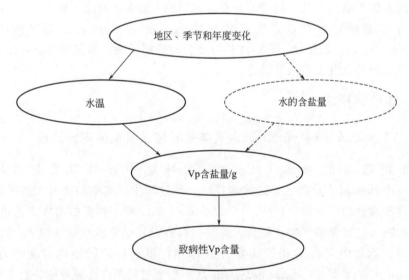

图 6-1　$V.\ parahaemolyticus$（Vp）风险评估模型的捕获期系数示意图

（1）水温和盐度对 $V.\ parahaemolyticus$ 总密度的影响

捕获期模块需考虑与温度相关的因素包括：① 不同地区/季节水温的分布；② 牡蛎中总 $V.\ parahaemolyticus$ 与水温的关系；③ 牡蛎中致病性 $V.\ parahaemolyticus$ 与总 $V.\ parahaemolyticus$ 的比率。还要有长期的历史数据以便确定年度间的变化，此外，由于数据量非常大，水温分布与地区、季节的数据格式要利于电子化处理。

水和牡蛎样品中 $V.\ parahaemolyticus$ 总密度的分布呈正向偏移，这与绝大多数对食品中微生物进行观测所得到的对数分布是一致的。因此，正态分布密度的对数值是温度和盐度的回归，能够检测出 $V.\ parahaemolyticus$ 的样品所占的比例相对不大。由于方法的限制，有些样品有可能出现假阴性。为了避免低温时预测水平向上倾斜，lg $V.\ parahaemolyticus$ 总数/g 牡蛎肉的回归曲线可以通过 Tohit 回归方法获得。Tohit 回归是一个在给定温度下获得最大可能性的过程，这种可能性同时反映了一个不可检出的结果和假定样品中可以检出

$V. parahaemolyticus$ 时的密度分布。与密度量化的样品相比，这种可能性的效果可以反映不可检出结果对估计趋势的影响。不可检测结果的影响是建立在样品密度位于固定检出限以下的可能性的基础上，而不是通常认为的与检测限或 1/2 检测限观测到的可量化密度对应的不可检测手段的基础上。

在环境水温范围内，温度对 lg $V. parahaemolyticus$ 总密度的影响近似呈线性关系，二次方效应对水温的影响并不明显。至于含盐量，二次方效应表明：随着含盐量的增加，$V. parahaemolyticus$ 增加到一个最高含量，之后会随着含盐量的增加而减少。从数据得出，在温度和含盐量之间没有明显的交互作用，因此，最适模型可用式（6-1）表示。

$$\lg \text{Vp}/\text{g} = \alpha + \beta TEMP + \gamma_1 SAL + \gamma_2 SAL^2 + \varepsilon \tag{6-1}$$

式中　$TEMP$——温度，℃；

　　　SAL——含盐量，μg/L；

α、β、γ_1、γ_2——温度和含盐量对 lg 密度平均值的影响的回归参数；

　　　ε——随机正常偏差，平均值为 0。

参数估计如下：$\alpha = -2.6$；$\beta = 0.12$；$\gamma_1 = 0.18$；$\gamma_2 = -0.004$；$\sigma^2 = 1.0$。

从回归线上可以看出，含盐量和温度的影响都比较大。在图 6-2 中中间回归线的观测值的变化取决于水分盐度的影响和种群变化及方法误差等因素。这条回归曲线给出了 $V. parahaemolyticus$ 的平均含量与温度之间在 22μg/L 的适宜盐度条件下的关系。类似地，在图 6-3 中对含盐量影响的回归曲线观测数据的变化也在很大程度上取决于水温的不同、种群和方法误差等因素。

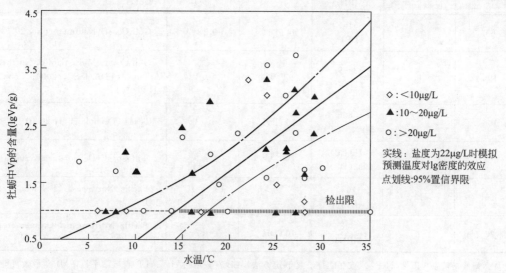

图 6-2　不同盐度条件下牡蛎中 lg $V. parahaemolyticus$
（Vp）密度与水温之间的关系

（2）牡蛎中 $V. parahaemolyticus_{path}$ 与总 $V. parahaemolyticus$ 水平的比率

7 个研究数据显示出 $V. parahaemolyticus_{path}$ 与总 $V. parahaemolyticus$ 的关系（见表 6-2）。可以看出与 Gulf Coast 和 Atlantic 地区相比，Pacific Northwest 的致病数值较高。

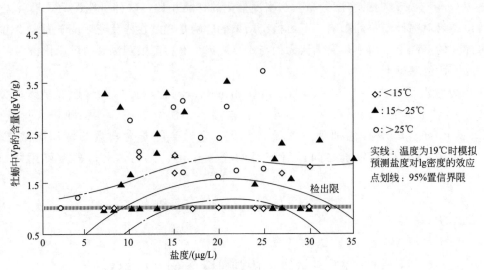

图 6-3 不同温度条件下牡蛎中 lg *V. parahaemolyticus*

（Vp）密度与盐度之间的关系

表 6-2 **V. parahaemolyticus**path 占总 **V. parahaemolyticus** 的百分比

牡蛎样本数		V. parahaemolyticus 分离物			资料来源
检测数量	含致病菌数量[1]	检测数量	致病数[1]	致病菌比率/%	
153[3]	ND[4]	2218 (MPN)[2]	4KP+	0.18	Gulf Coast（Thompson and Vanderzant，1976）
60	13	5159 (DP)[2]	44TDH+	0.18[6]	Gulf Coast（Kaufman et al，2003）
198	8	3429 (DP)[2]	9TDH+	0.3	Gulf Coast，Mid-Atlantic，Northeast Atlantic（FDA/ISSC，2000；Cook et al，2002a）
106	3	5600 (MPN+DP)[2]	16TDH+	0.3	Texas（DePaola et al，2000）
156	34	6018(EB)[2] 6992(DP)[2]	46 31	0.76 0.44	Gulf Coast（DePaola et al，2003a）
65	13	1103[5] (DP)[2]	27[5]	2.3[6]	Pacific Northwest（DePaola et al，2002）
23	1	308 (MPN)[2]	10TDH+	3.2	Pacific Northwest（Kaysner et al，1990b）

① 致病性是神奈川阳性（KP+）或 TDH+。②测定方法，EB 富集后再划线，DP 直接涂平板，MPN 最大可能数。③样品包括牡蛎、水和底泥。④ND：未检测到。⑤分离物来自于 36 个牡蛎样本，且接近于最大的潮间带暴露。⑥从β分布估计的致病百分率。

  DePaola et al，2002 和 Kaufman et al，2003 的两个研究估计致病率更合适。从这两个研究可以看出，样品中通常检测不到 *V. parahaemolyticus*path，高数量的致病菌经常出现在低的总 *V. parahaemolyticus* 样本中，这种差异某种程度上可能是由于牡蛎中不同 *V. parahaemolyticus* 菌株以及其他菌株间竞争的结果。根据 DePaola et al，2003a 的研究，致病性菌株的比例与季节有关。从风险评估的目的，这个比例被认为与温度有关。

由于贝类中密度较低导致 $V.\ parahaemolyticus_{path}$ 不可检出比例较高，致病频率可按照 β-二次分布来估计。在 β-二次分布中，每个牡蛎样品中 $V.\ parahaemolyticus_{path}$ 占总 $V.\ parahaemolyticus$ 的比例是变化的。

6.2.2 捕获后模块

捕获后模块描述了典型工厂化操作对不同地区和季节捕获的牡蛎中 $V.\ parahaemolyticus$ 密度的影响，包括从捕捞到消费的运输处理和加工、分配、贮藏、零售等。考虑到的可能影响 $V.\ parahaemolyticus$ 消费时的因素有：捕捞时周围空气温度，捕获后至冷藏的时间间隔，牡蛎冷冻下来需要的时间，消费前的冷冻时间。这个模型同时还描述了可能的干预策略，如温热处理、冷冻、静止加压、纯化、暂养等可能减少 $V.\ parahaemolyticus$ 密度的措施。

6.2.2.1 措施

(1) 缩短冷藏前的时间

依据 $V.\ parahaemolyticus$ 的初始含量，周围空气温度和冷藏前时间可以使 $V.\ parahaemolyticus$ 密度降低 0~4lg（10^4 倍）。

(2) 温和的热处理

50℃下将去壳的牡蛎加热 5min，可以使天然存在的 $V.\ vulnificus$ 减少 6lg。$V.\ parahaemolyticus$ 与 $V.\ vulnificus$ 具有相似的热敏感性，可以预计 50℃ 加热 5min 可以使 $V.\ parahaemolyticus$ 密度减少 4.5lg~6lg（10^6 倍）。

(3) 冷冻处理

两阶段法：第一阶段为冷应激；第二阶段为冷冻贮藏。通过观测值的回归分析可以估计冷应激和冷藏的效果。结果发现，在−30℃和−15℃冷藏 30 天可以使牡蛎中的 $V.\ parahaemolyticus$ 分别减少 1.2lg 和 1.6lg。在−20℃冷藏 35 天可以观测到 $V.\ parahaemolyticus$ 下降 2lg~3lg。

(4) 净化

在美国，广泛使用紫外灯灭菌，进行净化处理。在一个很宽的光谱范围内都可以将贝类净化，由于贝类种类的不同，进行有效净化的最适时间、温度和含盐量也不同。对硬壳蛤 $Mercinaria\ mercinaria$，在室温下进行 72h 净化，观测到 $V.\ parahaemolyticus$ 减少了 1lg，在 15℃净化减少 >2lg。

(5) 暂养

暂养是一个将清洁后的贝类转移到一个洁净生长水域的净化过程。Son 和 Fllet（1980）使用这种方法 6 天后，$V.\ parahaemolyticus$ 从 18 个/g 降到 <5 个/g。

6.2.2.2 捕获后模块的建模

建立捕获后模块的目的是模拟典型工厂化操作在不同区域和季节的牡蛎从捕获到消费过程中对 $V.\ parahaemolyticus$ 含量的影响，同时它也模拟干预措施的效果。模型的输入是捕获时总 $V.\ parahaemolyticus$ 和 $V.\ parahaemolyticus_{path}$ 的分布。图 6-4 为这部分模型参数的示意图。

假定在当前的工厂化操作和没有干预的情况下，预测底线就是 *V. parahaemolyticus* 密度的分布。

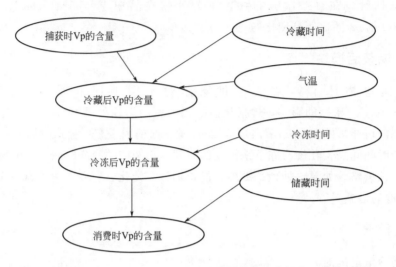

图 6-4　*V. parahaemolyticus*（Vp）风险评估模型中捕获后模块示意图

捕获后建模的一些假设：

① 捕获牡蛎中的 *V. parahaemolyticus*path 生长和存活与总的 *V. parahaemolyticus* 一致。

② 牡蛎中的总 *V. parahaemolyticus* 与肉汤培养状态一样都与温度相关。

③ 捕获后冷藏前牡蛎温度变化很快，牡蛎肉的温度与周围环境温度一致（Pacific Northwest 潮间带，由于太阳光直射牡蛎温度高于空气温度）。

④ 牡蛎捕获后冷藏前，中午空气温度代表环境温度（Pacific Northwest 潮间带地区除外）。

⑤ 牡蛎的水分活度未有大幅度的变化。

⑥ NSSP 的关于牡蛎捕获后未冷藏的最大时间的原则未变。

⑦ 在给定的平均温度经一定时间的生长与预测最大生长速率假设遵循三相线性模型且没有迟滞期（Buchanan et al, 1997）。

⑧ 在所有温度下最大密度值接近于 10^6 个总 *V. parahaemolyticus*/(g·24h)。

⑨ 从开始捕获到捕获结束前 1h，牡蛎捕获量较均一（Pacific Northwest 潮间带地区除外）。

⑩ 在牡蛎置于冷藏后 1～10h，达到牡蛎中 *V. Parahaemolyticus* 停止生长温度，期间温度均匀变化。

⑪ 一旦达到"停止生长温度"，从贮藏、运输到零售，不再有微生物的生长。

⑫ 从零售到消费，不再有温度的变化。

（1）从捕获到第一次冷冻时 *V. parahaemolyticus* 的生长

从捕获到第一次冷冻期间 *V. parahaemolyticus* 的生长程度取决于三个因素：① 温度作用对 *V. parahaemolyticus* 生长速度的影响；② 捕获后牡蛎肉的温度；③ 未冷冻维持的时间。

(2) 生长速率模型

Coach 等（2002）是唯一观察到牡蛎中 *V. parahaemolyticus* 的生长，且将其温度降低到 26℃。因此，Miles 肉汤培养基的生长模型被应用于研究中。

Miles 等（1997）研究了不同温度和水分活度条件下 4 株菌的生长情况，在此基础上模拟了 *V. parahaemolyticus* 的生长速率，这也是一种用肉汤模拟系统测量获取自由水能力的方法。通过 4 株菌的最快生长速度可预测细菌生长造成的最严重的病例。用 Geoperts 函数模拟每一组温度和水分活度条件下病原菌的生长程度。这是一个 S 形的生长曲线，生长速率（峰）单调增加到一个最大值，然后当病原菌种群的生长进入稳定期时，生长速率降为 0。生长速率为最大生长速率（μ_m）时，最有可能引发疾病，因为生长速率迅速升到最大且在稳定期到来之前并不明显下降。

利用模型来评估环境参数对最大生长速率的影响，这个模型被认为是平方根形式：

$$\sqrt{\mu_m} = \frac{b(T-T_{min})\{\{1-\exp[c(T-T_{max})]\}\sqrt{(a_w-a_{w,min})\{1-\exp[d(a_w-a_{w,max})]\}\}}}{\sqrt{\ln 10}}$$

(6-2)

式中
μ_m——最大生长速率，lg/min；

a_w——水分活度；

T——温度（凯氏温度）；

b，c，d——参数；

T_{min}，T_{max}，$a_{w,min}$，$a_{w,max}$——表示 *V. parahaemolyticus* 生长时的温度和水分活度的范围。

根据从生长最快菌株的数据估计参数值如下：$b=0.0356$；$c=0.34$；$T_{min}=278.5$；$T_{max}=319.6$；$a_{w,min}=0.921$；$a_{w,max}=0.998$；$d=263.64$。

(3) 牡蛎未冷冻时间的分布

牡蛎未冷冻时间的分布是利用每日捕捞牡蛎操作的持续时间（如工作日的长度）的分布建立的。为了得到牡蛎未冷冻时间长度的分布，假定牡蛎是从捕捞开始到捕捞操作结束牡蛎上岸冷藏前的 1h 统一捕获的。

计划的不同的地区和季节，牡蛎收获持续时间的最小、最大和平均值列于表 6-3 中。在风险模拟过程中，已经应用了基于这些参数的 β-pert 分布来模拟收获期间的多样性。β-pert 分布是一种特殊的 β 分布，在估计了一道工序完成的最短时间、最可能时间和最长时间之后，可以对该工序完成时间的均值和方差进行近似估计。在蒙特卡罗模拟中，它通常被用作在一个规定的范围内模拟参数的变化。表 6-3 体现了捕获时间最大为 11h，最小为 2h，以及平均为 8h 时的 β-pert 分布的可能密度。

表 6-3 不同区域和季节捕获牡蛎的最短、最长和平均期限（捕获所用时间）

位置	分布	捕获时间/h			
		冬季 （1~3 月）	春季 （4~6 月）	夏季 （7~9 月）	秋季 （10~12 月）
大西洋东北部	最大值	11	11	11	11
	最小值	2	2	2	2
	平均值	8	8	8	8

位置	分布	捕获时间/h			
		冬季 （1~3 月）	春季 （4~6 月）	夏季 （7~9 月）	秋季 （10~12 月）
大西洋中部	最大值 最小值 平均值	11 2 8	11 2 8	11 2 8	11 2 8
北墨西哥湾 （路易斯安那州）	最大值 最小值 平均值	13 7 12	11 5 9	11 5 9	13 7 12
北墨西哥湾 （非路易斯安那州）	最大值 最小值 平均值	11 2 8	13 3 7	10 3 7	10 3 7
太平洋东北部	最大值 最小值 平均值	4 1 3	4 1 3	4 1 3	4 1 3

注：数据来源于 ISSC & FDA 1997 National Shellfish（ISSC& FDA，1997）；Washington State Shellfish Experts and Washington State Department of Health（Watkins W D，2000）。

（4）冷却期间 *V. parahaemolyticus* 的过度繁殖

在牡蛎组织的温度降低到某一点（例如 10℃）之前，冷藏期间牡蛎中的弧菌仍会继续生长。置于冷藏条件下，牡蛎冷却所需要的时间，主要取决于制冷器的效率、需要冷却牡蛎的数量以及牡蛎在冷却器内的放置情况，无法测出商业牡蛎壳的冷却速率。

当牡蛎温度降到储藏温度时，*V. parahaemolyticus* 的生长速率随着牡蛎组织温度下降而减缓的期望是合理的。在冷降期的最初，当牡蛎刚刚置于冷藏条件下，*V. parahaemolyticus* 的生长速率仍然与开始时在周围大气温度下的生长速率相等。在冷降期的最后，当牡蛎达到储藏温度时，假设此后 *V. parahaemolyticus* 不再增长，并且其密度会逐渐下降。牡蛎在冷冻储存之后，假设没有可感知的温度变化。在冷冻储存过程中牡蛎冷却时的 *V. parahaemolyticus* 生长速率是未知的。因此，在缺乏可支持的信息的情况下，假设在牡蛎整个制冷阶段，*V. parahaemolyticus* 的生长速率会逐渐降低到 0。

制冷过程中可能出现的增长量的离散型近似值，可以通过在 1~10h（冷却期间）之间离散的、随机的分布取样来研究。制冷阶段每小时的增长量可以通过此阶段几小时增长量的平均值来近似得到。平均的生长速率取决于牡蛎中未被冷却的 *V. parahaemolyticus* 的生长速率（例如，一组给定的牡蛎由周围空气温度来决定）和制冷时间，在容易受到限制的制冷期间总的过度增长是这些值的总和，最大浓度不会超过 6.0lg/g。这些计算在表 6-4 中得到说明，在这里假设一组特定的牡蛎达到更低温度需要 k h。

表 6-4　在 k h 冷却期间 *V. parahaemolyticus* 生长变化的离散曲线

冷藏时间/h	冷却期间的平均生长速率 /(lg/h)	冷藏时间/h	冷却期间的平均生长速率 /(lg/h)
1	$\dfrac{(k+1)-1}{k}\mu_{\mathrm{m}}$	...	...
2	$\dfrac{(k+1)-2}{k}\mu_{\mathrm{m}}$	k	$\dfrac{(k+1)-1}{k}\mu_{\mathrm{m}}$
3	$\dfrac{(k+1)-3}{k}\mu_{\mathrm{m}}$	$k+1$	0

注：k 表示冷却时间（h）；μ_{m} 表示在特定空气温度下的生长速率。

总的过度增长是 kh 生长的综合：

$$\sum_{i=1}^{k} \mu_m \times \frac{(k+1)-i}{k} = \mu_m \times \left[(k+1) - \frac{1}{k}\sum_{i=1}^{k} i \right]$$

$$= \mu_m \times \left[(k+1) - \frac{k+1}{2} \right]$$

$$= \mu_m \times \frac{k+1}{2} \qquad (6\text{-}3)$$

既然在平均 5.5h 制冷时间内 k 是一个随机变量，平均增长量是 $3.25\mu_m$，在收获期间 μ_m 是由周围空气温度决定的。因此，对于一个最初是 0.19lg/h（例如在 26℃）的生长速率，出现在这种过程中的平均增长量大约是 0.6lg。

(5) 在冷藏储存时 V. parahaemolyticus 的死亡

在捕获和样品采集期间，来自 ISSC/FDA 的零售数据对冷藏时间的长度（冷藏和消费之间的时间）的估计被认为是合理可靠的。研究中获得的样品储存时间的总体统计见表 6-5。假设这些数据在储存期具有代表性，然而，实际上，这些样品通常在周一或周二采集，而大多数菜肴是周末在餐馆中被消费，因而也会出现很小程度的误差。

表 6-5 开始冷藏到零售的储存时间

储存时间	当地[①]/天	外地[②]/天	全部[③]	储存时间	当地[①]/天	外地[②]/天	全部[③]
最小值	1	2	1	平均值	6.3	9.9	7.7
最大值	20	21	21	模式	6	5	6

①牡蛎当地生产，当地消费。②牡蛎生产后运输到其他地区消费。③所有的牡蛎，当地和外地消费。

注：数据来源于 FDA/ISSC，2000 和 Cook et al，2002a。

因此消费时 $V.\ parahaemolyticus$ 的密度就可以通过对储存时间分布的随机抽样或乘上 0.003lg/h 的死亡率来进行预测。然后从牡蛎刚开始到达较低的冷藏（不再生长）温度时的 $V.\ parahaemolyticus$ 分布中减掉这个分布结果。

(6) 缓解措施

在蒙特卡罗模拟中，以下三项捕获后的可能缓解措施被认为是重要的：①缩短冷藏时间（快速降温）；②热处理；③冷冻储存。

快速降温可以通过假设牡蛎在捕获后立即被冷却到 $V.\ parahaemolyticus$ 无法生长的温度来模拟。即时冷却包括在牡蛎捕获操作过程中进行冰处理或者直接在船甲板上冷却牡蛎壳。假设这种调节很及时没有例外，那么牡蛎收获后其中的 $V.\ parahaemolyticus$ 生长，就只能出现在牡蛎肉的温度降至 $V.\ parahaemolyticus$ 无法生长的温度的冷却过程中。在模拟过程中，这可以通过假设非冷藏时间为零来完成（例如一个退化分布或者常数）。然而，冷却过程中的一些 $V.\ parahaemolyticus$ 在以上的描述中仍有可能生长。

热处理和冷冻储存的效用分别通过向下调节模拟输出基线（无漂移）4.5lg 和 2.0lg（即通过轻微的加热处理后，致病菌数大大降低的最低含量）来评估。因此，蒙特卡罗模拟过程中，总菌和致病菌的浓度的随机顺序分别被 31623 和 100 划分。当然，这里有一前提假设，即处理前后 lg $V.\ parahaemolyticus$ 的密度没有发生变化。

6.2.3 公众健康模块

公众健康系数是评估可能发生疾病的分布，用于评估消费牡蛎时某个特定地区和季节

$V. parahaemolyticus_{path}$ 的分布密度和公众消费这些牡蛎的数量的影响。需要考虑的因素包括：感染 $V. parahaemolyticus$ 的数量；消费过程中 $V. parahaemolyticus_{path}$ 的含量；何种含量感染 $V. parahaemolyticus$ 的可能性；与更严重的病例（如败血病）相对的腹泻病例数目。

6.2.3.1 流行病学

$V. parahaemolyticus$ 感染而引发的胃肠炎一般并不严重，持续时间短，且能自愈，然而也有严重需住院治疗的。感染 $V. parahaemolyticus$ 而引发胃肠炎的临床症状，包括水样粪便、恶心、呕吐、不正常的痉挛、经常性的轻微头痛、发热、打寒战。个别病例中会发生以发热或血压过低为特征的败血病症状，从这些患者的血液中可以分离到病原体。这些病例还会继发一些症状，如肿胀，伴有出血的四肢疼痛，病情可持续 2h 到 10 天。

（1）暴发

暴发指由于摄入某种食物而导致的两例或多例相似疾病的发生。潜伏期为 15～96h，平均时间为 15～24h。食用生牡蛎的数量为 1～109 只（平均为 12 只）。1997 年，美国太平洋西北部暴发的疾病中，出现了典型症状的流行性胃肠炎，这些症状包括腹泻（99%）、不正常痉挛（88%）、恶心（52%）、呕吐（39%）、发热（33%）、血便（12%）。1998 年，美国最大的一次暴发发生在得克萨斯州，此次暴发中共有 416 例病例是由于食用了加尔维斯顿湾捕获的生牡蛎而发病。1998 年，纽约发生了第一次因收获生双壳贝类而引起 $V. parahaemolyticus$ 食源性疾病的暴发，经细菌培养确定的病例有 23 例。

（2）相关的食品

弧菌富集在双壳贝类如牡蛎、蛤、贻贝等的内脏，并生存繁殖。虽然彻底地烹制可以杀死这些微生物，然而，美国人经常生吃牡蛎，牡蛎是与弧菌感染有关的最常见的食物。另外，$V. parahaemolyticus$ 也与其他水产品如小龙虾、龙虾、河虾和蟹等有关。

6.2.3.2 消费

（1）食用频率及生双壳贝类的食用量

双壳贝类的食用数据可以从一些政府性或非政府性机构获得。因为生双壳贝类不是一种每天都消费的食物（10%～20%的人一年至少消费一次），所以就只能通过某些消费者来报告食用情况。USDA CFSII（1989—1992 年）以及 MRCA（1998）进行的调查显示，生牡蛎的平均食用频率大约为每 6 周一次。每一餐生牡蛎的平均消费量为 110g，大约是 18 只大的生东方牡蛎。贝类食用的分布可以通过摄入量进行估计，贝类生食的百分比可以通过食用频率、贝类捕获的报告等数据进行估计。

据佛罗里达（1994）的调查，最典型消费量是 6、12、24 只牡蛎，最常见的是 24 只（见图 6-5）。

（2）风险人群

所有人群生食贝类皆有感染 $V. parahaemolyticus$ 的可能。FDA 在 1993 年完成的一项电话调查显示（1998 年重复），生双壳贝类的消费分布并不一致。生食贝类的人群中，男性高于女性（16%比 7%），沿海居民高于内陆居民（22%比 13%）。生双壳贝类的消费趋势正如 1998 年 FDA 调查所证实的那样，呈下降趋势。这或许是由于卫生机构关于生的或半熟的蛋白质类食品，像牛肉、鸡蛋、食用贝类风险教育等努力的结果。矛盾的是，生双壳贝类的消费量在受教育水平高的人群中最高，而在过去 5 年里，生双壳贝类消费的减少趋势在这个群体中也是最小的。

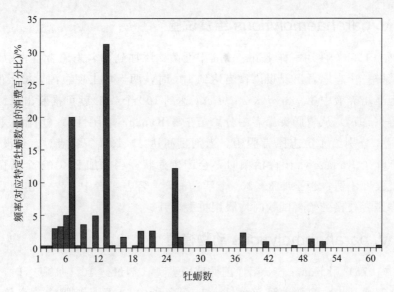

图 6-5   自我报告每次消费牡蛎数量的频率（佛罗里达消费调查）

(Degner and Petrone，1994)

<h1>6.3 危害特征描述</h1>

危害特征描述是指特定的化学物质、微生物和其他危害对宿主健康的负反应，以及严重性的耐受性。在现有风险评估中，剂量-反应主要体现为对危害物质的定量评估，是指 *V. parahaemolyticus* 的摄入量与疾病发生的频率和程度之间的关系。*V. parahaemolyticus* 的剂量-反应关系可以通过人类临床给食试验以及对流行病调查获得的数据而进行。但迄今为止，从流行病暴发中得到的关于暴露量的信息非常少。危害特征描述所要提供的信息是在消费了带有病原菌食品的人口中，对发生负面健康作用可能性的估计。这一估计描述了人患病的水平，以及微生物的毒力和传染性、宿主的易感性、与食品相关的各种因素的影响。

V. parahaemolyticus 剂量-反应数据可以直接从几项人类临床给食试验中获得。由于在动物试验模型中观察到 TDH 具有心脏毒性作用，因此用 *V. parahaemolyticus* 进行人类给食试验是不现实的。如果没有足够的关于 *V. parahaemolyticus* 的数据，可采用另一种合适的细菌代替进行试验，从而获得剂量-反应的相关数据。另外还必须考虑低剂量暴露数据，以及食物基体效应（food matrix）在剂量-反应关系中的作用。

采用 *V. parahaemolyticus* 或其他代用菌株进行的动物试验，为推断人类剂量-反应提供依据。动物试验同样可以用来判断不同菌株和血清型的潜在毒性，以及敏感人群的易感性（如免疫力低下的人），以及研究某种毒性决定因子的作用。一些 *V. parahaemolyticus* 的动物试验已经显示某些 TDH 阴性菌株仍具有潜在毒性，但需要确定的是这些 TDH 阴性菌株是否对人类也有潜在毒性。在动物模型中更容易评估食物和环境因素对毒力和剂量-反应关系的影响。

6.3.1 V. parahaemolyticus 给食试验

Takikawa（1958）使用一株 Kanagawa 阳性菌株添加到 2 名志愿者饮食中，当达到 10^6 个细胞时，其中一个志愿者出现腹泻；当达到 10^7 时，两人均出现腹泻。摄入的剂量不是直接测定的，但当培养液中 *V. parahaemolyticus* 达到 10^{10} 个/mL 就可推断出来。

Sanyal 等（1974）从胃肠炎患者中分离出三株 Kanagawa 阴性菌（用血平板培养时未观察到产 TDH），分别给 4 位志愿者服用。当剂量高达 2×10^{10} 个细菌时，仍没有出现病症。在饮食中加 200 个 Kanagawa 阳性活菌时不会产生症状；当添加 2×10^5 个活菌时 4 名志愿者中 1 人出现腹部不适；当添加 3×10^7 个活菌时，4 名志愿者中有 2 人出现腹部不适及腹泻，所有的志愿者在接受给食试验时均服用抗酸药片。

6.3.2 V. parahaemolyticus 动物模型

Calia 等（1975）用 Kanagawa 阳性菌株感染乳兔，剂量达 $10^9 \sim 10^{10}$ 个时，36 只兔子中有 9 只可以从其血液中分离培养到该菌株，21 只兔子中 11 只从脾脏中分离培养到该菌株，21 只兔子中有 14 只可从肝脏中分离出 Kanagawa 阳性菌。

Twedt 等（1980）在兔子回肠绕结研究中，50% 的兔子出现回肠绕结所需的三种 Kanagawa 阳性菌的有效剂量为 $2.6 \times 10^5 \sim 7.7 \times 10^6$，可估计最小出现回肠绕结的剂量为 $10^2 \sim 10^3$ 个细菌。

影响 *V. parahaemolyticus* 感染剂量的因素如下。

（1）细菌性/毒力因素

从乳兔中分离到的菌株，重新被乳兔经口后，阳性血液培养物的百分比增加。

（2）宿主方面的因素

胆汁酸存在时 TDH 的产量增强；白鼠腹膜感染 *V. parahaemolyticus* 后，铁缺乏能增强 *V. parahaemolyticus* 的毒性。老鼠经口 *V. parahaemolyticus* 进入后，对酸性条件适应力的提高会增强 *V. parahaemolyticus* 的毒性。

（3）食物/环境因素

O1 型流行性霍乱菌的研究显示食物基质，如煮熟的大米，具有缓冲作用，或者会影响剂量-反应的真实关系；接种物添加 5% 的黏蛋白后腹膜内感染小白鼠，*V. parahaemolyticus* 的毒性增强。

6.3.3 公众健康模块的建模

公众健康模块根据消费类型（每次消费的牡蛎量）的分布预测疾病的分布，预测消费时 *V. parahaemolyticus*path 的含量以及摄入的菌数与发病可能性之间的关系（图 6-6）。

6.3.3.1 每次消费时 V. parahaemolyticuspath 的含量分布

每次消费 *V. parahaemolyticus*path 摄入量的分布可通过以下三种分布进行估计：①消费牡蛎的数量；②消费牡蛎的质量（g）；③从捕获后模块中获知的每克牡蛎中

图 6-6　*V. parahaemolyticus*（Vp）风险评估
模型中公众健康模块的示意图

*V. parahaemolyticus*path 的密度。捕获后系数中获得的密度的分布用以表示任意场合消费牡蛎的平均密度。即取 12 只牡蛎中的 *V. parahaemolyticus* 平均密度，这是一个典型的计算消费量的方法，也就是假设在任意场合消费的牡蛎均来自同一个地区。

最典型的消费量为 6、12、24 只牡蛎。这种消费分布频率的依据是 1994 年由佛罗里达农业市场研究中心实施的消费调查。为了获得每次消费中牡蛎肉的质量分布情况，结合供给食物分布来估计供给食物中肉重的分布。

总结现有的数据，每次消费 n 只牡蛎相对应的牡蛎质量分布等于平均值 $n \times \mu$ 和方差 $n \times \sigma^2$ 的正常分布，μ 和 σ^2 分别是每只牡蛎肉质量的平均值和方差。除去分布在 $15n$ 以下以及 $35n$ 以上的消费量，因为单个牡蛎的质量不可能超出 $15 \sim 35\mathrm{g}$ 的范围。

每次消费摄入 *V. parahaemolyticus*path 数量的分布由每克牡蛎肉（所有牡蛎组成的平均密度）中 *V. parahaemolyticus*path 密度的分布与上文中每次消费牡蛎肉的质量分布相乘而成。

6.3.3.2　消费生牡蛎的数量

行业数字表明，50％的牡蛎都被生吃，且随季节变化不大。因此，可能发病的数目根据 50％的牡蛎被生吃而定。每年生牡蛎食用量都会发生一些变化，合理的范围 40％～60％。然而，总的消费数量由于其他因素（水质、寄生虫效应等）的影响，每年的变化是不可预测的。

每个水域和季节捕获的牡蛎用于生食的数量可用下式计算：

$$\text{牡蛎用于生食的数量} = \frac{L_i \times f}{W \times S} \tag{6-4}$$

式中　L_i——地区性和季节性牡蛎的总捕获量，g；

　　　f——生食牡蛎的百分量；

　　　W——每只牡蛎肉的平均质量，g；

　　　S——每次消费牡蛎的平均数量。

6.3.3.3　剂量-反应

为了更好地建立起 *V. parahaemolyticus* 的剂量-反应模型，设定以下假设条件：

① 所有的细胞对引起胃肠炎的作用均等。

② 败血症仅发生在胃肠炎之后。

③ 感染将导致更严重症状的可能性依赖于患病前的身体状况。

④ 大约 7% 的人群接受医疗救助，更高风险的 *V. parahaemolyticus* 败血症曾经有过胃肠道感染。

⑤ 仅仅有 1/20 的 *V. parahaemolyticus* 疾病能够培养确定。

⑥ KP$^+$ 菌株代表 *V. parahaemolyticus*$_{path}$ 被用于志愿者食用试验，用来估计剂量-反应的相对斜率值。

⑦ 剂量-反应曲线的斜率被假定为控制给食试验与牡蛎相关的暴露相同。

疾病（胃肠炎或败血症）的剂量-反应关系可根据 Sanyal 和 Sen 1974 年的报道来确定，后又根据 Takiawa 和 Aiso（1963）的研究数据来进行补充。总体上，摄入高剂量 Kanagawa 阳性菌株的 16 人中，有 5 人出现了胃肠炎的症状，没有观察到其他更严重的症状。用特定暴露人群和其他一些模型对上述三项研究中建立的剂量-反应模型中的极限范围进行鉴定，结果表明上述剂量-反应模型是合理的。

选用的模型有 β-Poisson、Gompertz、Probit。Gompertz 和 Probit 是线性模型，对于这两种模型，其线性指数都为摄入剂量的 lg10 的线性函数。这些剂量-反应模型的数学形式如表 6-6。

表 6-6 发病可能性以及摄入 V. *parahaemolyticus* 数量之间关系的剂量-反应模型

剂量-反应模型	发病风险作为剂量的一个函数
β-Poisson	$\Pr(ill/d) = 1 - \left(1 + \dfrac{d}{\beta}\right)^{-\alpha}$
Probit	$\Pr(ill/d) = \Phi(\alpha + \beta \lg d)$
Gompertz	$\Pr(ill/d) = 1 - \exp[-\exp(\alpha + \beta \lg d)]$

对于 Probit 和 Gompertz 模型来说，α、β 分别是位置和状况的参数；对于 β-Poisson 模型来说，α、β 分别是状况和位置参数，Φ 是描述一个标准的正常随机变化的积累分布函数

6.3.3.4 疾病的严重度

为了进行风险评估，假设没有感染导致胃肠炎的易感人群，但是如果疾病发生了，假设这是身体状况不佳的人感染后产生的严重结果（如败血症或死亡）。

对健康和免疫缺陷个体中由于感染发病而导致败血症或死亡的可能性的估计可以采用 Bayes 定理和在确认的细菌分离培养物的 *V. parahaemolyticus* 患者中潜在病症的频率来评估，用 Bayes 定理按照下式计算：

$$P_r(结果/条件) = \frac{P_r(条件/结果) \times P_r(结果)}{P_r(条件)} \tag{6-5}$$

这里的 P_r（结果|条件）指按健康条件分组的人群中出现结果的频率或可能性，等式右边的所有因子可从流行病学数据库中获得。

美国北墨西哥湾各州 1997 年和 1998 年间出现的 *V. parahaemolyticus* 病例中由细菌分离培养确定 107 名与牡蛎有关，据此可获得人群体况不佳的频率，病例的统计数字如下：

① 5 名白血病；

② 1 名死亡。

其他病例的详细资料如下：

① 79 人中有 23 人（29％）患有慢性病；

② 90 名胃肠炎患者中有 27 人（30％）住院治疗；

③ 4 名白血病患者中 3 人（75％）有潜在的慢性病。

将观察到的合适的频率代入以上公式，可以估计细菌分离确定的病例出现严重后果的可能性。

6.4 风险特征描述

风险特征描述是微生物风险评估的最后一个步骤，生物病原体的风险特征描述将根据危害识别、危害特征描述和暴露评估等步骤中所描述的观点和资料来进行。风险特征描述是特定危害因子对特定人群产生不良作用潜在可能性和严重性的一个定性或定量的估计（包括对伴随的不确定性）。这一结果可以表述为个人风险或每餐的风险。

风险特征描述整合了暴露评估与剂量-反应评估（图 6-7），用于描述由于食用含有 *V. parahaemolyticus*path 的牡蛎而导致发病的可能性，并讨论风险评估的影响。

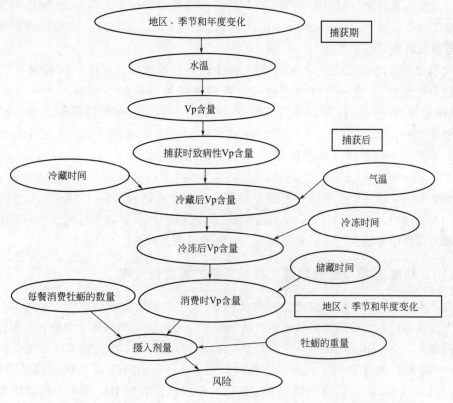

图 6-7　整合了所有模型的 *V. parahaemolyticus*（Vp）风险评估模型示意图

6.4.1　模拟结果

风险模拟总的结构被分为三个模型：捕获期、捕获后和公众健康。捕获期模块模拟了总

$V.\ parahaemolyticus$ 和 $V.\ parahaemolyticus_{path}$ 密度的变异作为潜在环境条件的一个函数。在捕获期模块中，通过分析盐分对 $V.\ parahaemolyticus_{path}$ 含量的影响，表明盐分不是一个重要的变量。不考虑盐分，针对 $V.\ parahaemolyticus$ 建立一个完全依靠水温的捕获期模块，该模型可以得到捕获期牡蛎内总 $V.\ parahaemolyticus$ 以及 $V.\ parahaemolyticus_{path}$ 的分布。捕获后模块模拟了当时的牡蛎操作手段的效果，以及在消费阶段根据预测的总的 $V.\ parahaemolyticus_{path}$ 密度分布而采取处理措施的可能结果。公众健康模块估计了可能发病数量的分布，该病以消费期间 $V.\ parahaemolyticus_{path}$ 密度的分布为基础，在某一给定地区和季节内都可以发生。通过模拟，利用主要参数的分布以及参数之间的关系，来估计从牡蛎捕获到消费过程中不同阶段 $V.\ parahaemolyticus_{path}$ 密度的分布。图 6-7 为每个模型模拟过程中所用参数，以及每个模型的结果如何成为下一个模型参数的示意图。

每次消费时 $V.\ parahaemolyticus_{path}$ 摄入剂量的分布可以用每次消费中牡蛎肉的重量分布以及从捕获后模块中获得的密度分布计算而得。这可以通过蒙特卡罗的方法来完成，即从这些分布中重新取样，改变抽样值，以产生食用剂量的分布，这样模拟样品的摄入量分布就转变成相应的每次消费风险的分布。对于每个地区和季节，105 份食物发生疾病的数目被模拟成一种独立的顺序，但不同于 Bernoulli 随机变量的分布。尽管较大的模拟规模是可能的，但要进行多种模拟必须使每个模拟的规模限制在一个实际可操作的数量上。预计的发病数量根据 105 个发病数目除以对应的 MMT-S 上岸统计的数据来计算。重复 50 次用以抵消每年由于水温的分布以及 $V.\ parahaemolyticus_{path}$ 占总 $V.\ parahaemolyticus$ 的比例等参数发生变化而导致发病数目的变化。

每次消费的风险是当他们单次消费牡蛎时单个个体致病的风险（仅仅是胃肠炎或者胃肠炎接着败血症）。在一个特定区域，每次消费风险最高的是温暖的季节（夏季、春季），风险较低的是气温较低的季节（秋季、冬季）。例如，在大西洋东北部，每次食用的风险冬季大约是 1×10^{-8}，即 10^8 次食用中有一个患病，在同一地区，夏季每次食用的风险比冬季高 3 个数量级。单次食用风险与收获时牡蛎中总 $V.\ parahaemolyticus$ 的关系见图 6-8。

美国年食用风险（仅仅是胃肠炎或者胃肠炎接着败血症），The Gulf Coast 估计致病达到 92%（约 2600），The Gulf Coast（Louisiana）达到 73%。而食用牡蛎低致病率的大西洋东北部和大西洋中部是由于这里水平较低，在夏季捕获量较少。

6.4.1.1　地域性/季节性牡蛎捕获相关疾病的可能性分布

由蒙特卡罗模拟的发病数量的分布对于剂量-反应模型较为敏感。图 6-9 列出了路易斯安那夏季捕获不同模型预测方面的差别。这些频率分布的柱状图只是近似值，是根据平均季节性水温和 $V.\ parahaemolyticus_{path}$ 占总 $V.\ parahaemolyticus$ 的比例等随机变化的因素进行的 50 次重复模拟得到的。如图 6-9 所示，由 Gompertz 剂量-反应模型预测发病比 β-Poisson 和 Probit 剂量-反应模型更多变。最初的模型已经表明 ID_{50}（考虑到食物基质和免疫效果）基础上变化 10 倍就可以使模型预测值与 CDC 估计的每年病情保持一致。通过人体给食试验所得到 ID_{50} 的估计值到底低于真正的 ID_{50} 多少尚不清楚。但如果给食试验所得 ID_{50} 与通常暴露条件之间相差 10000 倍，那么不管采取哪一种模型，预测的 ID_{50} 便与 CDC 的预测值保持一致。

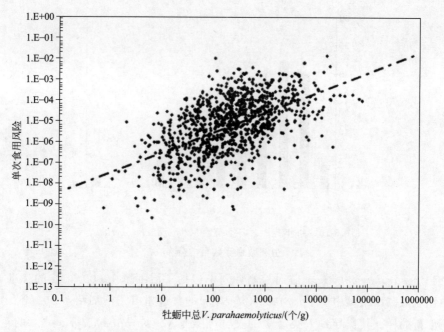

图 6-8　单次食用风险与收获时牡蛎中总 *V. parahaemolyticus* 的关系（Gulf Coast Louisiana 夏天）

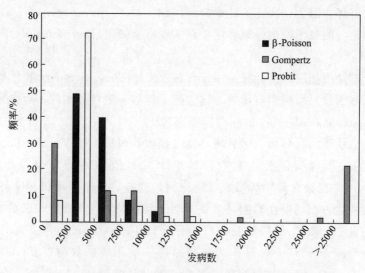

图 6-9　剂量-反应的结构不确定度对路易斯安那北墨西哥湾
夏季捕获季节 *V. parahaemolyticus* 引起疾病数目的影响

　　根据上述公众健康已经列出的假定，图 6-10 表示了败血症每年的可能发生数。绝大多数这种事件与北墨西哥湾的牡蛎收获有关，只是极少数事件与太平洋西北地区收获有关。虽然每年因 *V. parahaemolyticus* 而发生败血症的病例是 4，然而模型得到的疾病数量的每年总体分布的均值是 6，模型的样本数是 50。如图 6-10 中所示，一个国家一年内发生 15 例以上的败血症的事件是一个偶然事件（例如概率为 0.1）。

6.4.1.2　对 FDA 现行 10000 个 *V. parahaemolyticus*/g 的贝类准则的评价

　　FDA 规定贝类中的 *V. parahaemolyticus* 含量不得超过活菌 10000 个/g。被 ISSC 采纳

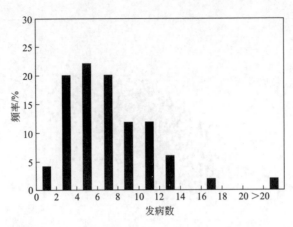

图 6-10　每年各地区各季节由 *V. parahaemolyticus*
引起败血症数目的分布

的 1999 年 *V. parahaemolyticus* 临时控制计划中包括了活细菌 10000 个/g 的标准。如果一个区域的牡蛎被测出组织中 *V. parahaemolyticus* 的含量超出了活细菌 10000 个/g，那么该地区必须重新抽样。其实导致人类患病的关键因素是 *V. parahaemolyticus*path 的存在密度，而 *V. parahaemolyticus* 的总数则是一个方便的高致病风险的指示剂。风险评估不能精确地估计控制计划的好坏，因为在特定的牡蛎收获区域，对 *V. parahaemolyticus* 的存在与否不能机械地得出结论，而且不能很好地界定个别实验室检测 *V. parahaemolyticus* 的灵敏度或时效性。

然而如果能够除去捕获时已经感染一定含量 *V. parahaemolyticus* 的牡蛎，那么风险评估中就要了解哪些因素对发病率有影响。这包括了排除一定百分比的不可食用牡蛎中已感染某种浓度的 *V. parahaemolyticus* 的一些影响因素。

按照是否会致病将结果分类，然后将环境（如收获时期）中 *V. parahaemolyticus* 的起始量以对数值的一半为间隔分类贮存。以半个对数值的间隔为单位，可以计算初期 *V. parahaemolyticus* 感染含量相联系的致病比例，这样，该结果可以用来评估在收获时各种准则在减少致病数方面的潜在影响，以及与整个收获损失的百分数相联系的成本（如从原材料消费市场的分装开始）。结果如图 6-11 所示，以 10000 个/g 作为标准，设立 100 个/g、1000 个/g 和 100000 个/g 几个含量作为比较。这里采用"捕获时"10000 个/g 的标准是 1999 年 *V. parahaemolyticus* 临时控制计划制订的。虽然活菌 10000 个/g 的准则含量可能应用于贝类收获后的任意时间，然而目前总体上还是尽量监测收获时的样品。因而还不能评估不同含量标准对贝类在批发或零售阶段的潜在影响。

总体上讲，模拟结果显示该地区/季节 15％的疾病与消费了收获时感染量大于 4 [lg(CFU/g)] 的牡蛎有关。收获时感染量大于 4 [lg(CFU/g)] 的牡蛎所占百分数为 5％。因而，如果所有的贝类能够用收获时 *V. parahaemolyticus* 的总数评估，不包括所有活菌数超过 10000 个/g 的牡蛎在内，那么模型得到的结果将因为在原材料消费市场的 5％的损失而使整个疾病数量减少 15％。由于捕获期所占比重较大，这种发病数将大为减少，但仍然维持在一个较低且有一定含量的风险水平。相比之下，模型结果也说明在缺少收获后相应处理措施的前提下，收获准则能够切实降低致病率，分别是：5lg（10⁵）/g、3lg（10³）/g 和 2lg

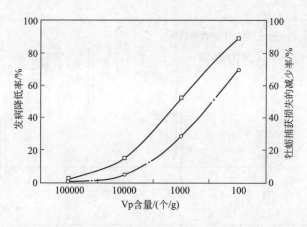

图 6-11　捕获时控制对每克牡蛎中 Vp 含量的潜在影响

$(10^2)/g$ 能够使致病率分别减少 2%、50%、90%，相应地收获时损失分别减少为 0.3%、25% 和 70%。

6.4.2　灵敏度分析

用管状图来描述模型中对结果有重要影响的因子是最方便不过的了。把该曲线称为"管状图"是因为诸因子从影响巨大的顶端到影响较小的底端的图表变化与龙卷风的图像相似。在模型中，可以看到在夏季对所有收获区域的结果有重要控制作用的因子是 *V. parahaemolyticus* 的含量。因为模型假定 *V. parahaemolyticus*path 的增长速度等同于 *V. parahaemolyticus* 的总数，并同致病菌相连，因而，当 *V. parahaemolyticus* 的含量变化时，*V. parahaemolyticus*path 的含量随之增长。

其他一些已分析因子也有重要影响，但是影响较低。一个人食入牡蛎越多，越易致病。同样有利于牡蛎中 *V. parahaemolyticus* 的繁殖条件会增加致病风险（露天放置时间、牡蛎冷却时间、水温和周围空气温度）。因为在冷藏期间 *V. parahaemolyticus* 的存活量降低，牡蛎的冷却时间在龙卷风曲线上向相反方向变化，与牡蛎风险呈负相关。

6.4.3　模型确认

在风险评估中通过比较模型输出相关数据来判定模型预测的合理性和可靠性，其中这些数据在该模型中不能被用来建立关系和参数分布。在消费时和新鲜牡蛎刚刚上岸统计时，对 *V. parahaemolyticus*path 的感染含量有一个恰当评估，在人工给食试验条件下的剂量-反应的评估结果同 CDC 一年一度的疾病评估不一致。因而，流行病学数据可以用于调整剂量-反应关系从人类消费阶段到暴露条件下，但不能用来构成模型确认的一个点。零售阶段的 *V. parahaemolyticus* 的总体感染含量的独立数据可以获得，这些数据可以用来评估收获时和收获后所建立预测模型的不适当性。

关于地区/季节平均感染密度的普通人口标准方差用 ISSC/FDA 数据按照 1.5lg 进行估计。这也与用调查中获得数据的变异分布范围进行模型预测得到的结果吻合很好，模型预测也反映了在模拟中进行校正的方法误差。图 6-12 表示的误差条形图表明一个在均值上下的标准方差。ISSC/FDA 的零售数据的间隔通常比模拟输出大。

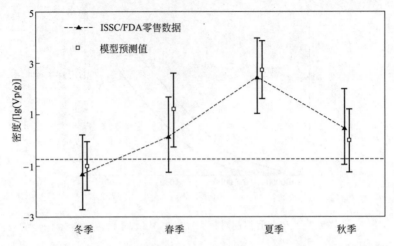

图 6-12　不同季节零售贝类中实际检出总病原体 *V. parahaemolyticus* 密度与
预测模型的对比（海湾产贝类）

6.4.4　进一步研究获取有价值的信息

为了研究那些不确定因素和可变因素对病原体 *V. parahaemolyticus* 可能引起的疾病数量的分布变化的影响，进一步构建数据模拟模型，这些数据模拟模型主要是为了确定以下三个因素的影响：①牡蛎中病原体 *V. parahaemolyticus* 的相对生长率（相对于在牛肉汤培养基中无菌培养的生长率）；②致病菌在总病原体 *V. parahaemolyticus* 中的百分比；③不同水温的影响。

表 6-7 中模拟了在 5 种假定情况下北墨西哥湾地区夏季海岸产牡蛎的平均风险，每一假定情况下做了 50 次模拟重复：一种情况是 3 种因素全都变化，另一种情况是全部保持不变，第三种情况是 3 个因素中的 1 个固定不变而另外 2 个因素则随它们各自的特殊分布变化。

表 6-7　夏季海岸产牡蛎病原体 *V. parahaemolyticus* 风险评估模型中的
平均风险变化系数与影响因素

变化情况	总变化	无菌（4.0）	保持 $V_{p_{path}}$ 含量（0.2%）	温度不变	各因素不变
每餐平均风险值	0.00134	0.00150	0.00160	0.00163	0.00162
变化系数	98.0%	72.2%	86.0%	75.9%	53.7%

表 6-7 给出了每一种情况下风险评估的结果，各种因素的影响主要体现在变化系数（标准差）的不同上。3 个因素全都变化的情况下和 3 个因素全都保持不变的情况下将平均风险进行比较，可以明显看出差异。3 个因素都保持不变时风险的变化系数为 54%，而 3 个因素都随它们各自的特殊分布变化时此系数为 98%。通过数学运算，这 3 个因素与北墨西哥湾地区夏季海岸产牡蛎引发疾病的风险含量变化的总影响率为 45%，其中 2 个不确定因素"相对生长率"和"致病菌百分比"的影响率分别为 26% 和 12%。而水温作为一个可变因素，在总的变化中影响率为 22%。结果还显示，在考虑到不确定因素的情况下，通过确定相对生长率的适当比例常数的方法（病原体 *V. parahaemolyticus* 在牡蛎体内的生长率应当低于在经过灭菌的牛肉汤培养基中的生长率），风险评估的结果应当适当减少。

判断关于疾病分布的模型中潜在的不确定性的另一个重要依据，是通过研究一定剂量暴露下的疾病发生频率而对相应剂量进行外推。这种不确定性的作用在现在的风险分析中难以被准确地评估，在美国疾病控制与预防中心的评估方法的基础上，确立了半数感染量的评估方法，根据半数致死值（ID_{50}）建立的疾病预报模型与美国疾病控制与预防中心的评估值一致。

6.4.5 预测模型的评论

这一风险评估预测模型除了包含有其他该类模型的共同特征，还拥有其独特的方面：①这一模型按照地区和季节不同进行危害分析，而其他的微生物风险分析模型仅做了全年总体的分析；②这一预测模型在获得更多详细数据的时候可以进行升级，进行更高级别的分析，而其他微生物风险分析模型要进行更高级分析的时候一定要彻底地重新构建；③这一预测模型将不确定因素的变化单独分离出来，通过识别上文中4种关键的不确定因素的变化，并根据这些因素的特殊分布估计了它们的变化对风险评估结果的影响，在构建评估模型时将这些影响计算在内。这样，模型中的那些规律性变化的因素就不会跟不确定因素混为一谈，当通过科学方法使某一单独变量的不确定性减少时，就能够减少整体的不确定性，虽然其他的微生物风险分析模型也区分了可变性和不确定性，但是，这一风险评估预测模型则充分研究了由于某一单独变量的不确定性减少而给整个评估结果带来的影响。

6.5 评估总结

该风险评估包括对现有科学信息和数据的分析，用以开发预测致病性 *V. parahaemolyticus* 在牡蛎中的公共健康影响的模型。评估侧重于比较从不同地理区域、季节和收获实践中获取的牡蛎消费的相对风险。在风险评估期间开发的科学评价和数学模型也有助于开发系统评价策略以减少致病性 *V. parahaemolyticus* 公共卫生影响。

该风险评估模拟了零散的 *V. parahaemolyticus* 病例，但若控制散发病例的步骤被采取，可以预计 *V. parahaemolyticus* 病暴发的规模和频率也将大大减少。暴发菌株的毒力以及捕获后菌株的存活性和生长会决定减少的比例。旨在降低牡蛎中 *V. parahaemolyticus* 水平的缓解或控制措施也可能降低弧菌属（或系）中其他菌种的水平，例如创伤弧菌（*Vibrio vulnificus*）。

6.5.1 V. parahaemolyticus 消费和疾病间的剂量-反应关系

① 虽然某个体可能因摄入低水平的 *V. parahaemolyticus* 而生病，但他/她更可能因摄入高水平病菌而生病。在消耗 10^4 个 *V. parahaemolyticus*/份（相当于约 50 个细胞/g 牡蛎）时，发病的概率相对较低（<0.001%）；而消耗约 10^8 个 *V. parahaemolyticus*/份（50 万个细胞/g 牡蛎）时，发病的概率将增加到约 50%。

② 任何暴露于 *V. parahaemolyticus* 的人都可能受到感染并引发胃肠炎。而且在具有并发性慢性病亚人群中，胃肠炎发展成败血症（甚至引发死亡）的可能性更大。

③ 该模型每年可从牡蛎消费中预测约有 2800 例 $V.$ $parahaemolyticus$ 病。对于已感染个体，每年约 7 例胃肠炎患者将发展为败血症，其中 2 例来自亚健康人群，5 例来自免疫受损亚群。

④ 该风险评估假设 $V.$ $parahaemolyticus$ 的致病菌株是 TDH^+，且具有这种特征的所有菌株具有同样毒性。

6.5.2　消费牡蛎 V. parahaemolyticus 致病的平均风险

该模型预测若干地区/季节组合与牡蛎中消耗 $V.$ $parahaemolyticus$ 相关的致病性（包括单独的胃肠炎和引发败血症的胃肠炎）。表 6-8 显示 "每份" 基础上的风险（即每份牡蛎患病风险），表 6-9 显示 "每年基准" 风险（即每年预测的疾病数量）。

表 6-8　牡蛎病原体 *V. parahaemolyticus* 消费相关的预测每份平均风险

区域	平均风险/份				
	夏季	秋季	冬季	春季	总计
大西洋东北部	1.8×10^{-5}	4.0×10^{-7}	1.1×10^{-8}	3.6×10^{-6}	2.2×10^{-5}
大西洋中部	9.2×10^{-5}	2.2×10^{-6}	1.1×10^{-8}	3.1×10^{-5}	1.3×10^{-4}
北墨西哥湾	7.5×10^{-4}	6.2×10^{-5}	3.2×10^{-6}	2.9×10^{-4}	1.1×10^{-3}
太平洋东北部	1.4×10^{-4}	3.9×10^{-7}	1.7×10^{-9}	1.3×10^{-5}	1.5×10^{-4}

注：平均风险是指当个体摄入一份牡蛎时患病（包括单独的胃肠炎和引发败血症的胃肠炎）的预测风险值，值取两位有效数字。

表 6-9　牡蛎病原体 *V. parahaemolyticus* 消费相关的预测平均年患病数

区域	平均年患病数				
	夏季	秋季	冬季	春季	总计
大西洋东北部	14	2	<1	3	19
大西洋中部	7	4	<1	4	15
北墨西哥湾	1705	183	10	698	2596
太平洋东北部	177	1	<1	18	196
总计	1903	190	10	723	2826

注：平均年患病数是指美国每年预测的疾病（包括单独的胃肠炎和引发败血症的胃肠炎）数量。

6.5.3　贝类中致病性 V. parahaemolyticus 发生频率及程度

① 致病性 $V.$ $parahaemolyticus$ 在贝类水域中通常低水平发生。

② 在收获时，牡蛎中致病性 $V.$ $parahaemolyticus$ 的水平只是总 $V.$ $parahaemolyticus$ 水平的一小部分。

风险评估表明，$V.$ $parahaemolyticus$ 的水平在引起人类疾病中起重要作用。不过减少或增加牡蛎中 $V.$ $parahaemolyticus$ 生长的其他因素在确定疾病数中也十分重要，例如缩短夏季牡蛎的开始冷藏时间可控制牡蛎中 $V.$ $parahaemolyticus$ 的生长，之后即可减少与该微生物有关的疾病。

风险评估的结果也受暴露评估和剂量-反应模型的建立过程中所做的假设和数据的影响。未来将在持续监测下获得新的数据，这些数据会改变现今对牡蛎消费者预测的患病风险以及影响疾病发生的最重要因素。当新数据和知识可用之时，可以预期模型将进行定期更新，影响风险的因素的不确定性程度将继续减少，这有助于做出最佳的可能决策、政策和措施以降低牡蛎中 *V. parahaemolyticus* 的风险。该风险评估提供了对影响风险的因素间的相对重要性和相互作用的理解，它将有望提供一个有用的工具，以便于制定有效的指南和要求以及评估缓解风险策略。

7 化学物风险评估实例
——水产品甲醛风险评估

7.1 概述

甲醛作为一种较高毒性物质目前已被世界卫生组织确定为致癌物质（A1 类）和致畸物质。美国环境保护署（EPA）建议甲醛推荐剂量（RfD）为 0.2mg/（kg·d），而不致对健康构成明显的风险。

早在 1981 年，美国卫生与人类服务部（DHHS）就将甲醛预期为人类致癌物。1999 年世界卫生组织下属的国际癌症研究局（IARC）正式公布甲醛对人类是可能的致癌物。2001 年美国化工毒理学研究所（CIIT）利用美国环保署（EPA）制定的癌症研究指南中的基于生物学的剂量-反应关系（biological based dose response，BBDR）实验模型，验证了甲醛能够引发人类鼻咽癌。2002 年，WHO 委托加拿大卫生部和环境部起草并发表了《简明国际化学品评估文件 40：甲醛》（"Concise International Chemical Assessment Document 40：Formaldehyde"），对 413 篇甲醛健康效应研究报告进行了总结，初步认定甲醛是 A1 类人类致癌物。2004 年 6 月 15 日 IARC 发布了题为 "IARC 将甲醛分类为人类致癌物" 的新闻公报。2006 年 IARC 为了更为清楚地论证甲醛是人类致癌物，又专门发表了题为 "IARC 关于人类致癌危险度评价专论第 88 卷：甲醛（IARC Monographs on the Evaluation of Carcinogenic Risks to Human，Volume 88：Formaldehyde）" 的文件，再次论证了 "甲醛是人类致癌物（A1 类）" 的结论。

我国已明令禁止在食品中以任何形式添加甲醛，但是一些不法经营者仍然将其作为防腐剂、漂白剂进行不正当使用，由甲醛引起的食品安全问题屡见不鲜，极大损害了消费者合法权益的同时，也对公众的身体健康构成了严重威胁。水产品既是不法经营者利用甲醛掺杂使假的主要对象，同时一些种类的水产品例如龙头鱼、鳕鱼、鱿鱼等自身又自然存在较高本底含量的甲醛。基于甲醛的危害，水产品中甲醛给公众健康带来了潜在的风险，因此急需对水产品中的甲醛开展风险评估和风险管理研究工作，提出科学、合理、适用的甲醛限量标准（建议），以满足市场监督检验的需要，规范水产品的生产和销售行为，切实保护广大消费者的身体健康，保障相关产业的健康发展。

7.1.1 甲醛

7.1.1.1 甲醛的物理化学性质

甲醛（CAS No.50-00-0，分子式：HCHO）在室温下是一种无色、易挥发、有强烈刺激性气味的气体，易溶于水、醇等极性溶剂，40％（体积分数）的甲醛水溶液俗称"福尔马林"。甲醛具有很高的活性，易聚合，且高度易燃，并能在空气中形成爆炸性混合物。

甲醛的物理化学性质如表 7-1 所示。

表 7-1　甲醛的物理化学性质

特　性	范　围	特　性	范　围
分子量	30	亨利定律常数(25℃)/(Pa·m³/mol)	$2.2 \times 10^{-2} \sim 3.4 \times 10^{-2}$
熔点/℃	$-118 \sim -92$	辛醇/水分配系数对数值($\lg K_{ow}$)	$-0.75 \sim 0.35$
沸点(101.3kPa)/℃	$-21 \sim -19$	有机碳分配系数对数值($\lg K_{oc}$)	$0.70 \sim 1.57$
蒸气压(25℃)/Pa	516000	转换因子	1ppm＝1.2mg/m³
溶解性(25℃)/(mg/L)	$400000 \sim 550000$		

7.1.1.2　甲醛的生产与应用

甲醛的商业化生产是通过甲醇的高温催化氧化制取，催化剂为金属（银）或金属氧化物。甲醛是一种重要的化学品，它被广泛用于多个行业，包括医疗、洗涤剂、化妆品、橡胶、化肥、金属、木材、皮革、纺织品、石油和农业。

化妆品中，甲醛被用于作为防腐剂和抗菌剂。在加拿大，甲醛允许应用于非气雾剂的化妆品中，但浓度不能超过 0.2％。在农业生产过程中，甲醛是常见的粮食熏蒸剂，用于防止粮食的霉变和腐烂。甲醛也被用作蔬菜作物的杀（真）菌剂，它还是可以杀灭苍蝇和其他昆虫的杀虫剂。

在食品行业，某些种类的意大利奶酪，国外相关法规准许限量使用甲醛作为抑菌剂。六亚甲基四胺，一种由甲醛和氨构成的复杂化合物，在酸性条件下可以缓慢分解释放出甲醛，在北欧国家可被用作食品添加剂用于水产品，如鲱鱼和鱼子酱。

7.1.1.3　甲醛的毒性

甲醛具有一般毒性和特殊毒性。一般毒性包括刺激作用、致敏作用、免疫毒性和神经毒性；特殊毒性涉及生殖毒性、遗传毒性和致癌性。

（1）刺激作用

刺激作用是甲醛污染最常见的后果，甲醛对皮肤、眼睛、呼吸道和消化道均具有刺激作用。甲醛的刺激作用表现为对中枢神经系统的刺激感受与引起局部组织的神经源性炎症。因为甲醛的水溶性极高，在没有到达肺部以前已基本被上呼吸道黏膜吸收，所以吸入性甲醛能够引起上呼吸道，主要包括鼻腔、咽、气管和支气管的损伤；浓度仅为 0.5mg/m³ 的甲醛就会刺激眼睛，主要表现是灼热感和流泪；而皮肤直接接触甲醛可以引起过敏性皮炎、色斑，甚至坏死。

（2）致敏作用和免疫毒性

甲醛作为一种环境致敏原能够引起皮肤过敏，诱发过敏性鼻炎、支气管炎与过敏性哮喘，大量接触时还可引起过敏性紫癜。甲醛还是一种免疫抑制剂，对人体的免疫功能有一定的毒性。

（3）神经毒性

周砚青等应用 Morris 水迷宫试验证实了甲醛的神经毒性，且较高浓度的甲醛表现出较强的神经毒性，而低浓度时的神经毒性并不典型。Pitten 等也通过迷宫试验以 Wister 大鼠为研究对象研究了甲醛的神经毒性，试验结果显示甲醛暴露组发现食物的时间和犯错误的数量均显著高于对照组。

（4）生殖毒性

流行病学研究结果显示，甲醛是导致胎儿畸形、出生儿体重减轻和妇女不孕症的潜在威胁物；毒理学研究结果也显示出甲醛具有一定生殖毒性。刑沈阳等发现，甲醛可以造成雄性小鼠精子畸形，降低雄性小鼠生殖能力，对雄性小鼠具有一定的生殖遗传毒性。Miyachi 等和 Hagiwara 等研究了甲醛对叙利亚仓鼠胚胎细胞染色体的损伤情况。结果显示，甲醛可致胚胎细胞姐妹染色体交换率和断裂率显著增加。Thrasher 等的研究结果显示，甲醛对受精卵、胚胎均会产生不利影响，能够造成细胞受损，增加死亡率。

（5）遗传毒性和致癌性

研究表明甲醛在哺乳动物细胞的体外试验中表现出遗传毒性。甲醛可以导致动物细胞不同水平上的 DNA 损伤，如碱基突变、染色体畸变、姐妹染色单体互换及抑制 DNA 的修复等。其导致 DNA 损伤的机理是由于羰基亲电性和较小的空间位阻作用，并可以诱发自由基效应，因而可以攻击核酸和蛋白质等生物大分子而引起一系列反应。Oliver 和 Conaway 等在各自的实验中均发现一定浓度的甲醛能够引起 DNA-DNA 交联。Grafstrom 的研究结果也显示甲醛可以导致 DNA 单链的断裂。

流行病学的调查结果显示，长期接触高浓度甲醛的人患皮肤癌、口腔癌、鼻腔癌、咽喉部癌、肺癌和消化系统癌的概率更高。娄小华等的研究表明，甲醛在机体内可以与还原性谷胱甘肽（GSH）形成结合态的甲醛，能够进一步实现甲醛的远距离毒性。Recio 等以 10×10^{-6} 剂量水平的甲醛诱导大鼠鼻腔鳞状细胞癌，并在其中 5 个肿瘤中发现了 P53 基因点突变。

7.1.2 水产品中的甲醛

7.1.2.1 水产品中甲醛的可能来源

水产品中甲醛的可能来源如下。

① 甲醛用于工具、设施的消毒（1%的甲醛），环境消毒剂和改良剂（3%～4%的甲醛）或配合其他药物用于立体空间熏蒸消毒，容易造成在水体中的一定量残留。

② 甲醛作为渔药使用，可用于鱼类和甲壳类等疾病的防治，在养殖水产品中易有一定程度的残留。目前，美国和加拿大允许甲醛产品在水产养殖过程中作为化学治疗剂使用。

③ 食品包装材料、容器内壁涂料、捆绑树脂、管材、涉水管道及其黏合剂等往往都含有甲醛成分，这些材料如果长期与食品相接触，在酸碱、加热、老化等因素的影响下，可能也会有微量甲醛溶出而迁移到食品中。

④ 人为添加。不法商贩出于防腐、延长保质期、增加感官质量、增加持水量等不正当目的，而在水产品的生产、销售过程中违禁使用甲醛。

⑤ 内源性甲醛按产生阶段可分为两部分。一部分是作为水生动植物自身代谢的产物而自然存在，另一部分是机体死亡后体内的氧化三甲胺（TMAO）等前体物质在酶、微生物或高温热分解等作用下可以进一步分解生成甲醛。

7.1.2.2 水产品中甲醛的存在形式

Bechmann 报道甲醛在水产品中有三种存在形式：一是在室温下用三氯乙酸（10%）或高氯酸（6%）即可提取得到的游离态甲醛（free formaldehyde，F-FA）；二是采用水蒸气蒸馏法应用磷酸、硫酸（1%～40%）介质才可得到的可逆结合态的甲醛（reversibly bound formaldehyde，R-FA）；三是不可逆结合态的甲醛（irreversibly bound formaldehyde，I-FA），它不能通过上述方法提取得到，只能通过测定二甲胺的含量然后除去游离态和可逆结合态的甲醛来获得。

7.1.2.3 水产品中甲醛的本底含量研究现状

国内外学者研究表明，生物在新陈代谢过程中都会生成甲醛，其自然存在于多种食物中，包括蔬菜、水果及制品（例如果酱）、肉类及肉制品、软饮料、发酵制品、干菌类和水产品等。

在水产品中甲醛作为一种代谢中间产物也是普遍存在的，经国内外学者调查发现，龙头鱼、鳕鱼、鱿鱼等水产品中含有较高本底水平的内源性甲醛。Harada 等在 16 种硬骨鱼和贝类中发现了甲醛的存在，Amano 等在新鲜的鳕鱼中发现含有甲醛。Rodriguez 等报道沙丁鱼、鳕鱼和鱿鱼等品种的水产品在冷冻过程中会产生三甲胺、二甲胺和甲醛等挥发性腐败物质，而甲醛的含量最高可达 41mg/kg。Bianchi 等对 12 种水产品（包括海水鱼、淡水鱼和贝类）中甲醛本底含量进行了测定，研究发现鳕科鱼中的甲醛本底含量最高［(6.4±1.2)～(293±26)mg/kg］，其余样品中甲醛含量均低于 22mg/kg。

柳淑芳等的研究结果显示，不同种类的鱼类甲醛本底含量不同且差异性较大，大部分淡水鱼样品中未检出甲醛，海水鱼类甲醛本底含量总体高于淡水鱼类，其中龙头鱼和鳕鱼类海水鱼类样品中甲醛本底含量较高。郑斌等检测了鱼类、贝类、虾类、蟹类及多种加工水产品，所测样品中多种含有甲醛，其平均含量为 7.28mg/kg，其中龙头鱼和鱿鱼具有较高的甲醛含量。

7.1.2.4 甲醛的检测方法

目前甲醛的测定方法有薄层色谱法、分光光度法、流动注射法、极谱法、气相色谱法和高效液相色谱法等。分光光度法作为传统的分析方法是食品包装材料、水产品、面制品和食用菌等样品的相关标准中指定的测定方法；对于食品中痕量甲醛的测定，极谱法、催化动力学法以及衍生色谱法等均具有很高的灵敏度，且上述方法的检测线性范围也较为类似。目前最常用的是乙酰丙酮分光光度法和色谱法。

测定水产品中甲醛一般采用分光光度法，其测定原理是水产品中的甲醛在磷酸介质中经水蒸气加热蒸馏，冷凝后经水溶液吸收，蒸馏液与乙酰丙酮反应，生成黄色的二乙酰基二氢二甲基吡啶，用分光光度计在 413nm 处比色定量。该方法原理简单，操作简便，呈色稳定，但也存在着灵敏度低、抗干扰差的缺点。

7.1.3 研究的目的和意义

通过对我国主要水产品中甲醛含量的系统性监测获得风险评估相关的研究数据，运用国际食品法典委员会（CAC）食品安全风险评估技术，对水产品中的甲醛开展定量暴露评估工作，提出甲醛限量标准（建议），进而有效监控水产品的质量安全，维护消费安全。

开展水产品中甲醛本底含量的研究，运用 CAC 食品安全风险评估技术对水产品中甲醛进行风险评估的基础研究，能够为我国制定甲醛的安全限量提供可靠、完整的数据及理论支持，评估甲醛的膳食暴露风险具有重要的学术价值和现实意义。

通过全国范围水产品中甲醛本底含量的调查，确定可自身产生较高本底含量甲醛的水产品种类并将其告知消费者，使其了解相关风险，进而可以给消费者提供科学合理的饮食建议。同时基于定量风险评估的结果提出甲醛限量标准（建议），满足市场监督检验的需要，规范水产品的生产和销售行为，降低我国人群甲醛的膳食暴露水平，在切实保护消费者健康的同时，也可保障相关产业的绿色可持续发展。

7.1.4 研究技术路线

研究技术路线见图 7-1。

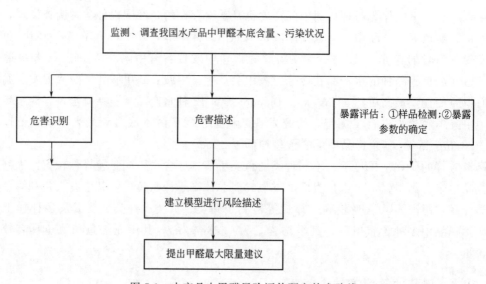

图 7-1 水产品中甲醛风险评估研究技术路线

7.2 水产品中甲醛本底含量的调查研究

在水产品中甲醛作为一种代谢中间产物而普遍存在，其本底含量因水产品的生物学类别而异。国内外学者的调查研究发现，龙头鱼、鳕鱼、鱿鱼等水产品中均含有较高本底水平的内源性甲醛，甲醛本底含量高者接近 300mg/kg。水产品中的内源性甲醛会与蛋白质发生反应，继而造成水产品的蛋白质变性和组织变硬，影响水产品的感官性状。尽管这部分甲醛是自然存在于食品中的，但是对于消费者身体健康仍然可能存在潜在的风险。1985 年意大利卫生部门制订了鳕鱼和甲壳类水产品中甲醛的限量标准，分别为 60mg/kg 和 10mg/kg。然而，中国现行甲醛限量标准缺乏科学性和实用性，且在水产品质量安全实际监管中难以执行，因而亟须对水产品中甲醛的本底含量进行系统的、针对性的科学研究，从而为水产品质量安全监管和标准化工作提供技术支持。

7.2.1 样品采集

7.2.1.1 样品来源

我国水产品种类众多，本研究综合考虑水产品的产量、居民日常食用习惯及市场消费情况等方面因素，同时兼顾品种多样性的原则，在中国沿海诸省及湖北、湖南、安徽、江西等水产业较为发达的内陆省份随机采样，共采集了 1696 个样品，其中包括 23 种 349 个淡水鱼类样品、89 种 532 个海水鱼类样品、19 种 175 个甲壳类样品、18 种 163 个贝类样品、7 种 63 个头足类样品和 414 个水产干制品样品。

按照统计学的原理，样品采集的样本量越大，精密度也就越高。为保证样品的代表性，尽可能地增加采样数量和扩大采样范围，本研究采取随机采样的方法。样品采集地点包括水产品批发市场、农贸市场、超市、饭店、海港、码头、养殖基地等。

样品的采集方法参照《水产品抽样方法》（SC/T 3016—2004）规定执行，样品采集后，装入洁净的聚乙烯塑料袋中，并在采集当天用保温箱（内放冰块）运回实验室，于−20℃冷冻保存待用。

7.2.1.2 样品种类

鱼类样品分类和拉丁文名称参考《中国鱼类统计检索》和《东海鱼类志》；贝类和虾蟹类样品分类参考《国际贸易水产品图谱》。

(1) 淡水鱼类样品种类

共采集 23 种 349 个鲜活淡水鱼类样品，如表 7-2 所示。

表 7-2　淡水鱼样品种类

样品	拉丁文名称	目	科
草鱼	*Ctenopharyngodon idellus*	鲤形目	鲤科
鲤	*Cyprinus carpio* Linnaeus	鲤形目	鲤科
鲫	*Carassius auratus*	鲤形目	鲤科
鲢	*Hypophthalmichthys molitrix*	鲤形目	鲤科
泥鳅	*Misgurnus anguillicaudatus*	鲤形目	鳅科
青鱼	*Mylopharyngodon piceus*	鲤形目	鲤科
团头鲂	*Megalobrama amblycephala*	鲤形目	鲤科
鳙	*Aristichthys nobilis*	鲤形目	鲤科
中华倒刺鲃	*Spinibarbus sinensis*	鲤形目	鲤科
大口黑鲈	*Micropterus salmoniodes*	鲈形目	太阳鱼科
鳜	*Siniperca chuatsi*	鲈形目	鲈科
梭鲈	*Lucioperca lucioperca*	鲈形目	鲈科
罗非鱼	*Oreochromis* spp.	鲈形目	丽鱼科
乌鳢	*Aristichthys nobilis*	鲈形目	鳢科
鳗鲡	*Anguilla japonica*	鳗鲡目	鳗鲡科

样品	拉丁文名称	目	科
美洲鳗	*Anguilla rostrata*	鳗鲡目	鳗鲡科
欧鳗	*Anguilla anguilla*	鳗鲡目	鳗鲡科
日本鳗	*Anguilla japonicus*	鳗鲡目	鳗鲡科
斑点叉尾鮰	*Ictalurus punctatus*	鲶形目	鮰科
大口鲶	*Silurus meridionalis*	鲶形目	鲶科
鲶	*Silurus asotus*	鲶形目	鲶科
红点鲑	*Salvelinus malma*	鲑形目	鲑科
黄鳝	*Monopterus albus*	合鳃鱼目	合鳃鱼科

（2）海水鱼类样品种类

共采集 89 种 532 个鲜活海水鱼类样品，如表 7-3。

表 7-3　海水鱼类样品种类

样品	拉丁文名称	目	科
黄鮟鱇	*Lophius litulon*	鮟鱇目	鮟鱇科
龙头鱼	*Hacpodon neheceus*	灯笼鱼目	龙头鱼科
半滑舌鳎	*Cynoglossus semilaevis*	鲽形目	舌鳎科
长吻红舌鳎	*Cynaglossus lighti*	鲽形目	舌鳎科
大菱鲆	*Psetta maxima*	鲽形目	鲆科
带纹条鳎	*Zebiias zebia*	鲽形目	鳎科
钝吻黄盖鲽	*Pseudopleuronectes yokohamae*	鲽形目	鲽科
蛾眉条鳎	*Zebrias quagga*	鲽形目	鳎科
高眼鲽	*Cleisthenes heizensleini*	鲽形目	鲽科
褐牙鲆	*Paralichthys olivaceus*	鲽形目	牙鲆科
角木叶鲽	*Pleuronichthys cornatus*	鲽形目	鲽科
斑鰶	*Clupanodon punctatus*	鲱形目	鲱科
赤鼻棱鳀	*Thrissa kammalensis*	鲱形目	鳀科
黄鲫	*Setipinna taty*	鲱形目	鳀科
鲚	*Coilia ectenes*	鲱形目	鳀科
鳓	*Ilisha elongata*	鲱形目	鲱科
鳀鱼	*Engraulis japonicus*	鲱形目	鳀科
远东拟沙丁鱼	*Sardinops melanostictus*	鲱形目	鲱科
光魟	*Dasyatis laevigatus*	鳐形目	魟科
黑背圆颌针鱼	*Tylosurus melanotus*	颌针鱼目	颌针鱼科
尖嘴扁颌针鱼	*Ablennes anastomella*	颌针鱼目	颌针鱼科
间鱵	*Hemicamphus intermedius*	颌针鱼目	鱵科
白斑角鲨	*Squalus acanthias Linnaeus*	角鲨目	角鲨科
红金眼鲷	*Beryx splendens lowe*	金眼鲷目	金眼鲷科
白姑鱼	*Arggrosomus argentatus*	鲈形目	石首鱼科
长绵鳚	*Zoaices elongatus*	鲈形目	绵鳚科
长尾大眼鲷	*Priacanthus tayenus*	鲈形目	汤鲤科
大黄鱼	*Pseudosciaena crocea*	鲈形目	石首鱼科

样品	拉丁文名称	目	科
带鱼	*Trichiurus haumela*	鲈形目	带鱼科
弹涂鱼	*Periophthalmus cantonensis*	鲈形目	弹涂鱼科
多鳞鱚	*Sillago sihama*	鲈形目	鱚科
二长棘鲷	*Parargyrops edita*	鲈形目	鲷科
褐蓝子鱼	*Siganus fuscescens*	鲈形目	蓝子鱼科
黑斑猪齿鱼	*Choerodon schoenleini*	鲈形目	隆头鱼科
黑鲷	*Sparus macrocephalus*	鲈形目	鲷科
黑鳃梅童鱼	*Collichthys niveatus*	鲈形目	石首鱼科
红笛鲷	*Lutjanus sanguineus*	鲈形目	笛鲷科
红鳍笛鲷	*Lutjanus erythropterus*	鲈形目	笛鲷科
花鲈	*Lateolabrax japonicus*	鲈形目	鲈科
黄笛鲷	*Lutjanus lutjanus*	鲈形目	笛鲷科
黄姑鱼	*Nibea albiflora*	鲈形目	石首鱼科
黄鳍刺鰕虎鱼	*Acanthogobius flavimanus*	鲈形目	鰕虎鱼科
剑鱼	*Xiphias gladius*	鲈形目	剑鱼科
金线鱼	*Nemipterus virgatus*	鲈形目	金线鱼科
军曹鱼	*Rachycentron canadum*	鲈形目	军曹鱼科
蓝点马鲛	*Scomberomorus niphonius*	鲈形目	鲅科
蓝圆鲹	*Decapterus maruadsi*	鲈形目	鲹科
六丝矛尾鰕虎鱼	*Chaeturichys hexanema*	鲈形目	鰕虎鱼科
卵形鲳鲹	*Trachinotus ovatus*	鲈形目	鲹科
裸颊鲷	*Lethrinus guvier*	鲈形目	裸颊鲷科
矛尾鰕虎鱼	*Chaeturichys stigmatias*	鲈形目	鰕虎鱼科
鮸鱼	*Miichthys miiuy*	鲈形目	石首鱼科
千年笛鲷	*Lutjanus sebae*	鲈形目	笛鲷科
少鳞鱚	*Sillago japonica*	鲈形目	鱚科
深水金线鱼	*Nemipterus bathybius*	鲈形目	金线鱼科
石斑鱼	*Epinepheus olivaceus*	鲈形目	鮨科
鲐	*Pneumatophorus japonicus*	鲈形目	鲭科
细条天竺鱼	*Apogonichthys lineatus*	鲈形目	天竺鲷科
线纹笛鲷	*Lutjanus lineolatus*	鲈形目	笛鲷科
小黄鱼	*Pseudociaena polyactis*	鲈形目	石首鱼科
眼斑拟石首鱼	*Sciaenops ocellatus*	鲈形目	石首鱼科
银鲳	*Pampus argenteus*	鲈形目	鲳科
玉筋鱼	*Ammodytes personatus*	鲈形目	玉筋鱼科
真鲷	*Pagrosomus major*	鲈形目	鲷科
竹荚鱼	*Trachurus japonicus*	鲈形目	鲹科
紫红笛鲷	*Lutjanus argentimaculatus*	鲈形目	笛鲷科
海鳗	*Muraensox cinereus*	鳗鲡目	海鳗科
星康吉鳗	*Conger myriaster*	鳗鲡目	康吉鳗科
海鲶	*Arius thalassinus*	鲶形目	海鲶科
黄鳍马面鲀	*Triacanthus blochi*	鲀形目	革鲀科

样品	拉丁文名称	目	科
绿鳍马面鲀	*Navodon septentrionalis*	鲀形目	革鲀科
暗纹东方鲀	*Fugu oblonguse*	鲀形目	鲀科
双斑东方豚	*Fugu bimaculatus*	鲀形目	鲀科
长尾鳕	*Macrourus berglax lacepede*	鳕形目	长尾鳕科
大头鳕	*Cadous macrocephalus*	鳕形目	鳕科
黑线鳕	*Melanogcammus aeglefinus*	鳕形目	鳕科
蓝鳕	*Miciomesistius poutassou*	鳕形目	鳕科
狭鳕	*Theragra chalcogramma*	鳕形目	鳕科
小眼鳗鳞鳕	*Muraenolepis microps*	鳕形目	南极鳕科
孔鳐	*Raja porosa*	鳐形目	鳐科
大泷六线鱼	*Hexagcammos otakii*	鲉形目	六线鱼科
短鳍红娘鱼	*Lepidotrigla micropterus*	鲉形目	鲂鮄科
绿鳍鱼	*Chelidomchthys kumu*	鲉形目	鲂鮄科
虻鲉	*Erisphex pottii*	鲉形目	前鳍鲉科
汤氏平鲉	*Sebastes thompsoni*	鲉形目	鲉科
细纹狮子鱼	*Liparis tanakae*	鲉形目	狮子鱼科
许氏平鲉	*Sebastes schlegeli*	鲉形目	鲉科
鲬	*Pletycephalus indicus*	鲉形目	鲬科
鲻	*Mugil cephalus*	鲻形目	鲻科

(3) 贝类样品和头足类样品种类

共采集 18 种 163 个贝类样品和 7 种 63 个头足类样品，如表 7-4。

表 7-4　贝类样品和头足类样品种类

样品	拉丁文名称	目	科
瘤荔枝螺	*Thais bronni*	腹足纲	新腹足目
扁玉螺	*Neverita didyma*	腹足纲	中腹足目
单齿螺	*Monodonta labio*	腹足纲	原始腹足目
红螺	*Rapana bezoar*	腹足纲	新腹足目
锈凹螺	*Chlorostoma rustica*	腹足纲	原始腹足目
疣荔枝螺	*Thais clavigera*	腹足纲	新腹足目
长牡蛎	*Crassostrea gigas*	双壳纲	牡蛎目
长竹蛏	*Solen gouldii* Conrad	双壳纲	帘蛤目
大连湾牡蛎	*Crassostrea talienwhanensis*	双壳纲	牡蛎目
菲律宾蛤仔	*Ruditapes philippinarum*	双壳纲	帘蛤目
毛蚶	*Scapharca subcrenata*	双壳纲	蚶目
四角蛤蜊	*Mactra quadrangularis*	双壳纲	帘蛤目
文蛤	*Meretrix meretrix*	双壳纲	帘蛤目
虾夷扇贝	*Patinopectin yessoensis*	双壳纲	珍珠贝目
缢蛏	*Sinonovacula constricta*	双壳纲	帘蛤目
栉孔扇贝	*Chlamys farreri*	双壳纲	珍珠贝目
紫贻贝	*Mytilus edulis*	双壳纲	贻贝目

样品	拉丁文名称	目	科
长蛸	*Octopus variabilis*	头足纲	八腕目
短蛸	*Octopus ocellatus*	头足纲	八腕目
剑尖枪乌贼	*Loligo edulis*	头足纲	枪形目
曼氏无针乌贼	*Sepiella maindroni*	头足纲	乌贼目
日本枪乌贼	*Loligo japonica*	头足纲	枪形目
中国枪乌贼	*Loligo chinensis*	头足纲	十腕总目
太平洋褶柔鱼	*Todarodes pacificus*	头足纲	枪形目

(4) 虾蟹类样品种类

共采集 12 种 112 个虾类样品，7 种 63 个蟹类样品，如表 7-5。

表 7-5　虾蟹类样品种类

品种	拉丁文名称	科	目
斑节对虾	*Penaeus monodon* Fabricius	甲壳纲	对虾科
凡纳对虾	*Penaeus vannamei*	甲壳纲	对虾科
哈氏仿对虾	*Parapenaeopsis harbwickii*	甲壳纲	对虾科
近缘新对虾	*Metapenaeus affinis*	甲壳纲	对虾科
日本对虾	*Penaeus japonicus* Bate	甲壳纲	对虾科
鹰爪虾	*Trachypenaeus curvirostris*	甲壳纲	对虾科
中国对虾	*Penaeus chinensis*	甲壳纲	对虾科
葛氏长臂虾	*Palaemon gravieri*	甲壳纲	长臂虾科
脊尾白虾	*Palaemon carincauda*	甲壳纲	长臂虾科
口虾蛄	*Oratosquilla oratoria*	甲壳纲	虾蛄科
中国毛虾	*Acetes chinensis*	甲壳纲	樱虾科
克氏原螯虾	*Procambarus clarkii*	甲壳纲	螯虾科
中华管鞭虾	*Solenocera crassicornis*	甲壳纲	管鞭虾科
脊腹褐虾	*Crangon affinis*	甲壳纲	褐虾科
三疣梭子蟹	*Portunus trituberculatus*	甲壳纲	梭子蟹科
远洋梭子蟹	*Portunus pelagicus*	甲壳纲	梭子蟹科
日本蟳	*Charybdis japonica*	甲壳纲	梭子蟹科
双斑蟳	*Charybdis bimaculata*	甲壳纲	梭子蟹科

(5) 水产加工类样品

水产加工类样品主要以干制水产品为主，共采集样品 414 个，其中包括调味鱿鱼丝 232 个、鱼类干制品（鱼干）67 个、调味烤鱼片 60 个、虾类干制品 24 个、贝类干制品 11 个以及其他水产干制品 20 个。

7.2.2　研究方法

7.2.2.1　甲醛测定方法

(1) 化学试剂

10％（体积分数）磷酸溶液；5μg/mL 甲醛标准溶液（采用碘量法标定）；乙酰丙酮溶液：称取乙酸铵 25g，溶于 100mL 蒸馏水中，加冰乙酸 3mL 和乙酰丙酮 0.4mL，贮存于棕色瓶，在冰箱冷藏条件下可保存 1 个月。

（2）仪器与设备

可见分光光度计：上海精密科学仪器有限公司，723A；电子天平：西法赛多利斯公司，BP2215 型；涡旋混合器：上海医大仪器厂，XW-80A 型；KDM 型可控调温电热套：中国鄞城仪器有限公司，1000mL；匀浆机：飞利浦公司。

（3）检测方法

依据《水产品中甲醛的测定》（SC/T 3025—2006）中的乙酰丙酮分光光度法对各种水产品中的甲醛进行测定，样品中甲醛的检出限为 0.50mg/kg。对未检出的样品，按照世界卫生组织（WHO）和美国环境保护署（USEPA）建议的数据处理方法，甲醛含量取 0 和检出限的平均值即以 0.25mg/kg 计算。

7.2.2.2　样品制备

（1）鱼类

至少取 3 尾清洗后，去头、骨及内脏，取肌肉等可食部分绞碎混合均匀以备用。小型鱼将鱼从脊背纵向切开，取鱼体一半，中型以上的鱼取其纵切的一半，再横切成 2～3cm 的小段，选其偶数或奇数段切碎，混匀。装入洁净的聚乙烯袋中备用。

（2）虾类

至少取 10 尾清洗后，去虾头、虾皮及肠腺，得到整条虾肉绞碎混合均匀。然后装入洁净的聚乙烯袋中备用。

（3）蟹类

至少取 5 只蟹清洗后，剥去壳盖与腹脐，再去除鳃条，取可食部分（肉及性腺）绞碎混合均匀。再装入洁净的聚乙烯袋中备用。

（4）贝类和头足类

将样品清洗后开壳剥离，收集全部的体液和软体组织匀浆。然后装入洁净的聚乙烯袋中备用。

（5）干制水产品

用粉碎机将水产干制品制备成粉状。再装入洁净的聚乙烯袋中备用。

7.2.2.3　数据统计分析

采用 Excel 2003 进行数据的基本处理，采用 SPSS16.0 进行非参数检验等统计分析，置信水平为 $p=0.05$。

7.2.3　水产品中甲醛本底含量状况调查

7.2.3.1　不同种类水产品中甲醛含量分析

（1）淡水鱼类样品中甲醛含量

对于采集到的 349 个淡水鱼类样品中的甲醛含量测定数据如图 7-2 所示。从淡水鱼中甲醛含量分布来看，淡水鱼类样品中甲醛含量主要处于低端水平。此次监测调查的淡水鱼类甲醛含量范围为 0.25～7.60mg/kg，平均值为 0.48mg/kg，中位值为 0.25mg/kg，平均值与中位值均低于检出限，淡水鱼类中甲醛含量总体上偏低。经 Kolmogorov-Smirnov 非参数检验可知淡水鱼类样品中甲醛含量分布并不符合正态分布（Normal）（$p = 0.000$）。淡水鱼类样品中第 90 百分位数、第 95 百分位数和第 99 百分位数的甲醛含量分别为 1.20mg/kg、1.52mg/kg 和 2.90mg/kg。

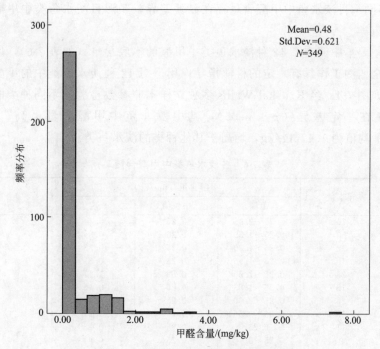

图 7-2　淡水鱼类样品中甲醛含量分布

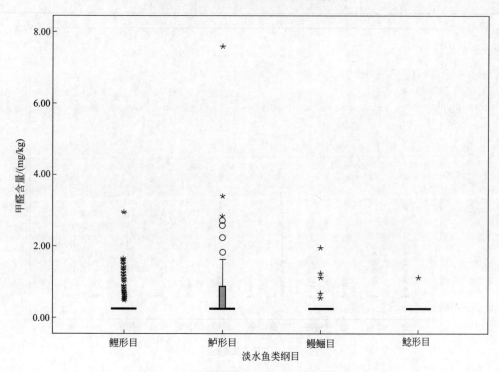

图 7-3　不同纲目淡水鱼类中甲醛含量对比

对所监测淡水鱼类样品的主要纲目甲醛含量进行分析，其箱形图如图 7-3。不同纲目的淡水鱼类中甲醛含量范围不同，鲈形目淡水鱼类的甲醛平均含量为 0.75mg/kg，而鲤形目（0.39mg/kg）、鳗鲡目（0.37mg/kg）和鲶形目（0.36mg/kg）中甲醛含量平均值均低于检出限。对不同纲目的淡水鱼类甲醛含量差异用 Kruskal-Wallis 多独立样本非参数检验（$p <$ 0.05），可见不同纲目淡水鱼中甲醛含量存在显著差异，鲈形目淡水鱼类中甲醛含量高于其他纲目的淡水鱼类。

本次研究主要集中调查了 12 种淡水鱼类中甲醛的本底含量（如表 7-6），以期对淡水鱼类中甲醛的安全监测工作具有一定的科学指导作用。对 12 种淡水鱼类中的甲醛含量进行分析，其箱形图如图 7-4。经 Kruskal-Wallis 多独立样本非参数检验，不同种类的淡水鱼类中甲醛含量也存在一定差异（$p < 0.05$），其中罗非鱼中甲醛含量最高，中位值达到 0.83mg/kg，平均值为 1.17mg/kg，均高于其他种类的淡水鱼类。

表 7-6　各淡水鱼类中甲醛含量

种类	样本量	甲醛含量/(mg/kg)			标准差
		范围	中位值	平均值	
鲤	70	0.25~2.96	0.25	0.44	0.48
草鱼	55	0.25~1.59	0.25	0.34	0.27
鲫	32	0.25~1.30	0.25	0.33	0.22
鳗鲡	40	0.25~1.96	0.25	0.37	0.34
罗非鱼	28	0.25~7.60	0.83	1.17	1.49
鳜	18	0.25~1.83	0.25	0.46	0.40
乌鳢	23	0.25~2.60	0.25	0.44	0.52
团头鲂	15	0.25~0.58	0.25	0.27	0.08
斑点叉尾鮰	11	0.25	0.25	0.25	0.00
梭鲈	9	0.25~2.72	0.25	0.91	0.96
鲢	7	0.25~1.29	0.25	0.40	0.39
黄鳝	6	0.25~1.36	0.25	0.44	0.45

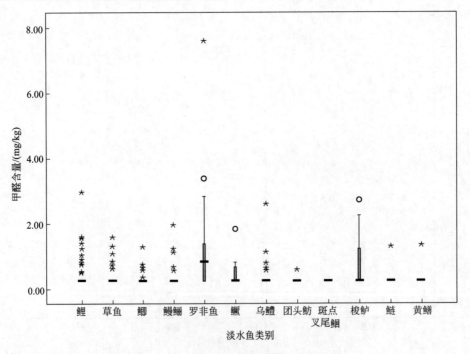

图 7-4　不同种类淡水鱼类中甲醛含量对比

有研究认为鱼体中甲醛的产生与氧化三甲胺（TMAO）有关。据 Uffe Anthoni 等人的研究，罗非鱼仍具有从日粮中前体物合成氧化三甲胺的能力，肌肉中也含有较高水平的TMAO，这在其他种类的淡水鱼类中是不常见的。因而，罗非鱼及其所属的鲈形目样品中甲醛本底含量较高的原因可能与其较高 TMAO 含量有关。

（2）海水鱼类样品中甲醛含量

图 7-5 为所采集的 532 个海水鱼类样品中甲醛含量的分布。此次监测调查的海水鱼类样品中甲醛含量的平均值为 9.47mg/kg，中位值为 0.25mg/kg，海水鱼类样品的甲醛范围为0.25～277.98mg/kg。经 Kolmogorov-Smirnov 非参数检验，海水鱼类样品中的甲醛含量分布也不符合正态分布（$p=0.000$）。海水鱼类样品第 75 百分位数的甲醛含量为 1.76mg/kg，第 95 百分位数的甲醛含量为 61.49mg/kg。

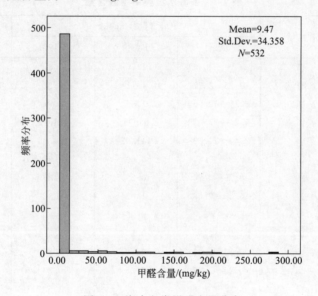

图 7-5　海水鱼类甲醛含量分布

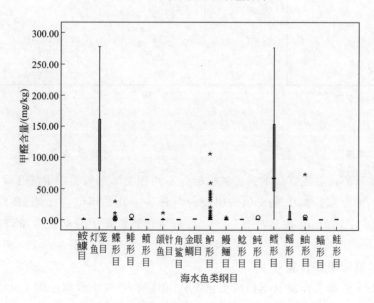

图 7-6　不同纲目海水鱼类中甲醛含量对比

对所监测海水鱼类样品的主要纲目中甲醛含量进行分析，其箱形图如图7-6。灯笼鱼目的海水鱼类样品中甲醛含量最高，其平均值可达124.02mg/kg，其次为鳕形目（96.64mg/kg）、鳀形目（6.25mg/kg）、鲈形目（2.99mg/kg）、鲉形目（2.87mg/kg）、颌针鱼目（2.70mg/kg）、鲱形目（1.53mg/kg）、鲀形目（1.00mg/kg）、鲽形目（0.91mg/kg）、鲹鲦目（0.83mg/kg）、鳗鲡目（0.80mg/kg）、鲑形目（0.75mg/kg）、鲇形目（0.66mg/kg）和鲻形目（0.38mg/kg）。应用Kruskal-Wallis多独立样本非参数检验研究不同纲目的海水鱼类甲醛含量的差异性，得知不同海水鱼类纲目中甲醛含量存在显著差异（$p < 0.05$）。

本次研究主要集中调查了19种海水鱼类中甲醛的本底含量（如表7-7），以期对海水鱼类中甲醛的安全监测工作具有一定的科学指导作用。

表7-7　各海水鱼类中甲醛含量

种类	样本量	甲醛含量/(mg/kg)			标准差
		范围	中位值	平均值	
大黄鱼	46	0.25～59.00	1.76	8.87	14.78
小黄鱼	24	0.25～3.27	1.11	1.22	0.89
带鱼	16	0.25～105.60	1.98	8.97	25.97
鳕①	16	0.25～275.39	98.95	111.25	76.84
龙头鱼	17	2.40～277.98	141.62	124.02	75.61
鲳②	16	0.25～5.87	0.60	1.36	1.65
海鳗	10	0.25～3.70	0.25	0.86	1.15
鲷③	29	0.25～7.08	1.02	1.32	1.64
大菱鲆	87	0.25～29.39	0.25	0.90	3.19
褐牙鲆	12	0.25～2.90	0.25	0.57	0.77
许氏平鲉	10	0.25～2.91	0.25	0.86	0.91
海鲈	20	0.25～0.92	0.25	0.33	0.21
鲽④	13	0.25～10.00	0.25	1.52	2.72
马面鲀	10	0.25～3.42	1.01	1.15	0.89
大泷六线鱼	8	0.25～72.90	0.25	9.54	25.60
蓝点马鲛	8	0.25～3.44	0.82	1.31	1.14
鲐	7	0.25～6.23	1.36	2.49	2.24
鲹鲦	7	0.25～2.30	0.25	0.83	0.81

① 大头鳕、狭鳕和蓝鳕。

② 银鲳、刺鲳。

③ 真鲷、黑鲷。

④ 角木叶鲽、高眼鲽。

经Kruskal-Wallis多独立样本非参数检验，不同种类海水鱼类中甲醛含量存在显著差异（$p < 0.05$），19种海水鱼类中龙头鱼的甲醛含量最高，其平均值为124.02mg/kg，其次为鳕鱼，平均值为111.25mg/kg（如图7-7）。龙头鱼和鳕鱼是甲醛本底含量较高的海水鱼类品种。

（3）贝类样品中甲醛含量

所采集的163个贝类样品（不包括头足类），甲醛含量测定数据如图7-8。贝类样品中甲醛含量的范围为0.25～26.15mg/kg，中位值为1.32mg/kg，平均值为2.09mg/kg，平均值与中位值较为接近，说明贝类样品中的甲醛含量分布较为集中。经 Kolmogorov-Smirnov 非参数检验，贝类样品中的甲醛含量分布不符合正态分布（$p=0.000$）。有 30% 的贝类样品甲醛含量低于检出限，贝类样品第 75 百分位数甲醛含量为 2.52mg/kg，第 95 百分位数的甲醛含量为 6.77mg/kg。

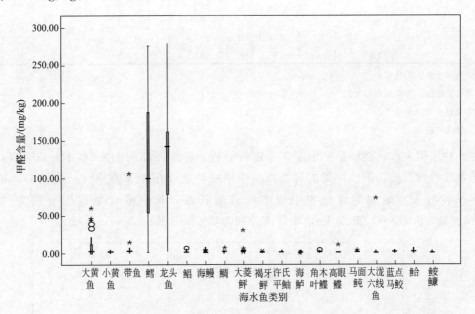

图 7-7　不同海水鱼类中甲醛含量对比

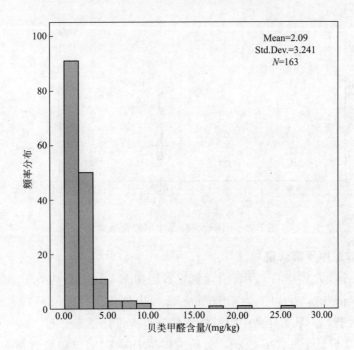

图 7-8　贝类中甲醛含量分布

　　本次研究对扇贝、贻贝、牡蛎、蛏和蛤五种主产贝类中甲醛本底含量进行了系统调查（如表 7-8），以期对贝类中甲醛的安全监测工作具有一定的科学指导作用。

表 7-8　贝类中的甲醛含量

| 种类 | 样本量 | 甲醛含量/(mg/kg) | | | 标准差 |
		范围	中位值	平均值	
牡蛎[①]	34	0.25~3.92	1.64	1.52	1.03
蛤[②]	40	0.25~4.28	0.66	1.08	1.12
扇贝[③]	20	0.25~26.15	2.64	5.89	7.48
蛏[④]	20	0.25~6.58	0.79	1.69	2.02
贻贝	23	0.25~6.85	2.44	2.52	1.34

① 大连湾牡蛎、长牡蛎。

② 菲律宾蛤仔、四角蛤蜊和文蛤。

③ 栉孔扇贝、虾夷扇贝。

④ 缢蛏和竹蛏。

对 5 种我国主产贝类样品中甲醛含量进行分析，箱形图如图 7-9。经 Kruskal-Wallis 多独立样本非参数检验，不同种类的贝类样品中甲醛含量存在显著差异（$p < 0.05$），扇贝和贻贝样品较牡蛎、蛏和蛤样品中甲醛本底含量较高，其甲醛含量范围分别为 0.25~26.15mg/kg、0.25~6.85mg/kg，中位值分别为 2.64mg/kg、2.44mg/kg。

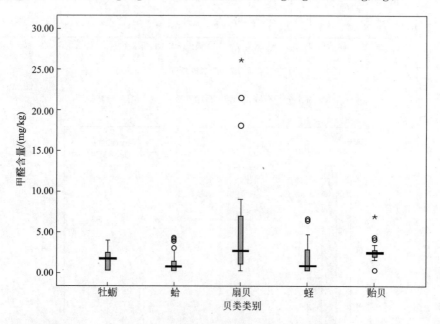

图 7-9　不同贝类样品中甲醛含量对比

（4）头足类样品中甲醛含量

所采集的 63 个头足类样品，甲醛含量测定数据如图 7-10。头足类样品的甲醛含量范围为 0.25~321.49mg/kg，平均值为 10.06mg/kg，中位值为 1.40mg/kg。经 Kolmogorov-Smirnov 非参数检验，头足类样品中的甲醛含量分布不符合正态分布（$p = 0.000$）。90% 的头足类样品甲醛含量低于 9.29mg/kg，头足类样品中第 25 百分位数、第 50 百分位数、第 75 百分位数和第 95 百分位数甲醛含量分别为 0.45mg/kg、1.40mg/kg、4.84mg/kg 和 53.44mg/kg。本次研究集中对中国枪乌贼、日本枪乌贼、章鱼、太平洋褶柔鱼等头足类水产样品中甲醛含量进行了调查（如表 7-9）。

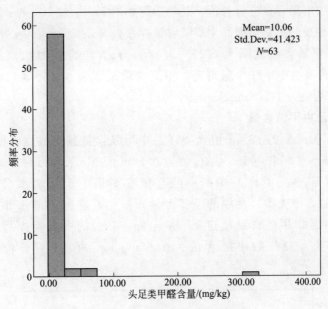

图 7-10　头足类中甲醛含量分布

表 7-9　头足类样品中甲醛含量

种类	样本量	甲醛含量/(mg/kg)			标准差
		范围	中位值	平均值	
中国枪乌贼	32	0.25~321.49	2.10	17.02	57.49
日本枪乌贼	9	0.25~27.15	1.41	4.90	8.59
章鱼[①]	11	0.25~2.37	0.25	0.74	0.70
太平洋褶柔鱼	7	0.25~9.39	5.34	4.22	3.45

① 长蛸、短蛸。

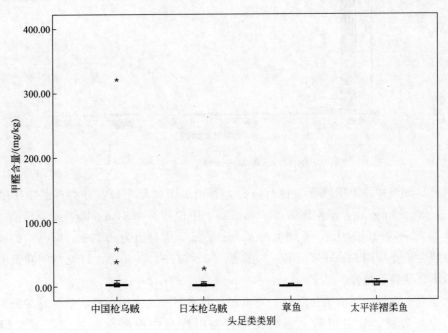

图 7-11　不同头足类样品中甲醛含量对比

对头足类样品中甲醛含量进行分析，其箱形图如图 7-11。经 Kruskal-Wallis 多独立样本非参数检验，不同种类的头足类样品中甲醛含量存在显著差异（$p=0.025<0.05$），章鱼中的甲醛含量最低，甲醛含量范围为 $0.25\sim2.37\text{mg/kg}$，中位值为 0.25mg/kg，平均值为 0.74mg/kg；中国枪乌贼中甲醛含量最高，甲醛含量范围为 $0.25\sim321.49\text{mg/kg}$，中位值为 2.10mg/kg，平均值为 17.02mg/kg。

（5）甲壳类样品中甲醛含量

如图 7-12 所示为采集的 175 个甲壳类样品中甲醛含量测定数据。甲壳类样品中甲醛含量的范围为 $0.25\sim82.65\text{mg/kg}$，中位值为 0.78mg/kg，平均值为 3.29mg/kg，中位值远低于平均值，表明甲壳类样品中的甲醛含量主要集中于低端水平。经 Kolmogorov-Smirnov 非参数检验，甲壳类样品中的甲醛含量分布也不符合正态分布（$p=0.000$），只有 10% 的甲壳类样品中甲醛含量超过 4.58mg/kg，60% 的甲壳类样品低于 0.98mg/kg。甲壳类样品的第 75 百分位数甲醛含量为 1.98mg/kg，第 95 百分位数的甲醛含量为 13.49mg/kg。

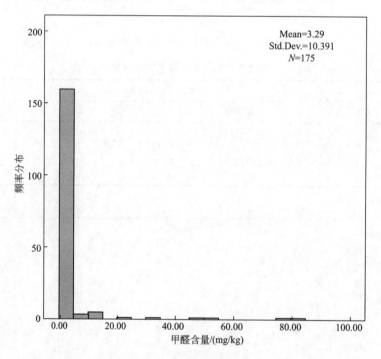

图 7-12　甲壳类中甲醛含量分布

对虾类和蟹类样品中甲醛含量进行分析，其箱形图如图 7-13。虾类样品中甲醛含量范围为 $0.25\sim82.65\text{mg/kg}$，平均值为 2.79mg/kg，中位值为 0.81mg/kg；蟹类样品中甲醛含量范围为 $0.25\sim79.15\text{mg/kg}$，平均值为 4.76mg/kg，中位值为 0.93mg/kg。对虾类和蟹类样品中甲醛含量差异用 Mann-Whitney U 检验（$p=0.084>0.05$），可见虾类和蟹类样品中甲醛含量不存在显著差异。

本次研究主要集中对南美白对虾、鹰爪虾、日本对虾、中国对虾、口虾蛄等虾类样品和梭子蟹、锯缘青蟹、日本蟳和中华绒螯蟹等蟹类样品中甲醛含量进行了系统调查（如表 7-10），以期对甲壳类中甲醛的安全监测工作具有一定的科学指导作用。

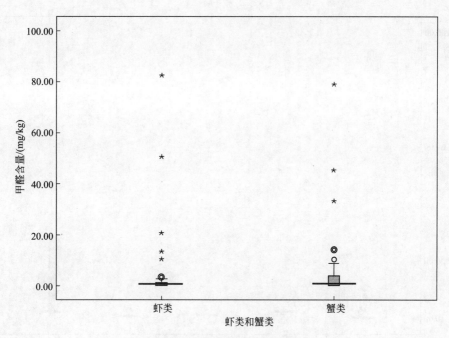

图 7-13　虾类和蟹类样品中甲醛含量对比

表 7-10　甲壳类样品中甲醛含量

种类	样本量	甲醛含量/(mg/kg)			标准差
		范围	中位值	平均值	
南美白对虾	49	0.25~13.36	0.25	1.19	2.39
鹰爪虾	7	1.41~3.97	2.40	2.48	0.95
日本对虾	12	0.25~3.08	1.04	1.08	0.72
中国对虾	10	0.25~2.80	0.65	0.80	0.75
口虾蛄	8	0.25~82.65	2.32	17.91	31.31
虾类合计	86	0.25~82.65	0.81	2.79	10.39
梭子蟹	28	0.25~79.15	3.23	8.92	17.14
锯缘青蟹	6	0.25~6.44	0.69	1.67	2.40
日本蟳	6	0.25	0.25	0.25	0.00
中华绒螯蟹	21	0.25~10.30	0.61	1.39	2.28
蟹类合计	61	0.25~79.15	0.93	4.76	12.22

　　对 5 个种类的虾类样品中甲醛含量进行分析，其箱形图如图 7-14。经 Kruskal-Wallis 多独立样本非参数检验，不同种类的虾类中甲醛含量存在显著差异（$p<0.05$），其中口虾蛄中甲醛含量最高，均值为 17.91mg/kg。对 4 个种类的蟹类样品中甲醛含量进行分析，其箱形图如图 7-15。经 Kruskal-Wallis 多独立样本非参数检验，不同种类蟹类中甲醛含量存在显著差异（$p=0.001<0.05$），其中梭子蟹中甲醛含量最高，含量范围为 0.25~79.15mg/kg，平均值为 8.92mg/kg，中位值为 3.23mg/kg；其次为锯缘青蟹，甲醛含量范围为 0.25~6.44mg/kg，平均值为 1.67mg/kg，中位值为 0.69mg/kg；中华绒螯蟹甲醛含量范围为 0.25~10.30mg/kg，平均值为 1.39mg/kg，中位值为 0.61mg/kg；日本蟳样品中甲醛含量最低，所测样品中均未检出。

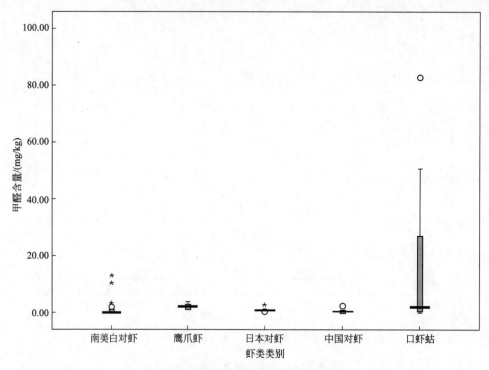

图 7-14 不同虾类样品中甲醛含量对比

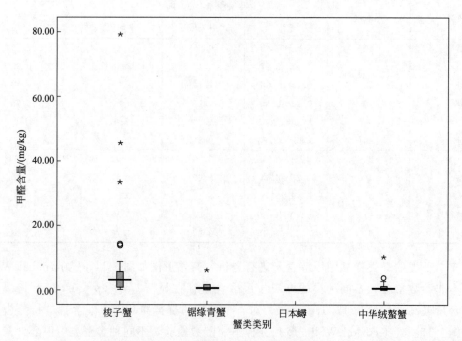

图 7-15 不同蟹类样品中甲醛含量对比

(6) 水产加工类样品中甲醛含量

监测的水产加工品主要以干制水产品为主,包括鱿鱼丝、鱼干、鱼片、贝类干制品、干制虾制品等种类。所采集的 414 个水产加工品类样品的甲醛含量测定数据如图 7-16 所示。水产加工类样品的甲醛含量范围为 0.25～391.32mg/kg,中位值为 17.96mg/kg,平均值为

36.78mg/kg，水产加工类样品中的甲醛含量总体水平较高。经 Kolmogorov-Smirnov 非参数检验，所检测的水产加工类样品中的甲醛含量分布不符合正态分布（$p=0.000$）。水产加工类样品第 25 百分位数、第 50 百分位数、第 75 百分位数和第 95 百分位数的甲醛含量分别为 8.56mg/kg、17.96mg/kg、47.78mg/kg 和 132.20mg/kg。

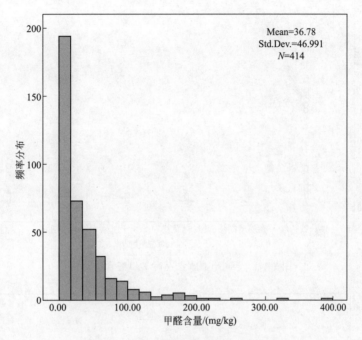

图 7-16　干制水产品中甲醛含量分布

对不同种类水产加工样品中甲醛含量进行分析，其箱形图如图 7-17。经 Kruskal-Wallis 多独立样本非参数检验，不同种类干制水产品甲醛含量存在显著差异（$p<0.05$）。调味鱿鱼丝中甲醛含量最高，其范围为 1.12～391.32mg/kg，平均值为 49.52mg/kg，中位值为 32.99mg/kg；其次为虾类干制品，甲醛含量范围为 1.31～319.68mg/kg，平均值为 26.24mg/kg，中位值为 13.46mg/kg；鱼类干制品甲醛含量范围为 2.00～87.86mg/kg，平均值为 22.29mg/kg，中位值为 14.50mg/kg；贝类干制品甲醛含量范围为 0.25～68.24mg/kg，平均值为 21.04mg/kg，中位值为 14.24mg/kg；调味烤鱼片甲醛含量最低，其范围为 0.25～111.84mg/kg，平均值为 16.97mg/kg，中位值为 8.48mg/kg。

7.2.3.2　不同种类水产品中甲醛含量比较及水产品中甲醛含量总体分布情况

对不同种类水产品中甲醛含量分析，如图 7-18。不同种类水产品中甲醛含量差异用 Kruskal-Wallis 单向评秩检验（$p<0.05$），可见不同种类水产品中甲醛含量存在显著差异。水产加工品中甲醛含量最高，范围为 0.25～391.32mg/kg，平均值为 36.87mg/kg，中位值为 18.19mg/kg。不同种类水产品中甲醛含量平均值由高到低分别为：水产干制品样品、头足类样品、海水鱼类样品、甲壳类样品、贝类样品和淡水鱼类样品。

对此次监测调查的 1696 个水产样品进行描述性分析如表 7-11，水产品样品中甲醛含量范围为 0.25～391.32mg/kg，平均值为 12.96mg/kg，中位值为 1.06mg/kg，标准差为 34.35。其百分位数甲醛含量分布如表 7-12。

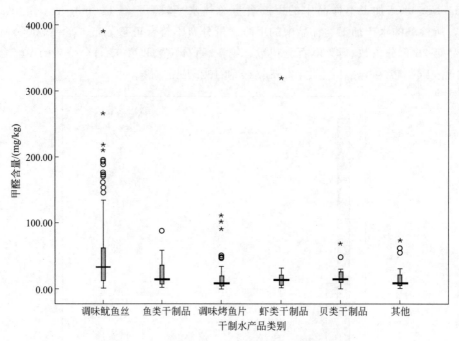

图 7-17　不同干制水产品种类甲醛含量对比

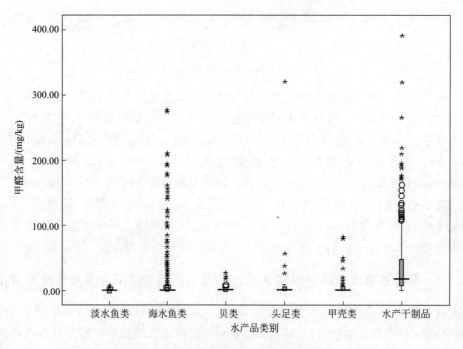

图 7-18　不同水产品种类中甲醛含量对比

表 7-11　水产品样品中甲醛含量

种类	样本数(N)	最小值/(mg/kg)	最大值/(mg/kg)	平均值/(mg/kg)	中位值/(mg/kg)	标准差
淡水鱼类	349	0.25	7.60	0.48	0.25	0.62
海水鱼类	532	0.25	277.98	9.47	0.25	34.36
贝类	163	0.25	26.15	2.09	1.32	3.24

种类	样本数(N)	最小值/(mg/kg)	最大值/(mg/kg)	平均值/(mg/kg)	中位值/(mg/kg)	标准差
头足类	63	0.25	321.49	10.06	1.40	41.42
甲壳类	175	0.25	82.65	3.29	0.78	10.39
水产干制品	414	0.25	391.32	36.78	17.96	46.99
总计	1696	0.25	391.32	12.96	1.06	34.35

表 7-12 水产品中甲醛含量百分位数

百分位数	甲醛含量/(mg/kg)	百分位数	甲醛含量/(mg/kg)
25	0.25	87.7	30.28
40	0.25	90	39.60
50	1.06	95	70.80
60	1.76	97.5	116.94
70	4.02	99	181.11
75	6.88	99.9	342.79
80	11.52		

中位值远低于平均值，表明我国水产品中甲醛含量集中于低端，但有个别种类的水产品甲醛含量较高，龙头鱼和鳕鱼科等海水鱼类中甲醛本底含量要显著高于此次调查研究的其他种类水产品，均值分别达到了 124.02mg/kg 和 111.25mg/kg，中国枪乌贼、口虾蛄和梭子蟹样品中甲醛本底含量也较高，因而水产品高百分位数甲醛含量较高。总体上海水动物的甲醛本底含量要显著高于淡水动物，究其原因可能与氧化三甲胺（TMAO）、氧化三甲胺酶（TMAOase）在不同水产品中的分布不同有关。

水产品中内源性甲醛主要前体物质是氧化三甲胺（TMAO），其可在内源性氧化三甲胺酶和微生物作用下，脱甲基生成二甲胺和甲醛。一般来说，TMAO 随着年龄的增加和盐度的提高而提高，一般海水鱼比淡水鱼含量丰富。氧化三甲胺广泛存在于海产动物组织中，海洋板鳃鱼类、硬骨鱼类和头足类中都富含 TMAO，虾、蟹中含量也较多，贝类中一些种类也含有一定量 TMAO，如扇贝，而淡水鱼中含量则极微，但也有罗非鱼等种类仍然具有自我合成 TMAO 的生物学特性。据 Uffe Anthoni 等人的研究，罗非鱼仍具有从日粮中前体物合成氧化三甲胺的能力，肌肉中也含有较高水平的 TMAO，这在其他种类的淡水鱼类中是不常见的。而 TMAOase 也广泛分布于海产动物组织中，而在淡水动物中则没有 TMAOase，即使存在含量也是极微的。据国内外报道，鳕鱼类体内 TMAOase 活性很高，在龙头鱼、贝类、褐虾以及长舌鲷中也发现了 TMAOase 活性。罗非鱼较其他淡水鱼类含相对较高水平的 TMAO，故其甲醛本底含量要显著高于其他种类的淡水鱼类，但作为淡水鱼类因缺乏 TMAOase 其甲醛本底含量较鳕鱼科鱼类和龙头鱼等海水鱼类品种仍然较低，淡水鱼类总体上内源性甲醛含量都处于较低水平，而内源性甲醛在海水鱼类、贝类、甲壳类和头足类中则普遍存在。

7.2.4 小结

通过对淡水鱼类、海水鱼类、甲壳类、贝类、头足类和水产干制品共计 1696 个水产样品中甲醛含量的测定，集中对 49 个类别常见水产品中甲醛含量进行了系统性监测，并对不同类型水产品中甲醛的分布规律及存在差异进行了分析，结论如下。

① 淡水鱼类甲醛含量范围为 0.25～7.60mg/kg，平均值为 0.48mg/kg，中位值为 0.25mg/kg，均值和中位值均低于检出限，淡水鱼类中甲醛含量总体水平较低。经 Kruskal-Wallis 单向评秩检验不同淡水鱼纲目中甲醛含量存在显著差异，鲈形目淡水鱼类中甲醛含量高于其他纲目的淡水鱼类（$p < 0.05$）。集中调查的 12 种淡水鱼类中甲醛的本底含量也存在一定差异（$p < 0.05$），其中罗非鱼中甲醛含量最高，中值达到 0.83mg/kg，均值为 1.17mg/kg，均高于其他种类的淡水鱼类。

② 海水鱼类样品中甲醛含量范围为 0.25～277.98mg/kg，平均值为 9.47mg/kg，中位值为 0.25mg/kg，中位值远低于平均值，多数海水鱼类样品中的甲醛含量处于低端水平。经 Kruskal-Wallis 单向评秩检验，灯笼鱼目和鳕形目中甲醛含量显著高于其他纲目中甲醛含量（$p < 0.05$）。集中调查的 19 种海水鱼类中甲醛本底含量存在显著差异，龙头鱼和鳕鱼是甲醛本底含量较高的海水鱼类品种，均值分别达到了 124.02mg/kg 和 111.25mg/kg。

③ 贝类样品中甲醛含量范围为 0.25～26.15mg/kg，平均值为 2.09mg/kg，中位值为 1.32mg/kg，平均值与中位值较为接近，贝类样品中的甲醛含量总体分布比较集中。经 Kruskal-Wallis 多独立样本非参数检验，不同种类的贝类样品中甲醛含量存在显著差异（$p < 0.05$），扇贝和贻贝样品较牡蛎、蛏和蛤样品中甲醛本底含量较高。

④ 头足类样品中甲醛含量范围为 0.25～321.49mg/kg，平均值为 10.06mg/kg，中位值为 1.40mg/kg。经 Kruskal-Wallis 多独立样本非参数检验，不同种类的头足类样品中甲醛含量存在显著差异，中国枪乌贼中甲醛含量最高，章鱼中的甲醛含量最低。

⑤ 虾类样品中甲醛含量范围为 0.25～82.65mg/kg，平均值为 2.50mg/kg，中位值为 0.72mg/kg；蟹类样品中甲醛含量范围为 0.25～79.15mg/kg，平均值为 4.69mg/kg，中位值为 0.93mg/kg。经 Mann-Whitney U 检验，虾类和蟹类样品中甲醛含量不存在显著差异（$p > 0.05$）。经 Kruskal-Wallis 多独立样本非参数检验，不同种类的虾类中甲醛含量存在显著差异（$p < 0.05$），其中口虾蛄中甲醛含量最高；不同种类蟹类中甲醛含量存在显著差异（$p < 0.05$），其中梭子蟹中甲醛含量最高。

⑥ 水产干制品样品中甲醛含量范围为 0.25～391.32mg/kg，平均值为 36.78mg/kg，中位值为 17.96mg/kg，水产加工类样品中甲醛含量总体水平较高。经 Kruskal-Wallis 多独立样本非参数检验，不同种类干制水产品甲醛含量存在显著差异（$p < 0.05$），其中调味鱿鱼丝中甲醛含量最高。

⑦ 此次监测调查的 1696 个水产样品的甲醛含量范围为 0.25～391.32mg/kg，平均值为 12.96mg/kg，中位值为 1.06mg/kg，中位值远低于平均值，表明我国水产品中甲醛含量总体上处于低端水平。Kruskal-Wallis 多独立样本非参数检验的结果表明不同种类水产品中甲醛含量存在显著差异（$p < 0.05$），按甲醛含量的平均值由高到低排序分别为：水产干制品样品、头足类样品、海水鱼类样品、甲壳类样品、贝类样品及淡水鱼类样品。

7.3 水产品中甲醛的暴露评估

基于调查监测所得到的水产品中甲醛的本底含量数据，借助美国环境保护署（EPA）

的化学危害物暴露评估模型，探索应用基于 Monte Carlo 模拟技术的@Risk5.5 软件开展我国居民通过食用水产品途径的甲醛膳食暴露评估及健康风险评价，完成水产品中甲醛风险评估的关键和核心步骤，研究结果对于量化水产品中甲醛对人体健康的影响将具有重要意义。

7.3.1 暴露评估方法

7.3.1.1 数据和资料来源

本研究应用@Risk 软件对甲醛含量的分布情况进行分布拟合。鲜活水产品和干制水产品的膳食消费量数据和我国居民平均体重数据参照 GEMS/Food 最新发布的数据。不同年龄和地区组群的鲜活水产品食用量和体重数据参照 2002 年全国营养调查的数据。其他相关暴露参数参照美国环境保护署（EPA）风险分析手册中相关数据。

7.3.1.2 水产品中甲醛暴露模型

参照美国环境保护署（EPA）化学污染物健康风险的暴露评估模型，采用日暴露量（CDI）对水产品食用的安全性及其中的内源性甲醛对不同人群的健康风险进行初步评估。本研究仅以水产品作为单一的甲醛膳食暴露途径，暴露量的表征公式如下：

$$CDI = \frac{C \times IR \times ED \times EF}{BW \times AT} \tag{7-1}$$

式中 CDI——日暴露量，mg/(kg·d)；

     C——化学物质暴露浓度，mg/kg；

     IR——日均摄入量，kg/d；

    ED——暴露持续时间，年；

    EF——暴露频率，天/年；

   BW——体重，kg；

   AT——拉平时间，天。

7.3.1.3 暴露评估软件

应用基于 Monte Carlo 模拟技术的@Risk5.5 概率评估专用软件，开展食用水产品途径的甲醛膳食暴露量评估。评估中使用的各种参数对应的概率分布采用@Risk5.5 提供的标准分布函数来表示。

7.3.2 食用鲜活水产品途径的甲醛暴露评估

7.3.2.1 暴露评估模型和参数的确定

(1) 鲜活水产品中甲醛含量分布拟合

运用@Risk 软件将水产品中甲醛含量的监测值与不同参数化分布进行分布拟合，函数曲线的拟合度运用 Chi-Squared、Andrson-Darling 和 Kolmogorov-Smirnov 3 种统计检验方法进行检验，并综合考虑 3 种方法的结果，最终确定最佳拟合分布。如图 7-19 和图 7-20 所示为我国鲜活水产样品中甲醛检测数据的分布拟合结果。

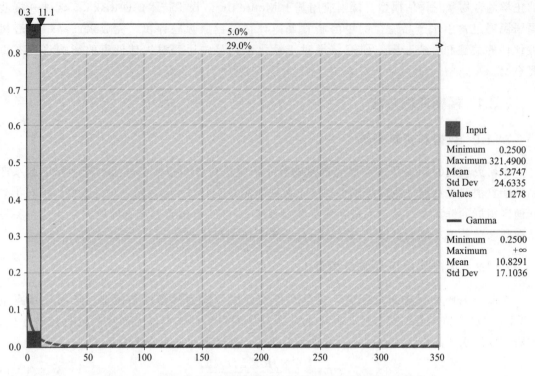

图 7-19　鲜活水产品中甲醛含量数据分布拟合的概率密度曲线

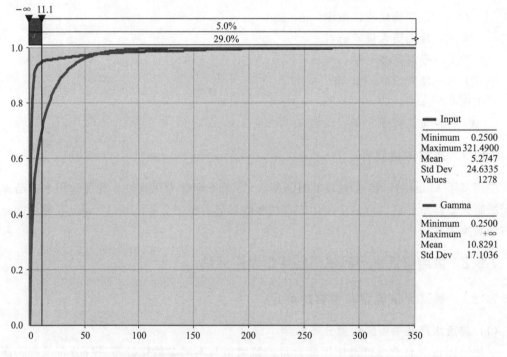

图 7-20　鲜活水产品中甲醛含量数据分布拟合的累积分布曲线

分布拟合的结果表明，鲜活水产品中甲醛含量监测数据比较符合 Gamma 分布，记为 RiskGamma ［0.38258，27.652，RiskShift（0.25000）］。中位值（median）为 3.8894mg/kg，

平均值（mean）为 10.8293mg/kg，众数（mode）为 0.25mg/kg，标准差（Std. Deviation）为 17.1038，峰度（Kurtosis）为 8.6828，偏斜度（Skewness）为 3.2335。

（2）相关暴露参数

① 水产品的膳食摄入量数据（IR）（膳食数据）来源　根据 GEMS/food 发布的数据，我国所在地区（G 区：东南亚地区）淡水鱼类、海水鱼类、贝类、头足类和甲壳类的平均摄入量分别为 17.0g/标准人日、9.4g/标准人日、7.5g/标准人日、7.5g/标准人日和 3.6g/标准人日，合计鲜活水产品的摄入量为 45.0g/标准人日，基于以上数据用以估计我国居民食用鲜活水产品途径的甲醛暴露量。

② 体重（BW）　根据 GEMS/food 最新发布的数据，我国标准人群人均体重按 55kg 计。

③ 暴露持续时间（ED）　参照美国环境保护署（EPA）风险分析手册中相关数据，终生暴露持续时间为 70 年。

④ 拉平时间（AT）　　$AT = ED \times 365$ 天/年 $= 25550$ 天。

⑤ 暴露频率（EF）　参照美国环境保护署（EPA）风险分析手册中相关数据，暴露频率取为常数，即 350 天/年。

⑥ 甲醛的日均安全暴露水平　采用美国环境保护署（EPA）建议的甲醛推荐口服剂量（RfD）为 0.2mg/（kg 体重·d）。

综上所述，基于 Monte Carlo 的我国标准人日食用水产品途径甲醛暴露量的计算参数见表 7-13。

表 7-13　我国标准人日食用水产品途径甲醛暴露量的计算

计算参数	描述	单位	分布/数值
RfD	甲醛参考剂量	mg/（kg 体重·d）	0.2
C	水产品中甲醛含量	mg/kg	RiskGamma[0.38258, 27.652, RiskShift(0.25000)]
IR	水产品每日摄入量	kg/d	0.045
BW	评估人群的平均体重	kg	55
ED	暴露持续时间	年	70
AT	拉平时间	天	25550
EF	暴露频率	天/年	350
CDI	食用水产品甲醛日均暴露量	mg/（kg·d）	$CDI = \dfrac{C \times IR \times ED \times EF}{BW \times AT}$

7.3.2.2　基于 Monte Carlo 方法的我国标准居民食用鲜活水产品途径的甲醛日均暴露量计算

采用表 7-13 中的暴露参数和相关暴露模型，利用基于 Monte Carlo 模拟技术的 @Risk5.5 风险分析软件，随机从鲜活水产品中甲醛的含量分布中抽取数值计算我国标准人日食用鲜活水产品途径的甲醛膳食暴露量概率分布，每次模拟过程循环 10000 次，暴露结果如图 7-21 所示。

从暴露评估的结果来看，我国标准人通过食用鲜活水产品途径的甲醛日暴露量的平均值为 8.58E−3mg/（kg·d），中位数为 3.08E−3mg/（kg·d），第 95 百分位数的甲醛暴露量为 3.52E−2mg/（kg·d），第 97.5 百分位数的甲醛暴露量为 4.70E−2mg/（kg·d）。不同百分位数概率下的暴露量如表7-14所示。

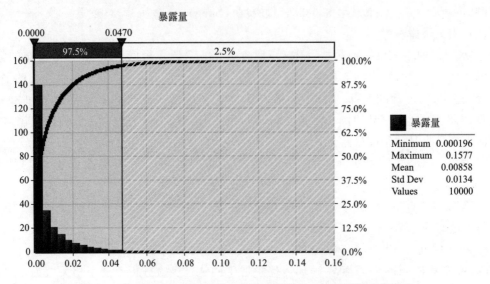

图 7-21　我国标准人食用鲜活水产品途径甲醛日均暴露量概率分布

表 7-14　标准人日食用鲜活水产品途径甲醛暴露量百分位数值

百分位数	甲醛暴露量/[mg/(kg・d)]	百分位数	甲醛暴露量/[mg/(kg・d)]
5	2.03E−4	60	7.24E−3
10	2.33E−4	65	6.55E−3
15	3.05E−4	70	8.25E−3
20	4.27E−4	75	1.04E−2
25	6.01E−4	80	1.34E−2
30	8.72E−4	85	1.77E−2
35	1.23E−3	90	2.39E−2
40	1.72E−3	95	3.52E−2
45	2.37E−3	97.5	4.70E−2
50	3.08E−3	100	1.58E−1
55	4.02E−3		

7.3.2.3　不同地区人群鲜活水产品摄入途径甲醛日暴露量的比较

采用 2002 年"中国居民营养与健康状况调查"中城乡不同地区人群的水产品膳食资料和体重资料（如表 7-15），其他暴露参数参考表 7-13，利用基于 Monte Carlo 模拟技术的@Risk5.5 风险分析软件，随机从鲜活水产品中甲醛的含量概率分布中抽取数值计算我国不同地区人群日摄入鲜活水产品途径的甲醛膳食暴露量概率分布，每次模拟过程循环 10000 次，获得我国普通人群食用鲜活水产品途径的甲醛膳食暴露的地区差异（见表 7-15）。

由表 7-15 可知，不同地区高暴露人群（第 97.5 百分位数）通过食用水产品的甲醛日暴露量均低于 EPA 制定的甲醛参考剂量 0.2mg/(kg・d)，第 97.5 百分位数的日暴露量仅占甲醛参考剂量的 2.8%～27.4%，因而我国城乡普通居民通过食用鲜活水产品途径的甲醛暴露水平较低。

表 7-15　我国普通人群食用鲜活水产品途径的甲醛日均暴露量

项　目		城市小计	大城市	小城市	农村小计	一类农村	二类农村	三类农村	四类农村
水产品平均摄入量/(g/d)		44.9	62.3	38	23.7	58.9	18.1	6.1	8.7
平均体重/kg		61.14	62.73	60.48	57.31	58.70	57.00	59.63	54.73
暴露量 /[mg/(kd·d)]	平均值	7.30E−3	9.88E−3	6.25E−3	4.11E−3	9.98E−3	3.16E−3	1.02E−3	1.58E−3
	P50	2.56E−3	3.46E−3	2.19E−3	1.44E−3	3.50E−3	1.11E−3	3.56E−4	5.54E−4
	P95	3.04E−2	4.12E−2	2.60E−2	1.71E−2	4.16E−2	1.32E−2	4.24E−3	6.59E−3
	P97.5	4.00E−2	5.48E−2	3.48E−2	2.26E−2	5.48E−2	1.76E−2	5.65E−3	8.65E−3

注：P50 为第 50 百分位数，即把变量值按大小顺序排列，居于全部变量个数的百分之五十位置的数值。P95、P97.5 同理。

研究发现，城市居民的日暴露量均值和各百分位数均高于农村居民的日暴露量，食用鲜活水产品途径城市人群面临摄入甲醛的健康风险高于农村人群，这主要是由于城市人群水产品的平均摄入量（44.9g/d）要高于农村人群水产品的平均摄入量（23.7g/d），前者约是后者的 1.89 倍。另外，一类农村的暴露水平与大城市地区的暴露水平相当，原因可能是一类农村人群的水产品平均摄入量（58.9g/d）与大城市人群水产品的平均摄入量（62.3g/d）差距较小，这是由于 2002 年全国营养调查中一类农村的采样点主要集中在沿海发达地区，故而其水产品膳食水平较高。因而，食用水产品途径的甲醛暴露水平与地区的经济发展程度有着一定的关联性。

7.3.2.4　不同性别、年龄、地区人群鲜活水产品摄入途径甲醛日暴露量的比较

由于不同年龄人群的生理和行为参数差别较大，本次评估参照了 2002 年"中国居民营养与健康状况调查"中的人群分组模式，将人群按照年龄划分为 10 个亚群。不同年龄及性别人群的体重调查数据来自于 2002 年全国营养调查并作加权处理，表 7-16 中列出了各组人群的平均体重和水产品日均摄入量信息，其他暴露参数仍参考表 7-13，运用上述计算方法应用 MonteCarlo 模拟技术获得各组人群食用鲜活水产品途径甲醛的日均暴露量和不同概率下的日暴露量（见表 7-17）。

表 7-16　评估人群的年龄-地区-性别分组及体重信息

年龄	地区	男性		女性	
		平均体重/kg	水产品摄入量 /[g/(人·日)]	平均体重/kg	水产品摄入量 /[g/(人·日)]
2～3 岁	全国	14.06	16.3	13.48	16.3
	城市	15.58	23	14.95	24.1
	农村	13.52	14.2	12.86	13.8
4～6 岁	全国	18.20	16.1	17.61	15.6
	城市	19.90	24	19.09	25.8
	农村	17.77	13.8	17.21	12.6
7～10 岁	全国	25.98	21.4	27.22	19.1
	城市	28.98	36.8	27.68	31.4
	农村	27.28	17.1	24.44	15.6
11～13 岁	全国	36.22	24.8	36.39	20.3
	城市	39.65	37.2	39.21	32.3
	农村	35.53	21.4	35.99	17

年龄	地区	男性		女性	
		平均体重/kg	水产品摄入量 /[g/(人·日)]	平均体重/kg	水产品摄入量 /[g/(人·日)]
14～17 岁	全国	50.58	29.2	47.81	24.8
	城市	54.63	43.9	50.27	39
	农村	49.13	23.8	46.84	19
18～29 岁	全国	62.52	32.7	52.85	29.2
	城市	65.00	44.5	53.45	39.6
	农村	61.30	27.2	52.59	24.3
30～44 岁	全国	64.42	34.4	55.73	28
	城市	67.70	46.1	57.37	38.3
	农村	63.07	29.4	55.09	23.8
45～59 岁	全国	62.71	33.7	56.59	28.6
	城市	67.28	48.3	59.91	40.6
	农村	61.01	28.2	55.34	24
60～69 岁	全国	60.48	29.7	53.51	25.7
	城市	66.59	42.1	58.97	36.4
	农村	58.17	25	51.39	21.5
70 岁以上	全国	57.33	24.5	49.80	20.8
	城市	62.97	39.4	54.02	33.9
	农村	55.28	19.1	48.32	16.3

表 7-17　不同年龄-地区-性别人群食用鲜活水产品途径甲醛日均暴露量　mg/(kg·d)

年龄	地区	男性				女性			
		平均值	P50	P95	P97.5	平均值	P50	P95	P97.5
2～3 岁	全国	1.19E−2	4.36E−3	4.97E−2	6.54E−2	1.25E−2	4.55E−3	7.28E−2	6.82E−2
	城市	1.52E−2	5.55E−3	6.33E−2	8.33E−2	1.66E−2	6.06E−3	6.91E−2	9.10E−2
	农村	1.08E−2	3.95E−3	4.50E−2	5.93E−2	1.11E−2	4.04E−3	4.60E−2	6.06E−2
4～6 岁	全国	9.11E−3	3.33E−3	3.79E−2	4.99E−2	9.12E−3	3.33E−3	3.80E−2	5.00E−2
	城市	1.24E−2	4.54E−3	7.27E−2	6.81E−2	1.39E−2	5.08E−3	5.79E−2	7.63E−2
	农村	8.00E−3	2.92E−3	3.33E−2	4.38E−2	7.54E−3	2.75E−3	3.14E−2	4.13E−2
7～10 岁	全国	8.48E−3	3.10E−3	3.53E−2	4.65E−2	7.83E−3	2.86E−3	3.26E−2	4.29E−2
	城市	1.31E−2	4.78E−3	5.44E−2	7.17E−2	1.17E−2	4.27E−3	4.86E−2	6.40E−2
	农村	6.99E−3	2.55E−3	2.91E−2	3.83E−2	6.57E−3	2.40E−3	2.74E−2	3.60E−2
11～13 岁	全国	7.05E−3	2.58E−3	2.93E−2	3.86E−2	5.75E−3	2.10E−3	2.39E−2	3.15E−2
	城市	9.66E−3	3.53E−3	4.02E−2	5.29E−2	8.48E−3	3.10E−3	3.53E−2	4.65E−2
	农村	6.20E−3	2.27E−3	2.58E−2	3.40E−2	4.86E−3	1.78E−3	2.02E−2	2.67E−2
14～17 岁	全国	5.95E−3	2.17E−3	2.47E−2	3.26E−2	5.34E−3	1.95E−3	2.22E−2	2.93E−2
	城市	8.28E−3	3.02E−3	3.44E−2	4.53E−2	7.99E−3	2.92E−3	3.33E−2	4.38E−2
	农村	4.99E−3	1.82E−3	2.08E−2	2.73E−2	4.18E−3	1.53E−3	1.74E−2	2.29E−2
18～29 岁	全国	5.39E−3	1.97E−3	2.24E−2	2.95E−2	5.69E−3	2.08E−3	2.37E−2	3.12E−2
	城市	7.05E−3	2.58E−3	2.93E−2	3.86E−2	7.63E−3	2.79E−3	3.18E−2	4.18E−2
	农村	4.57E−3	1.67E−3	1.90E−2	2.50E−2	4.76E−3	1.74E−3	1.98E−2	2.61E−2
30～44 岁	全国	5.50E−3	2.01E−3	2.29E−2	3.01E−2	7.27E−3	1.89E−3	2.15E−2	2.84E−2
	城市	7.01E−3	2.56E−3	2.92E−2	3.84E−2	6.88E−3	2.51E−3	2.86E−2	3.77E−2
	农村	4.80E−3	1.75E−3	2.00E−2	2.63E−2	4.45E−3	1.63E−3	1.85E−2	2.44E−2
45～59 岁	全国	5.53E−3	2.02E−3	2.30E−2	3.03E−2	5.21E−3	1.90E−3	2.17E−2	2.85E−2
	城市	7.39E−3	2.70E−3	3.08E−2	4.05E−2	6.98E−3	2.55E−3	2.90E−2	3.82E−2
	农村	4.76E−3	1.74E−3	1.98E−2	2.61E−2	4.47E−3	1.63E−3	1.86E−2	2.45E−2

年龄	地区	男性				女性			
		平均值	P50	P95	P97.5	平均值	P50	P95	P97.5
60~69 岁	全国	5.06E−3	1.85E−3	2.10E−2	2.77E−2	4.95E−3	1.81E−3	2.06E−2	2.71E−2
	城市	6.51E−3	2.38E−3	2.71E−2	3.57E−2	6.36E−3	2.32E−3	2.65E−2	3.48E−2
	农村	4.43E−3	1.62E−3	1.84E−2	2.43E−2	4.31E−3	1.57E−3	1.79E−2	2.36E−2
70 岁以上	全国	4.40E−3	1.61E−3	1.83E−2	2.41E−2	4.30E−3	1.57E−3	1.79E−2	2.36E−2
	城市	6.44E−3	2.35E−3	2.68E−2	3.53E−2	6.46E−3	2.36E−3	2.69E−2	3.54E−2
	农村	3.56E−3	1.30E−3	1.48E−2	1.95E−2	3.47E−3	1.27E−3	1.45E−2	1.90E−2

对不同人群食用鲜活水产品途径的甲醛暴露评估表明（见表 7-17），食用鲜活水产品途径的甲醛暴露水平随年龄的增长有下降的趋势，比较不同组群的平均日暴露量、P50、P95和 P97.5 的日暴露量，幼儿（2~3 岁）和儿童（4~6 岁、7~10 岁、11~13 岁）的暴露水平均要高于其他人群的暴露水平，尤其是 2~3 岁的幼儿其日暴露量的平均值较成人日暴露量平均值约高一个数量级，而幼儿和儿童的暴露水平较为接近，这主要是由不同年龄段人群的体重和水产品的摄取量差异所造成的。因而考虑幼儿和儿童具有重大意义。

根据幼儿和儿童组群食用鲜活水产品途径的甲醛暴露评估结果，得到暴露量箱形图（图 7-22~图 7-24）。从图 7-22 和图 7-23 可以看出，城市幼儿和儿童各百分位数的暴露量均高于农村幼儿和儿童各百分位数的暴露量，因而城市幼儿和儿童通过食用鲜活水产品途径的甲醛暴露水平要高于农村幼儿和儿童的暴露水平。

由表 7-17 和图 7-22 可知，全国 2~3 岁和 4~6 岁群组的女孩各百分位数日暴露量分别高于 2~3 岁和 4~6 岁群组男孩各百分位数的日暴露量，全国 7~10 岁和 11~13 岁群组的男孩各百分位数日暴露量分别高于 7~10 岁和 11~13 岁群组女孩各百分位数的暴露量。如

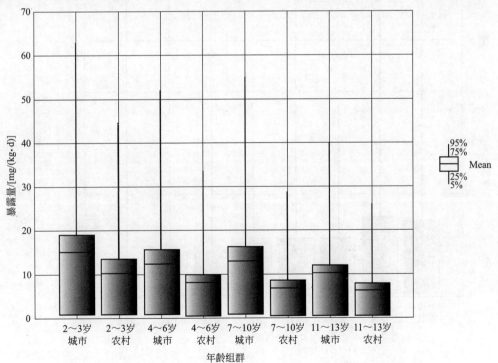

图 7-22　2~13 岁男性城市居民和农村居民摄食鲜活水产品途径甲醛日均暴露量比较

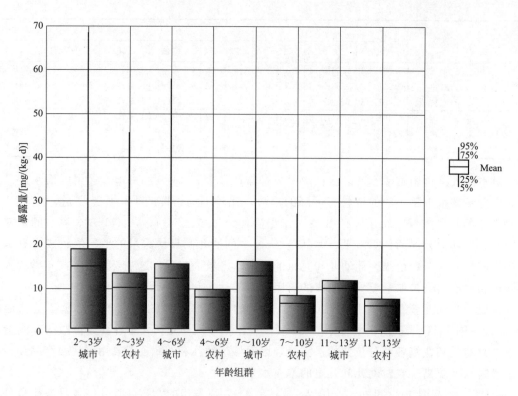

图 7-23　2～13 岁女性城市居民和农村居民摄食鲜活水产品途径甲醛日均暴露量比较

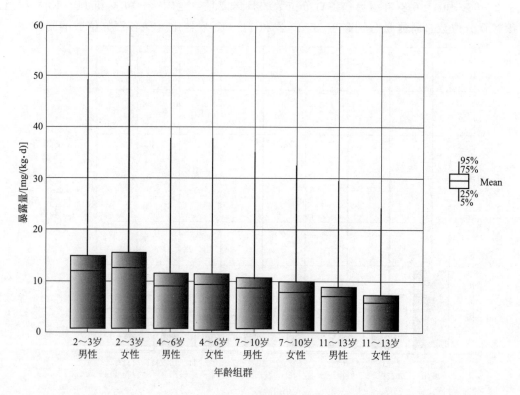

图 7-24　全国 2～13 岁居民不同年龄组摄食鲜活水产品途径甲醛日均暴露量比较

食品安全风险评估

表 7-16 所示，全国 2～13 岁年龄阶段的四个群组，男孩的水产品的摄入量均高于女孩水产品的摄入量，然而，7 岁前，男孩的体重高于女孩的体重，此时暴露水平主要受体重的影响，因而女孩的暴露水平要高于男孩；而 7 岁之后，男孩与女孩的体重较为接近，11～13 岁群组女孩的体重甚至高于该群组男孩的体重，此时暴露水平主要受水产品摄入量的影响，因而男孩的暴露水平高于女孩。

7.3.3 食用水产加工品途径的甲醛暴露评估

此次监测的水产加工品主要以干制水产品为主，包括鱿鱼丝、鱼干、鱼片、贝类干制品、干制虾制品等种类。

运用@Risk 软件将干制水产品中甲醛含量的监测值与不同参数化分布进行分布拟合，函数曲线的拟合度运用 Chi-Squared、Andrson-Darling 和 Kolmogorov-Smirnov 3 种统计检验方法进行检验，并综合考虑 3 种方法的结果，最终确定最佳拟合分布。如图 7-25 和图 7-26 所示为我国干制水产样品中甲醛检测数据的分布拟合结果。

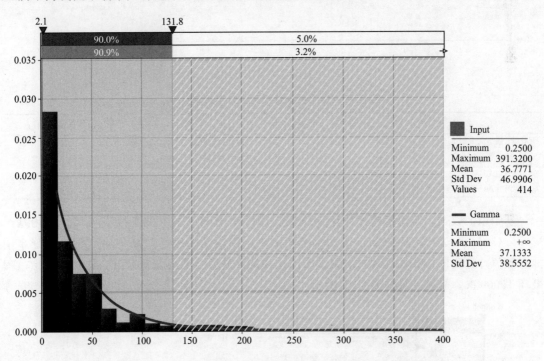

图 7-25　干制水产品中甲醛含量数据分布拟合的概率密度曲线

分布拟合的结果表明，干制水产品中甲醛含量监测数据比较符合 Gamma 分布，记为 RiskGamma［0.91515，40.303，RiskShift(0.25000)］。中位值(median)为 17.9550mg/kg，平均值（mean）为 36.7771mg/kg，标准差（Std. Deviation）为 46.9906，峰度（Kurtosis）为 16.3895，偏斜度（Skewness）为 3.0533。

干制水产品的膳食摄入量数据，参考 GEMS/food 发布的数据中我国所在地区（G 区：东南亚地区），以此次调查过程中所涉及的干制水产品在 GEMS/food 中的归属类别每日摄入量之和作为干制水产品的膳食摄入量，以进行相关的暴露评估。如表 7-18 所示，我国居民干制水产品的每日膳食摄入量的平均值为 2.5g。

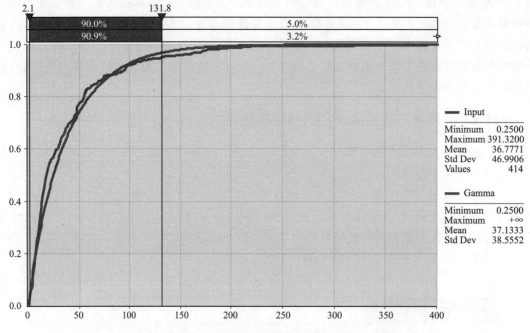

图 7-26　干制水产品中甲醛含量数据分布拟合的累积分布曲线

表 7-18　干制水产品摄入量估算

名称	每日摄入量/g	名称	每日摄入量/g
甲壳类(腌渍、干制)	0.0	远洋:海水鱼(腌制、干制)	0.9
贝类(腌渍、干制)	0.0	其他:海水鱼(腌制、干制)	1.4
头足纲(腌制、干制)	0.0	干制鱼类	0.1
底栖:海水鱼(腌制、干制)	0.1	合计	2.5

　　基于以上数据,其他暴露参数仍参照表 7-13 中的暴露参数和相关暴露模型,利用基于 Monte Carlo 模拟技术的@Risk5.5 风险分析软件,随机从干制水产品中甲醛的含量分布中抽取数值计算我国标准人日食用干制水产品途径的甲醛膳食暴露量概率分布,每次模拟过程循环 10000 次,暴露结果如图 7-27 所示。

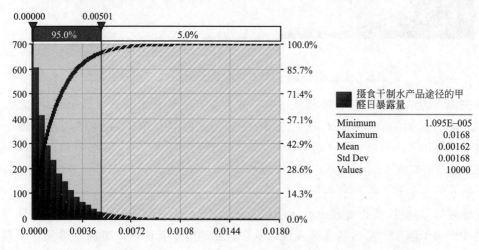

图 7-27　我国标准人食用干制水产品途径的甲醛日均暴露量概率分布

从暴露评估的结果来看，我国标准人通过食用干制水产品途径甲醛的日暴露量的平均值为 $1.62E-3mg/(kg \cdot d)$，中位数为 $1.08E-3mg/(kg \cdot d)$，第 95 百分位数、第 97.5 百分位数甲醛暴露量分别为 $5.01E-3mg/(kg \cdot d)$、$6.27E-3mg/(kg \cdot d)$。不同百分位数概率下的日均暴露量在表 7-19 中列出。

表 7-19　标准人日食用干制水产品途径甲醛暴露量百分位数值

百分位数	甲醛暴露量/[mg/(kg·d)]	百分位数	甲醛暴露量/[mg/(kg·d)]
5	7.85E-5	60	1.47E-3
10	1.51E-4	65	1.69E-3
15	2.30E-4	70	1.96E-3
20	3.20E-4	75	2.28E-3
25	4.22E-4	80	2.64E-3
30	5.28E-4	85	3.11E-3
35	6.51E-4	90	3.79E-3
40	7.77E-4	95	5.01E-3
45	9.17E-4	97.5	6.27E-3
50	1.08E-3	100	1.68E-2
55	1.27E-3		

7.3.4　小结

利用基于 Monte Carlo 模拟技术的@Risk5.5 风险分析软件，开展我国居民通过食用水产品途径的甲醛膳食暴露评估，得到以下结论。

① 我国标准人通过摄入鲜活水产品途径甲醛的日暴露量的平均值与中位数分别为 $8.49E-3mg/(kg \cdot d)$ 和 $3.08E-3mg/(kg \cdot d)$，第 95 百分位数的甲醛暴露量为 $3.52E-2mg/(kg \cdot d)$，第 97.5 百分位数的甲醛暴露量为 $4.70E-2mg/(kg \cdot d)$。

② 我国城乡普通居民通过食用鲜活水产品途径的甲醛暴露水平均低于 EPA 制定的甲醛参考剂量 $0.2mg/(kg \cdot d)$，暴露水平较低，但食用鲜活水产品途径城市人群面临摄入甲醛的健康风险高于农村人群。

③ 对不同人群食用鲜活水产品途径的甲醛暴露评估表明，食用鲜活水产品途径的甲醛暴露水平随年龄的增长有下降的趋势，不同年龄群体的膳食暴露量存在差异，幼年消费者（2～13 岁）的暴露量均高于成年人。

④ 我国标准人通过摄入干制水产品途径甲醛的日均暴露量的平均值为 $1.62E-3mg/(kg \cdot d)$，中位数为 $1.08E-3mg/(kg \cdot d)$，第 95 百分位数的甲醛暴露量为 $5.01E-3mg/(kg \cdot d)$，第 97.5 百分位数甲醛暴露量为 $6.27E-3mg/(kg \cdot d)$。

7.4　水产品中甲醛的风险评估

7.4.1　风险评估方法

7.4.1.1　风险评估软件

应用基于 MonteCarlo 模拟技术的@Risk5.5 定量风险评估专用软件，且评估中使用的各种参数对应的概率分布采用@Risk5.5提供的标准分布函数来显示。

7.4.1.2 风险描述方法

应用风险商（hazard quotient，HQ）对水产品中甲醛进行风险描述，以甲醛推荐口服剂量（RfD）为标准进行评价，通过接触人群暴露量 CDI 和甲醛的 RfD 计算风险商 HQ，见公式(7-2)，以表征膳食水产品的甲醛风险大小。当 $HQ<1$ 时，表示没有风险；当 $HQ>1$ 时，表明有风险，且数值越大，风险也越大。

$$HQ = \frac{\sum CDI}{RfD} = \frac{(\sum_{i=1}^{2} C_i \times IR_i) \times ED \times EF}{BW \times AT \times RfD} \tag{7-2}$$

式中　$\sum CDI$——食用鲜活水产品途径和食用水产加工品（主要为干制水产品）途径带来的甲醛日暴露量之和，mg/(kg·d)；

C_1——鲜活水产品中甲醛暴露浓度，mg/kg；

C_2——干制水产品中甲醛暴露浓度，mg/kg；

IR_1——鲜活水产品的日均摄入量，kg/d；

IR_2——干制水产品的日均摄入量，kg/d；

ED——暴露持续时间，年；

EF——暴露频率，天/年；

BW——体重，kg；

AT——拉平时间，天；

RfD——甲醛推荐口服剂量，mg/(kg 体重·d)。

本次风险评估采用 USEPA 制定的甲醛参考剂量（RfD）即 0.2mg/(kg 体重·d)为标准，其在科学涵义上与每日允许摄入量（ADI）值是等同的，运用风险商理论与 Monte Carlo 模拟技术，分析食用鲜活水产品与水产加工品途径摄入甲醛对我国居民身体健康所造成的风险。

7.4.2　评估结果

7.4.2.1　危害识别

外界暴露的甲醛可以与接触部位的蛋白质和核酸发生分子交联。在许多细胞内分布广泛的酶的作用下，甲醛可以迅速氧化为甲酸，其中最重要的一个酶是依赖于 NAD^+ 的甲醛脱氢酶。在甲醛脱氢酶的作用下，甲醛可以与谷胱甘肽反应生成 S-羟甲基谷胱甘肽。而甲醛脱氢酶已被证明存在于人类肝脏、血红细胞和老鼠的一些组织（例如嗅觉上皮细胞、肾和脑）中。甲酸及其代谢物还可与氨基酸、蛋白质、核酸等形成不稳定的结合物，转移至肾、肝和造血组织。

(1) 动物试验

① 一次性暴露　经口给予的甲醛对大鼠（rattus）的 LD_{50} 为 800mg/kg 体重；对豚鼠的 LD_{50} 为 260mg/kg 体重。

② 短期及中期暴露　按每天 25mg/kg 的剂量经饮水途径将甲醛给予 Wistar 大鼠，历时

4周，在前胃未发现组织病理改变，此试验确定了可观察的无副作用剂量水平（NOAEL）为25mg/(kg·d)。另有一项试验，发现甲醛对大鼠和狗的无观察效果水平（NOEL）分别为50mg/(kg·d) 与 75mg/(kg·d)。

③ 长期暴露　每天从饮水途径给予雄性 Wistar 大鼠以 0、1.2mg/kg 体重、15mg/kg 体重、85mg/kg 体重的甲醛作用剂量，给予雌性 Wistar 大鼠以 0、1.8mg/kg 体重、21mg/kg体重、109mg/kg 体重的甲醛剂量水平，试验历时 2 年。研究发现，高剂量组的 Wistar 大鼠出现了饮水量、饮食量下降，体重下降，口腔和胃黏膜组织病变等不良反应。

(2) 危害识别结果

由于甲醛极易溶于水，能与生物大分子快速反应，且代谢迅速，暴露造成的不良反应主要体现在甲醛首先接触的组织或器官，通过吸入途径甲醛能够作用于呼吸道和消化道；通过食入途径甲醛能够作用于口腔和胃肠黏膜。因而，目前经口摄入途径的甲醛毒理学数据较为有限，仅有的试验也只是通过饮水途径给予一定的甲醛作用剂量，而对以食物为媒介的甲醛摄入毒理学试验还未见报道，且根据世界卫生组织等国际组织的研究报告食品中以结合态形式存在的甲醛的毒性尚不明确，但是经口摄入甲醛的健康危害不容忽视。

7.4.2.2　危害特征描述

根据美国环境保护署（USEPA）以大鼠为实验对象的甲醛经口染毒试验，经剂量-反应外推，得到甲醛的经口参考剂量（RfD）为 0.2mg/(kg 体重·d)。参考剂量（RfD）与每日允许摄入量（ADI）类似，是 USEPA 对非致癌物质进行风险评估提出的概念，是日平均摄入剂量的估计值。由于目前 FAO/WHO 并未对甲醛的 ADI 进行规定，因而此次风险评估应用 RfD 代替 ADI 作为甲醛的安全限量值。

7.4.2.3　暴露评估

暴露评估数据见 7.3。

7.4.2.4　食用水产品途径风险商的计算

采用表 7-20 中的暴露参数和风险商公式，利用基于 Monte Carlo 模拟技术的@Risk5.5 风险分析软件，随机从鲜活水产品和干制水产品的甲醛含量分布中抽取数值计算我国普通人群食用鲜活水产品及干制水产品途径的甲醛膳食风险概率分布，每次模拟过程循环 10000 次，风险评估结果如图 7-28 所示。

表 7-20　我国普通居民食用鲜活水产品及水产加工品途径摄入甲醛的风险商计算参数

计算参数	描述	单位	分布/数值
RfD	甲醛参考剂量	mg/(kg 体重·d)	0.2
C_1	鲜活水产品中甲醛含量	mg/kg	RiskGamma[0.38258,27.652,RiskShift(0.25000)]
C_2	干制水产品中甲醛含量	mg/kg	RiskGamma[0.91515,40.303,RiskShift(0.25000)]
IR_1	鲜活水产品每日摄入量	kg/d	0.045
IR_2	干制水产品每日摄入量	kg/d	0.0025
BW	评估人群的平均体重	kg	55
ED	暴露持续时间	年	70
AT	拉平时间	天	25550

计算参数	描述	单位	分布/数值
EF	暴露频率	天/年	350
HQ	风险商		$HQ = \dfrac{\sum CDI}{RfD} = \dfrac{(\sum\limits_{i=1}^{2} C_i \times IR_i) \times ED \times EF}{BW \times AT \times RfD}$

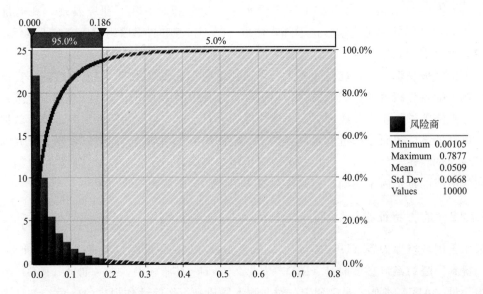

图 7-28　通过食用水产品及水产加工品途径摄入甲醛的风险商概率分布

　　如图 7-28 显示，我国居民通过食用鲜活水产品及干制水产品途径摄入甲醛的风险商平均值为 5.09E－2，高暴露水平下，即第 95 百分位数和第 97.5 百分位数的风险商分别为 1.86E－1 和 2.42E－1，均小于 1。且其他各百分位数风险商也均小于 1（如表 7-21 所示），说明我国普通居民仅通过食用鲜活水产品与水产干制品摄入甲醛对健康造成的风险较小或没有风险。

表 7-21　水产品中甲醛风险商百分位数

百分位数	风险商	百分位数	风险商
5%	3.32E－3	60%	3.63E－2
10%	5.27E－3	65%	4.34E－2
15%	6.99E－3	70%	5.23E－2
20%	8.80E－3	75%	6.39E－2
25%	1.10E－2	80%	7.73E－2
30%	1.33E－2	85%	9.68E－2
35%	1.60E－2	90%	1.27E－1
40%	1.87E－2	95%	1.86E－1
45%	2.19E－2	97.5%	2.42E－1
50%	2.59E－2	100%	7.88E－1
55%	3.09E－2		

7.4.2.5　食用鲜活水产品和干制水产品的甲醛摄入风险比较

参照表 7-20 中相关风险商计算参数，应用基于 Monte Carlo 模拟技术的@Risk5.5 风险分析软件，分别从鲜活水产品和干制水产品中甲醛含量分布中抽取数值比较我国普通人群食用鲜活水产品和干制水产品途径的甲醛膳食风险概率分布，每次模拟过程循环 10000 次，风险评估结果如图 7-29 和图 7-30 所示。

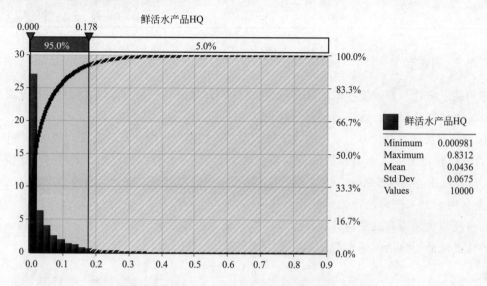

图 7-29　食用鲜活水产品途径摄入甲醛的风险商概率分布

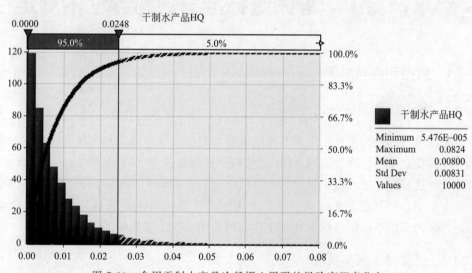

图 7-30　食用干制水产品途径摄入甲醛的风险商概率分布

　　由图 7-29 和图 7-30 可知，中国普通居民通过食用鲜活水产品途径、食用干制水产品途径摄入甲醛的风险商平均值分别为 0.0436 和 0.0080，风险商大于 1 的概率均为零。且食用干制水产品途径的甲醛膳食风险商的平均值和各百分位数均比食用鲜活水产品途径的甲醛膳食风险商的平均值和各百分位数略低 1 个数量级（见表 7-22），因而通过食用干制水产品的甲醛摄入风险要远低于食用鲜活水产品的甲醛摄入风险。根据 GEMS/food 发布的数据，我国所在地区的普通居民鲜活水产品的日均摄入量为 45g，而干制水产品的日均摄入量仅为 2.5g，因此，虽然两者中某些样品的甲醛含量相近，但是日均膳食水平的差异决定了食用鲜活水产品途径带来的甲醛膳食暴露成为主要的风险途径。

表 7-22　食用鲜活水产品和干制水产品的甲醛摄入途径风险比较

HQ	最小值	最大值	平均值	标准差	P50	P95	P97.5
鲜活水产品	9.81E−4	8.31E−1	4.36E−2	6.75E−2	1.60E−2	1.78E−1	2.36E−1
干制水产品	5.48E−5	8.24E−2	8.00E−3	8.31E−3	5.31E−3	2.48E−2	3.05E−2

7.4.3　小结

应用基于蒙特卡罗模拟技术的@Risk定量风险评估软件开展了以水产品为来源的甲醛定量风险评估初步研究，初步得到以下结论。

① 我国居民通过食用鲜活水产品及干制水产品途径摄入甲醛的风险商平均值为5.09E−2，第95百分位数和第97.5百分位数的风险商分别为1.86E−1和2.42E−1，均小于1，说明我国普通居民仅通过食用鲜活水产品与水产干制品摄入甲醛对健康造成的风险较小或没有风险。

② 食用干制水产品途径的甲醛膳食风险商的平均值和各百分位数均比食用鲜活水产品途径的甲醛膳食风险商的平均值和各百分位数略低1个数量级，通过食用干制水产品的甲醛摄入风险要远低于食用鲜活水产品的甲醛摄入风险。

7.5　水产品中甲醛限量标准与风险评估不确定性

7.5.1　数据和资料来源

7.5.1.1　风险评估假设

人体暴露甲醛的途径多样，主要有呼吸暴露途径、皮肤暴露途径和饮食暴露途径等。本次评估采用的安全参照标准为美国EPA制定的经口参考剂量（RfD）0.2mg/（kg体重·d），因而只考虑膳食暴露途径。由于生物在新陈代谢过程中都会生成少量内源性甲醛，其自然存在于多种食物中，包括蔬菜、水果、肉类及肉制品、软饮料、发酵制品、干菌类和水产品等。因而，水产品中甲醛限量标准的制定还需综合考虑其他食品中的甲醛本底含量。

7.5.1.2　暴露评估数据来源

水产品中甲醛含量参照此次本底含量监测的数据，其他食物中甲醛本底含量的数据参考WHO等国际组织发布的数据、我国相关限量标准以及相关文献中的有关报道，食物消费量数据参照GEMS/Food中我国所在G区的膳食消费数据。

7.5.2　鲜活水产品中甲醛限量标准的制定

7.5.2.1　风险评估模型参数设定

（1）水产品中甲醛含量分布和消费量

水产品中甲醛含量分布和消费量参考7.2.3、7.3中的相关数据。

(2) 其他食物中甲醛含量分布和膳食消费量数据

除了干制水产品中甲醛本底含量数据来源于此次调查监测，水果、蔬菜、肉类及肉制品、奶及奶制品、饮料及酒精饮品、饮用水中甲醛本底含量数据参考世界卫生组织及其下属的国际癌症研究局（IARC）和香港食物安全中心公布的数据，膳食消费量数据来源于GEMS/Food中我国所在区域膳食营养调查数据，如表 7-23 所示。

表 7-23　其他食物中甲醛本底含量和膳食消费数据

	食品种类	GEMS/Food 消费数据/(g/d)	甲醛含量/(mg/kg)	数据来源
水果	梨	6.4	60[①](38.7[②])	WHO,1989
	苹果	14.4	17.3[①](22.3[②])	WHO,1989
	杏	0.2	9.5	香港卫生署
	香蕉	21.4	16.3	香港卫生署
	葡萄	2.6	22.4	香港卫生署
	李子	3.3	11.2	香港卫生署
	西瓜	39.3	9.2	香港卫生署
蔬菜	甜菜头	7.0	35	香港卫生署
	鳞茎类蔬菜（例如洋葱）	16.8	11.0	香港卫生署
	椰菜花	9.6	26.9	香港卫生署
	黄瓜	7.9	2.3～3.7	香港卫生署
	葱	0.6	13.3[①](26.3[②])	香港卫生署
	马铃薯	52.7	19.5	香港卫生署
	菠菜	9.4	3.3[①](7.3[②])	WHO,1989
	西红柿	22.8	5.7[①](7.3[②])	WHO,1989
	白萝卜	7.0	3.7[①](4.4[②])	WHO,1989
	胡萝卜	5.4	6.7[①](10[②])	WHO,1989
	卷心菜	23.6	4.7[①](5.3[②])	WHO,1989
肉类及肉制品	猪肉	40.1	20	WHO,1989
	羊肉	3.8g	8	WHO,1989
	家禽	17.6	5.7	WHO,1989
奶及奶制品	羊奶	6.1	1	WHO,1989
	牛奶	41.9	<3.3	WHO,1989
	芝士	0.2	<3.3	WHO,1989
饮料及酒精饮品	酒精饮品	23.0g	0.02～3.8mg/L	WHO,2002
	罐装或瓶装啤酒		0.1～1.5	WHO,2002
	啤酒		0.1～0.9	唐,2009
	发酵酒限量		2.0mg/L	《发酵酒卫生标准》 GB 2758—2005
其他	饮用水	2～3L	0.1mg/L	WHO,1989
	干制水产品限量	2.5g	RiskGamma(0.91515,40.303)	前述 7.2.3

① 铬酸法。② 席夫试剂法。

由于目前各种食物中甲醛本底含量缺乏系统性的调查研究，相关数据较为有限，且检测方法多样，因而，对于不同检测方法所测数值，假定该类食物中甲醛本底含量取所测数据较高检测方法所得到的本底含量，以便作保守估计。另外对于表 7-23 中相关范围的数据，假设其服从均匀分布（Uniform），即在该区间内的任何值都有相同可能性出现。另外，对于甲醛限量标准的制定不仅要考虑普通居民，还需考虑高暴露人群，对于高暴露人群的鲜活水产品日均膳食消费量参考 Q. T. Jiang 和梁鹏等人的膳食调查结果，估计我国高膳食水产品人群日均消费量为 200g，与美国 EPA 相关报道的美国高膳食水平 275g 相比略低，较为符合我国的实际消费水平。其他相关暴露参数如表 7-24 所示。

表 7-24　基于 Monte Carlo 的甲醛风险商的计算

计算参数	描述	单位	分布/数值
RfD	甲醛参考剂量	mg/(kg 体重・d)	0.2
C_1	梨中甲醛含量	mg/kg	60
IR_1	梨每日摄入量	kg/d	0.0064
C_2	苹果中甲醛含量	mg/kg	22.3
IR_2	苹果每日摄入量	kg/d	0.0144
C_3	杏中甲醛含量	mg/kg	9.5
IR_3	杏每日摄入量	kg/d	0.0002
C_4	香蕉中甲醛含量	mg/kg	16.3
IR_4	香蕉每日摄入量	kg/d	0.0214
C_5	葡萄中甲醛含量	mg/kg	22.4
IR_5	葡萄每日摄入量	kg/d	0.0026
C_6	李子中甲醛含量	mg/kg	11.2
IR_6	李子每日摄入量	kg/d	0.0033
C_7	西瓜中甲醛含量	mg/kg	9.2
IR_7	西瓜每日摄入量	kg/d	0.0393
C_8	甜菜头中甲醛含量	mg/kg	35
IR_8	甜菜头每日摄入量	kg/d	0.007
C_9	洋葱中甲醛含量	mg/kg	11
IR_9	洋葱每日摄入量	kg/d	0.0168
C_{10}	椰菜花中甲醛含量	mg/kg	26.9
IR_{10}	椰菜花每日摄入量	kg/d	0.0096
C_{11}	黄瓜中甲醛含量	mg/kg	RiskUniform(2.3,3.7)
IR_{11}	黄瓜每日摄入量	kg/d	0.0079
C_{12}	葱中甲醛含量	mg/kg	26.3
IR_{12}	葱每日摄入量	kg/d	0.0006
C_{13}	马铃薯中甲醛含量	mg/kg	19.5
IR_{13}	马铃薯每日摄入量	kg/d	0.0527
C_{14}	菠菜中甲醛含量	mg/kg	7.3
IR_{14}	菠菜每日摄入量	kg/d	0.0094
C_{15}	西红柿中甲醛含量	mg/kg	7.3
IR_{15}	西红柿每日摄入量	kg/d	0.0228
C_{16}	白萝卜中甲醛含量	mg/kg	4.4
IR_{16}	白萝卜每日摄入量	kg/d	0.0007
C_{17}	胡萝卜中甲醛含量	mg/kg	10
IR_{17}	胡萝卜每日摄入量	kg/d	0.0054
C_{18}	卷心菜中甲醛含量	mg/kg	5.3
IR_{18}	卷心菜每日摄入量	kg/d	0.0236
C_{19}	猪肉中甲醛含量	mg/kg	20
IR_{19}	猪肉每日摄入量	kg/d	0.041
C_{20}	羊肉中甲醛含量	mg/kg	8
IR_{20}	羊肉每日摄入量	kg/d	0.0038
C_{21}	禽肉中甲醛含量	mg/kg	5.7
IR_{21}	禽肉每日摄入量	kg/d	0.0176
C_{22}	羊奶中甲醛含量	mg/kg	1

计算参数	描述	单位	分布/数值
IR_{22}	羊奶每日摄入量	kg/d	0.0061
C_{23}	牛奶中甲醛含量	mg/kg	3.3
IR_{23}	牛奶每日摄入量	kg/d	0.0419
C_{24}	芝士中甲醛含量	mg/kg	3.3
IR_{24}	芝士每日摄入量	kg/d	0.0002
C_{25}	酒精饮品中甲醛含量	mg/kg	RiskUniform(0.02,3.8)
IR_{25}	酒精饮品每日摄入量	kg/d	0.023
C_{26}	咖啡中甲醛含量	mg/kg	RiskUniform(10,16)
IR_{26}	咖啡每日摄入量	kg/d	0.0002
C_{27}	饮用水中甲醛含量	mg/L	0.1
IR_{27}	饮用水每日摄入量	L/d	RiskUniform(2,3)
C_{28}	干制水产品中甲醛含量	mg/kg	RiskGamma [0.91515,40.303,RiskShift(0.25000)]
IR_{28}	干制水产品每日摄入量	kg/d	0.0025
ED	暴露持续时间	年	70
BW	我国标准人体重	kg	55
AT	拉平时间	天	25550
EF	暴露频率	天/年	350
HQ	风险商		$HQ = \dfrac{\sum CDI}{RfD} = \dfrac{\left(\sum\limits_{i=1}^{28} C_i \times IR_i\right) \times ED \times EF}{BW \times AT \times RfD}$

7.5.2.2 鲜活水产品中甲醛不同含量时风险商值的计算

假设鲜活水产品中甲醛含量为 40mg/kg，采用表 7-24 中相关暴露参数及公式，应用风险评估软件@Risk5.5 建立甲醛的风险评估模型，模型采用 Monte Carlo 模拟技术，计算基于目前各种食品中甲醛本底含量资料的膳食摄入风险商，如图 7-31 为鲜活水产品中甲醛含量为 40mg/kg 对普通人群健康影响的风险评估结果。

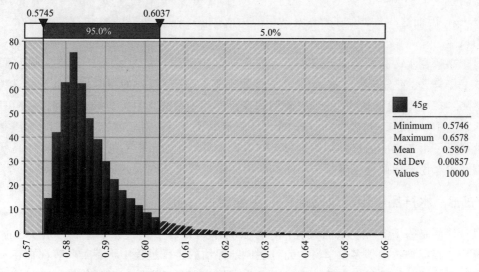

图 7-31　鲜活水产品中甲醛含量为 40mg/kg 风险评估结果

运用上述同样的计算方法，获得鲜活水产品中其他甲醛含量时的风险商值，如表 7-25 所示。

表 7-25　鲜活水产品中不同甲醛含量风险评估结果

鲜活水产品中甲醛含量 /(mg/kg)	普通人群				高消费人群			
	风险商均值	第 95 百分位数	第 97.5 百分位数	第 99 百分位数	风险商均值	第 95 百分位数	第 97.5 百分位数	第 99 百分位数
5	0.45	0.47	0.47	0.48	0.52	0.53	0.54	0.55
10	0.47	0.48	0.49	0.50	0.60	0.62	0.63	0.63
15	0.49	0.50	0.51	0.52	0.69	0.71	0.71	0.72
20	0.51	0.52	0.53	0.54	0.78	0.79	0.80	0.81
25	0.52	0.54	0.55	0.56	0.86	0.88	0.89	0.90
30	0.55	0.56	0.57	0.58	0.95	0.97	0.97	0.98
35	0.55	0.58	0.59	0.60	1.04	1.06	1.06	1.07
40	0.59	0.60	0.61	0.62	1.13	1.14	1.15	1.16
45	0.61	0.62	0.63	0.64	1.21	1.23	1.24	1.24
50	0.62	0.64	0.65	0.66	1.30	1.31	1.32	1.33
55	0.64	0.66	0.67	0.68	1.39	1.40	1.41	1.42
60	0.66	0.68	0.69	0.70	1.48	1.49	1.50	1.51
65	0.68	0.70	0.71	0.72	1.56	1.58	1.58	1.59
70	0.70	0.72	0.73	0.74	1.65	1.67	1.67	1.68
75	0.72	0.74	0.75	0.75	1.74	1.75	1.76	1.77
80	0.74	0.76	0.77	0.77	1.82	1.84	1.85	1.85
85	0.76	0.78	0.78	0.79	1.91	1.93	1.93	1.94
90	0.78	0.80	0.80	0.81	2.00	2.01	2.02	2.03
95	0.80	0.82	0.82	0.83	2.09	2.10	2.11	2.12
100	0.82	0.84	0.84	0.85	2.17	2.19	2.20	2.20

从表 7-25 中可以看出，对于普通人群而言，即便鲜活水产品中甲醛含量为 100mg/kg 时，风险商均值和各百分位数均小于 1，说明我国普通人群食用鲜活水产品途径摄入甲醛不存在风险。经 Monte Carlo 模拟运算，当鲜活水产品中甲醛含量达到 150mg/kg 时，风险商均值达到了 1.02，大于 1，说明对普通人群存在着风险可能性。基于目前水产品甲醛本底含量的监测数据，鳕鱼科鱼类、龙头鱼等种类的海水鱼类中某些样品甲醛本底含量超过了 150mg/kg，因而这些鱼类存在着较高的甲醛摄入风险，应尽量减少食用次数和数量，以降低食用风险。

对于高膳食水产品的特殊人群而言，当水产品中甲醛含量为 30mg/kg 时，风险商平均值为 0.95，第 95 百分位数、第 97.5 百分位数和第 99 百分位数的甲醛风险商分别为 0.97、0.97 和 0.98，且风险商值均小于 1，表明鲜活水产品中甲醛含量为 30mg/kg 时不存在风险。而当水产品中甲醛含量大于 35mg/kg 时，风险商均大于 1，对于水产品的高水平膳食者存在膳食风险。由于标准的设立并不是只保护普通人群，对于水产品的高水平膳食的高暴露人群更需予以考虑，因此建议将鲜活水产品中甲醛限量暂定为 30mg/kg。

7.5.3　水产品中甲醛风险评估的不确定性分析

风险评估是一个非常复杂的过程，它涉及化学、毒理学、营养学、流行病学、食品科学、统计学和模型技术等多个学科。而且在风险评估的整个过程中，各个环节都存在不确定性因素，造成评价结果不确定性的因素本身也被认为是不确定性。对评估过程的讨论和评定结果的解释对整个风险评估过程有着重要的参考价值。水产品中甲醛风险评估的不确定性主要从以下方面分析。

① 甲醛的实际暴露存在着吸入、经口、皮肤接触或是职业接触等多种暴露途径，本次研究仅以水产品作为单一的暴露途径和来源，实际人群膳食结构多样而又复杂，且生物在新陈代谢过程中都会生成甲醛，其自然存在于多种食物中，除水产品外，蔬菜、水果及制品（例如果酱）、肉类及肉制品、软饮料、发酵制品及干菌类也都有一定本底含量的内源性甲醛，因而此次风险评估的暴露途径与介质都相对单一，暴露模型较为简单，今后应逐步建立多途径、多介质的甲醛暴露模型，开展更为全面、细致的风险评估工作。

② 受采样条件的限制，此次风险评估的样本量有限，样品种类和采样覆盖面还不够广，鲜活水产品的采集尽管已考虑到品种多样性，但由于我国水产种类众多，所以调查监测的种类很难涉及所有的消费品种，且仅对水产加工品中的水产干制品进行了研究，对于其他类型的水产加工品还尚未评估，因而本研究对水产品中甲醛的定量风险评估是一次探索性的研究，今后还需进一步加大采样的种类、次数和范围，进一步完善采样计划，以期获得水产品中甲醛实际风险更为真实的反映。

③ 此次风险评估的膳食暴露模型较为简单，尚未考虑加工因子、人体吸收系数等参数，今后还需开展不同加工、烹饪方法对水产品中甲醛含量的影响及水产品中甲醛的生物利用度等方面的实验，以进一步完善现有的暴露评估模型。

④ 评估过程中一些暴露参数，如暴露持续时间和暴露频率，由于难以得到具备我国居民特色的相关风险评估参数数据资料作为理论支持，只能借鉴国外一些先进的风险评估经验。但统计资料的变异系数大多在100%以内，特别是人体生理因子类参数的平均变异系数仅为47.1%。

⑤ 本研究暴露人群主要考虑的是通过食用水产品暴露于甲醛的普通消费者，并没有考虑到甲醛职业暴露人群和敏感人群等特殊人群；另外对于沿海、内地人群水产品的消费量差异及不同地区人群的水产品消费特征与消费习惯等对风险评估结果造成的影响也尚未探讨，评估尚存一定的局限性。

⑥ 此次评估在广泛开展了水产品中甲醛含量的调查监测的基础上，参考了世界卫生组织以及相关文献中其他食品甲醛本底含量的数据，应用 Monte Carlo 模拟技术对鲜活水产品中甲醛的限量标准进行了初步探讨。但由于目前各种食物中甲醛本底含量缺乏系统性的调查研究，且相关数据较为有限，今后还需进一步调查和收集其他种类食品中甲醛的本底含量，以期获得更为科学、合理的甲醛限量标准。

由于风险评估存在不确定性，因此在制定风险管理措施时还应充分考虑到风险分析的不确定性与影响性。

7.5.4 小结

① 应用基于 Monte Carlo 模拟技术的@Risk5.5 风险评估软件建立甲醛的风险评估模型，建议将鲜活水产品中甲醛限量暂定为 30mg/kg，同时保护水产品的普通膳食人群和高膳食暴露人群的身体健康。

② 风险评估尚存一定的不确定性和局限性，仍需进一步完善评估过程中需要的资料，不断完善模型，尽可能地降低评估结果的不确定性。

7.6 总结与展望

此次调查检测的 1696 个水产品样品中，甲醛平均含量为 12.96mg/kg，中位值为 1.06mg/kg，多数水产品中甲醛的本底含量处于低端水平。经 Kruskal-Wallis 多独立样本非参数检验，不同种类的水产品之间甲醛含量存在一定差异（$p < 0.05$），具体表现为海水鱼类样品中甲醛含量最高，其次为头足类样品、甲壳类样品和贝类样品，淡水鱼类样品中甲醛含量最低。总体上海水动物的甲醛本底含量要显著高于淡水动物，龙头鱼和鳕鱼科等海水鱼类中甲醛本底含量显著高于此次调查研究的其他种类水产品，均值分别达到了 124.02mg/kg 和 111.25mg/kg，中国枪乌贼、口虾蛄和梭子蟹样品中甲醛本底含量也较高。

在此次调查监测得到的水产品中甲醛本底含量数据的基础上，参照 EPA 化学危害物的暴露评估模型和相关暴露参数及我国水产品的水产品膳食消费资料，应用基于 Monte Carlo 模拟技术的@Risk 风险评估软件，开展我国普通居民通过食用水产品途径的膳食暴露评估。评估结果显示，我国标准人通过食用鲜活水产品途径甲醛的日均暴露量的平均值为 8.49E−3mg/(kg•d)，中位数为 3.08E−3mg/(kg•d)，第 95 百分位数、第 97.5 百分位数甲醛暴露量分别为 3.52E−2mg/(kg•d)、4.70E−2mg/(kg•d)；通过食用干制水产品途径甲醛的日均暴露量的平均值为 1.62E−3mg/(kg•d)，中位数为 1.08E−3mg/(kg•d)，第 95 百分位数、第 97.5 百分位数甲醛暴露量分别为 5.01E−3mg/(kg•d)、6.27E−3mg/(kg•d)。因而我国普通居民通过食用鲜活水产品和干制品途径的甲醛日均暴露量均低于 EPA 制定的甲醛参考剂量，暴露水平较低。但是食用鲜活水产品途径城市人群面临摄入甲醛的健康风险高于农村人群；食用鲜活水产品途径的甲醛暴露水平随年龄的增长有下降的趋势，幼儿（2～3 岁）和儿童（4～6 岁、7～10 岁、11～13 岁）的暴露水平均要高于其他人群的暴露水平，且城市幼儿和儿童通过食用鲜活水产品途径的甲醛暴露水平要高于农村幼儿和儿童的暴露水平；7 岁前，女孩的暴露水平要高于男孩，7 岁后，男孩的暴露水平高于女孩。

运用基于蒙特卡罗模拟的@Risk 软件，以风险商表征食用水产品途径的甲醛膳食风险。结果表明，我国居民通过食用鲜活水产品及干制水产品途径摄入甲醛的风险商平均值为 5.09E−2，高暴露水平下，即第 95 百分位数和第 97.5 百分位数的风险商分别为 1.86E−1 和 2.42E−1，均小于 1，且其他各百分位数风险商也均小于 1。说明我国普通居民仅通过食用鲜活水产品及水产干制品途径摄入甲醛对健康造成风险较小或没有风险。食用干制水产品途径的甲醛膳食风险商的平均值和各百分位数均比食用鲜活水产品途径的甲醛膳食风险商的平均值和各百分位数略低 1 个数量级，我国普通居民通过食用干制水产品的甲醛摄入风险要远低于食用鲜活水产品的甲醛摄入风险。

应用@Risk 定量评估软件建立膳食来源的甲醛风险评估模型，综合考虑其他来源的甲醛膳食暴露途径，评价鲜活水产品中不同甲醛含量对我国普通人群和水产品高膳食水平的特殊人群所造成的膳食暴露风险，建议将我国鲜活水产品中甲醛安全限量标准暂定为 30mg/kg，以期控制我国普通居民食用鲜活水产品途径的甲醛暴露水平和膳食风险。

风险评估尚存一定的不确定性。本研究仅以水产品作为唯一的甲醛暴露途径和来源，而实际甲醛的暴露途径复杂而又多样，且仅对水产加工品中的水产干制品进行了研究，对于其他类型的水产加工品还尚未评估。评估过程中一些暴露参数，如暴露持续时间和暴露频率，由于难以得到具备我国居民特色的相关风险评估参数数据资料作为理论支持，只能借鉴国外一些先进的风险评估经验。另外，此次评估只对我国普通居民进行了相关风险评估，对于沿海、内地人群水产品的消费量差异及不同地区人群的水产品消费特征与消费习惯等对风险评估结果造成的影响还尚未探讨，评估尚存一定的局限性。仍需进一步完善评估资料和模型，细化我国居民膳食消费量和膳食结构模式的研究，继续深入研究水产品等食品中甲醛的具体形成机理、变化规律及控制措施，以开展更为深入、细致、全面的风险评估工作。

8 风险管理

在中国，食品安全已成为社会发展的战略议题。

WTO 国际贸易体系建立后，WTO 有一系列的规则来保障食品贸易的安全，各成员方也纷纷制定、完善国内的食品安全法规以及各项相关制度。其中，欧盟于 2003 年建立了欧盟食品和饲料快速预警系统（RASFF）。同年，日本政府成立食品安全委员会，美国 FDA 也于 2004 年出台了扣留进口食品的行政程序。而中国入关以后，在这方面的工作做得还远远不够，要想融入新的国际贸易体系，就必须加强食品安全相关的立法工作，建立健全食品安全风险管理体系。

风险管理应当以结构化、系统化的方法进行。风险管理结构性方法的要素包括风险评价、风险管理选择评估、执行管理决定以及监控和审查（见图 8-1）。在某些情况下，并不是所有的要素都是风险管理活动必需的。例如标准制定由食品法典委员会负责，而标准及控制措施执行则是由政府负责。

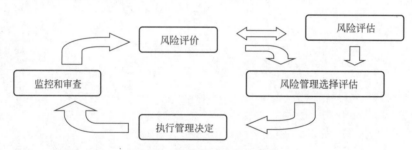

图 8-1　风险管理过程示意图

WTO 前总干事 Brundt Land 女士指出，20 世纪 50 年代以来，世界各国在食品安全管理上掀起了三次高潮。第一次指在食品链中广泛引入食品卫生质量管理体系与管理制度；第二次是在食品企业推广应用危害分析与关键控制点（HACCP）技术；第三次是将食品安全措施重点放在对人类健康的直接危害。在食品安全管理与食源性疾病防治工作实践中，总结形成了食品安全风险分析这一食品卫生学科的新方法和新理论，并被世界各国广泛应用到食品安全管理的各个领域。掌握食品安全风险管理方法，解决食品安全管理工作中的各种实际问题，达到改善食品安全的目的，应当成为食品安全风险管理人员的必修之课。

8.1 风险评价

风险评价的基本内容包括确认食品安全问题、描述风险概况、就风险评估和风险管理的优先性对危害进行排序、为进行风险评估制定风险评估政策、决定进行风险评估、风险评估结果的审议等内容。为了做出风险管理决定，风险评价过程的结果应当与现有风险管理选项的评价相结合。保护人体健康应当是首先考虑的因素，同时可适当考虑其他因素（如经济费用、效益、技术可行性、对风险的认知程度等），可以进行费用-效益分析。

风险评价是风险管理的先期预备工作，风险评价的结果直接影响着风险管理选择的质量和风险管理的整体效果。风险评价的主要步骤包括食品安全问题鉴定；描述风险概况、建立风险档案；就风险评估和风险管理的优先性对危害进行排序，确定风险级别；为进行风险评估，制定风险评估政策；实施风险评估；对风险评估结果分析和审议等内容（图 8-2）。

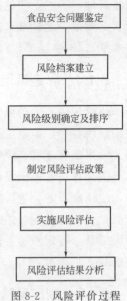

图 8-2　风险评价过程示意图

8.1.1　食品安全问题鉴定

在食品安全问题的鉴定阶段所采用的信息可以来源于：相关法律、法规和标准、公共卫生机构的有关资料、食品行业的专业知识、专家以及消费者的意见和建议；应该注意对食品安全领域不断出现的新问题的认知；确认问题的范围，即这一食品问题是地区性的、国内性的或者是国际性的问题；注意资源配置先后次序的问题。

8.1.2　风险档案建立

描述风险概况、建立风险档案是描述食品安全问题及相关因素，以便于识别那些与风险管理有关的危害或风险因素的过程。风险档案建立要求对相关问题已知情况进行简要的书面描述；风险档案建立应提供问题研究的背景资料以及有助于指导今后行动的信息；风险档案建立有助于阐明风险管理问题和管理目标，有益于确定风险管理应优先考虑的问题。在描述风险概况、建立风险档案中需要描述：所关注的食品安全问题是什么；所关注的食品或食品中危害的特征描述；食品-消费的暴露途径以及进行暴露评估的结果是什么样的；评价风险的价值标准是什么，如人类健康、文化等；风险的分布情况是什么样的；已知的风险生产者的风险管理特征是什么，通常分种植者、养殖者和加工者进行描述；公众对相关问题的理解水平；科学界对相关问题的熟知程度；在国际贸易中不同国家对相关问题的不同观点。

8.1.3　确定风险管理的目标

食品安全风险管理的主要目标是通过选择和采取适当的政策措施，确保各种食品的安全卫生，尽可能有效地控制或减少食源性危害，降低消费者遭受食源性危害的风险，从而减少食源性疾病的发生，保护公众健康。确定风险管理的目标就是确定风险管理中应优先考虑的问题，其中包括：保护和改善公众健康、资源的审慎分配、公平贸易行为。确定食品安全应优先考虑的问题，需要考虑风险评估和风险管理需要花费的时间、金钱、人力。

在风险评价过程中就是要确定一个所关注的风险，同时降低该风险所需的费用、其他有关风险以及可产生的效益之间的平衡水平。在风险评价中要区别微小的"可忍受的"风险与显著地"不能忍受的"风险，而风险评估则提供了一种用于衡量风险程度的方法。风险管理者必须依一定标准来决策什么是重要的，或者什么将是重要的（如出现的危害、公众的理解水平）。通常需要以风险评估资料或其他标准为基础对这些问题的重要性进行定量估计。

8.1.4　界定风险评估的目的和范围

风险评估的确为风险管理的决策者提供了一种组织和估计当前有关风险问题的信息和知识的系统程序，但是风险评估毕竟只是决策的一种工具，它不可能解决任何食品安全问题。因此，风险管理者必须明确他们需要了解什么具体的问题，也就是明确风险评估的目的。

风险评估的范围是由所关注的风险问题和风险评估的目的所决定的。在风险评价过程中，应明确所需要进行的风险评估的范围。如评估的对象是整个食物链，还是仅仅针对最终产品；需要的风险评估结果的详细程度和精确程度；以及目标人群是什么（如某特定城市的居民或某个特定易感人群）。在明确了风险评估范围的基础上，可以确定所需要收集的数据和资料。

8.1.5　制定风险评估策略

风险评估策略指在风险评估过程中，价值判断的准则和用于特定决策的政策取向。风险评估政策是为价值判断和政府选择制定标准，在风险评估政策的制定过程中，对于有价值的指南或政策性意见的选择，特别是有可能被应用到专门的风险评估过程决策中的意见，应当与风险评估人员事先沟通，在风险评估之前作出决策。

制定风险评估策略是风险管理者的一种责任，在风险评价过程中，风险管理者应该与风险评估者全面合作，以保证风险评估的科学完整性。风险评估策略应形成文件，以确保其一致性和透明度。制定风险评估策略包括确定目标人群、建立风险的分级标准以及确定所运用的安全系数的准则等。

8.1.6　委托进行风险评估

风险管理的一条重要原则是风险管理者应通过维持风险管理和风险评估功能的独立性，来保证风险评估过程的科学性和完整性。因此，原则上风险管理者是不适合单独进行风险评估的，而应该将风险评估工作委托于确定的风险评估小组来做。

风险评估和风险管理是相互作用又相互独立的。首先，风险评估是风险管理的基础，在风险评估之前，需要风险评估者和风险管理者共同做出风险评估的策略，在实际风险评估和管理的过程之中两者又要相互独立，以保证评估的科学完整和决策制定的正确性。

风险评估之所以要独立，是因为风险评估是一个科学的过程，这个过程需要评估主体必须具备精英、独立和透明等特性，所以这部分工作应该交由科学专家们独立地完成。由他们根据准确的量化指标来分析风险的程度，给出客观的分析结果，而不应受到政策制定等管理机构的干涉，不应该受到政治、经济、文化等其他因素的影响。而风险管理过程是一个决策过程，虽然根据的标准都是定量的风险分析结果，但是具体风险管理措施却要考虑政治可行性、经济可行性、技术可行性、文化可行性、具体的经济发展状况、贸易状况、进出口需求和社会状况等问题，所以必须交由政府的风险管理机构来做。

为保障风险评估的科学性、客观性、透明度和有效性，发达国家大都将风险评估和风险管理职能分开，成立专门的风险评估机构，遵循内外一致的原则进行风险评估，同时与国际组织协调，尤其是国内涉及食品安全的各行政机构的信息收集、交换和整合工作。CAC风险分析工作原则强调，风险评估和风险管理应职能分离，以避免风险评估者和风险管理者的职能混淆。国际食品法典委员会制定的风险分析工作原则中指明，风险评估应该与风险管理之间进行职能分离，以保证两个不同职能部门之间的相互独立，从而避免因行政、历史和其他原因等造成的不必要的干扰。法典确定了食品安全风险分析框架，联合专家委员会负责风险分析和交流，各食品法典委员会委员负责风险管理。纵观各国具体实践可以看出，各国都是把风险评估机构和风险管理机构分开，如欧盟成立了独立的欧盟食品安全局，负责风险评估，而风险管理由欧盟理事会、欧盟议事会和欧盟各成员负责。日本也是成立了食品安全委员会负责风险评估，农林水产省和厚生劳动省负责风险管理。美国的风险管理团队和风险评估团队之间也是相互独立的。由此可以看出，各国普遍采取统一的风险管理机构来进行管理，有别于各国过去采取的多元管理模式。

我国的食品安全法虽然已经明确规定我国成立食品安全风险评估专家委员会。但是我国的风险管理机构仍然存在一些问题，所以在我国现有国情下，我们应该思考如何根据风险进行管理，哪些机构进行管理，各管理机构之间关系怎么样，以及风险管理机构与风险评估机构之间独立性如何保障等问题。

对此，中国工程院院士、中国疾病预防控制中心营养与食品安全所研究员陈君石认为，风险评估是一个科学过程，由科学家独立完成，可以受政府委托，但不应受政治、经济、文化的影响。例如，丙烯酰胺是一种可能的致癌物，风险评估就是要评价它的致癌性有多大。结果出来后，监管者再据此确定对丙烯酰胺的监管手段，比如停止销售含丙烯酰胺的食品或对丙烯酰胺的含量做出严格规定等，这就是风险管理。

风险管理是由政府完成的，风险管理必须依靠风险评估的结果，但是会受政治、经济、文化的影响。虽然风险评估的结果是一定的，但是根据经济发展状况、各国进出口的需要，在风险评估基础上的风险管理各国却各有不同。风险管理是一个决策过程，每个国家可以制定相应的政策保护自己的消费者、生产经营者，但必须建立在风险评估的基础上。

在委托进行风险评估之前、之后以及风险评估的过程中，风险管理者应：确定风险评估小组的组成人员；理论上讲，风险评估小组应该是由多方面人员组成的一个核心工作组，包括科学家、食品行业专家和其他相关人员；界定和提供所有与所关注的食品安全问题有关的背景资料文件；确定风险评估所需要明确的主要问题，并文件化；确定工作时间表；保证风险评估过程中可以得到足够的资源。检查目标：在现有的资源、数据和时间安排下，风险评估者可以回答风险管理者的有关问题吗？在评估过程中，管理者和评估者需要经常讨论进展、方向和可能出现的问题；在评估过程中可能需要对评估目标和部分方法进行精炼和修改。

8.1.7　思考评估结果

在任何可能的情况下，风险评估都应包含关于风险不确定性的定量分析，而且定量分析必须采用风险管理者容易理解的形式。这样，风险决策制定才能将所有不确定性范围的信息考虑在内。如果风险评估是高度不确定性的，那么这时的风险管理决策就必须更加谨慎。

管理者应充分了解所作风险评估的结果的说服力和局限性，以确保在风险管理的后续阶段，确定并选择合适的管理方案和措施，这就要求管理者对风险评估结果应：充分认识风险评估过程中所有的假设，包括这些假设对评估结果的影响；清楚理解所有风险特征描述中的变异性和不确定性以及其产生的原因；注意到风险评估是一个风险程度范围，而不局限于某一个单一的数值；重视风险特征描述中所表明的当前条件和要降低风险可供选择的措施；注意风险特征描述中关于所关注的特定风险同其他健康风险之间的比较性探讨。

8.2　风险管理选择评估

风险管理选择评估的任务：包括制定和选择最佳的食品安全管理政策。风险的可接受水平的确定应该首先考虑对人体健康的影响，而且风险水平的差异应避免随意性或不公正性。此外，还应考虑到其他的一些因素，如经济成本、利益、技术可行性、社会需求等，这些因素可能被恰当地应用在风险管理中，特别是在采取措施的过程中。这些考虑不应该被随意武断决定，决策的过程应当清楚、明确和透明。在整个食物链中的各个环节上实现食品安全控制措施的最优化是风险管理选择评估的一项重要目标。

风险管理选择评估包括3个步骤：一是对现有可以选择的措施进行鉴定；二是选择最佳的风险管理措施，包括采用合理水平的食品安全标准；三是最终管理决策的制定。第二个步骤中的"安全标准"是指可接受的风险水平，也就是风险管理者采纳的，或者说是风险管理决策中确定选择的标准。具体有以下几种："零风险"标准，通常绝对没有危害的风险或者只有轻微危害的可接受风险水平；"均衡"标准，如成本-效益平衡标准、成本-效率平衡标准，"门槛"标准：假定某个非零风险为可接受风险水平的起始门槛标准；"程序"标准，指需经专家协商讨论或投票等程序决定的可接受风险水平。

8.2.1　美国食品安全风险机制

美国是一个非常重视食品安全的国家，堪称世界上控制最严格、产品最安全的国家之一。美国食品安全风险规制经过多年的发展，已形成一套从农场到餐桌的全程规制体系。它的监管模式主要是综合型监管，由联邦、州和地方政府联合监管食品安全。联邦政府中的监管机构主要是：食品安全检验局（FSIS）、食品和药品管理局（FDA）、国家环境保护署（EPA）。州和地方的卫生部门依据法律赋予的职权在各自的管辖区对联邦权限的空白进行补充性的监管。从中央到地方各层相互配合，协调管理全国的食品安全问题。

美国一直重视食品安全的风险分析，重点是通过控制有关添加剂、药物、杀虫剂等对人类健康有潜在危险的化学物质以及其他有害物质来保障食品供应。美国有严格的食品安全风险管理程序：①进行风险识别，通过运用数据说明关于潜在风险的不同显现水平、模式，并说明哪些数据对风险的特征描述最相关，并对它们影响的范围、时间、人群、程度等进行分析；②在风险识别的基础上进行风险评估，将风险发生的概率、损失的程度等结合其他因素进行分析，评估急性风险的短期发作和慢性风险的长期发作造成的影响；③通过生产标准体系、质量认证体系以及食品召回等制度进行风险的控制，将风险管理落到实处；④将以上风险分析的程序向公众公开，听取公众的评议，接受他们的建议，进行风险沟通。

除了以上公开透明的风险评估与管理措施外，联邦管理机构每年都会举行年度会议，共同商讨综合的、以风险为基础的年度食品抽样检测计划，以测定药品和化学物在食品中的残留，检测结果将作为标准制定和其他进一步行动的基础。此外，美国还建立了比较完备的食品安全预警和追溯跟踪制度、农产品质量安全可追溯制度等，便于及时发现问题的根源，解决问题。

美国的风险评估与风险管理，坚持了以预防为主的原则，在风险发生的时候，及时对风险进行准确定位，然后以此来预防此类风险和发现其他风险。我国的食品安全风险规制制度，有很多是参考和借鉴美国的，例如综合型的监管、风险评估、产品召回制度等。

8.2.2 欧盟食品安全管理体系

与美国的监管方式不同的是，欧盟是典型的单一制监管模式。以前，欧洲各国有自己本国的一套食品安全法，欧盟没有统一的食品安全法律。欧盟委员会于 2000 年发表了《食品安全白皮书》，将食品安全作为欧盟食品立法的主要目标，加强对食品安全立法的管理。在白皮书的框架下，欧盟于 2002 年通过了《通用食品法》，明确了规制食品安全的基本原则和要求，并成立了欧洲食品安全局（EFSA），对欧盟内部所有与食品安全相关的事物进行管理。在 EFSA 的督导下，一些成员国改变了自己本国的食品安全规制体系，将食品安全监管的职权集中到一个部门，形成了现在的监管模型。

EFSA 主要的职责是提供独立的科学建议和支持，建立一个与成员国相同的机构进行紧密协作的网络，评估与整个食品链相关的风险，并就食品风险问题向公众提供相关信息。它具有独立的职权，独立开展工作，但是，EFSA 不具备立法和制定规章制度的权限，只有欧盟委员会可以制定法规标准。

当食品安全风险发生时，欧盟委员会会立即成立危机处理小组，EFSA 负责为该小组提供必要的科学和技术支持。危机处理小组将收集和鉴定所有的相关信息，确定有效和迅速防止、减缓和消除风险的意见，并且确定向公众通报信息的措施。除了处理欧盟内部的食品安全风险问题，EFSA 还负责成员国之间以及成员国与非成员国之间的食品安全问题。

由于欧盟与其成员国的特殊关系，欧盟的成员国在共同遵守欧盟的《通用食品法》的同时各成员国内部也根据本国的实际情况，制定相关的风险规制体系，但总体来说，都是属于单一型的管理体制。这样的管理体制使国家在规制食品安全问题时，能够统一政策，保证所依据的法律法规的一致性；避免了部门之间职能交叉带来的管理资源的浪费或者部门之间责任的推诿；更有利于整合各方面的因素，如食品安全与经济成本、产业发展之间的关系，使规制食品安全的时候更能够节约社会资源，提高社会效率。

8.2.3 日本"三位一体"的政府监管体系

伴随着食品安全日益成为世界性问题，近年来日本多次对食品安全管理体系进行了改革。2003 年，为了进一步强化政府的监控与管理，日本在内阁府又增设了食品安全委员会。形成了食品安全委员会、农林水产省和厚生劳动省"三位一体"的政府宏观管理体系。目前，三大政府管理部门之间的关系及其各自的职能如下。

（1）食品安全委员会

日本食品安全委员会作为负责食品安全的政府最高决策机构，主要职能是对农林水产省、厚生劳动省等风险管理机构实施监督、指导，且客观公正地进行风险评价。具体讲：①开展食品安全风险评估。食品安全委员会的主要职责之一就是接受作为风险管理部门的农林水产省、厚生劳动省的咨询，并通过科学分析方法，对食品安全进行监管和风险评估。②对风险管理部门实施监督和政策指导。食品安全委员会依据风险评估结果，向风险管理部门提出整改建议。但是，食品安全委员会不具有行政处罚权。③与行政机关、商家、消费者之间广泛开展风险信息的沟通。

（2）厚生劳动省

作为真正行使食品安全监管的政府职能部门之一的厚生劳动省，主要是对进出口及国内市场的食品卫生实施监管。对于涉及农药等残留标准的规定问题，则由厚生劳动省和农林水产省两个部门共同制定。其主要的职能：①依据食品安全委员会风险评估的结果，制定食品生产商在食品、添加剂、农药残留、兽药残留、食品标识等方面的种类和标准；②通过遍布全国的检疫所等相关机构，对肉食品和食用禽类肉处置进行卫生检查；③实施风险管理。以往厚生劳动省的职能是风险评估与风险管理并举，伴随着2003年食品安全委员会的建立，目前，其职能转变为单纯的实施风险管理。

（3）农林水产省

作为食品安全监管的另一政府职能部门——农林水产省，主要职责是负责生鲜农产品（植物、肉类、水产品）的安全性。它与厚生劳动省的职责区别在于：侧重农产品生产和加工阶段的风险管理。①通过遍布全国的检疫所等相关机构，对食品生产设备的卫生状况进行监管。②开展农产品标识及规格的确定，以及农产品价格的制定与调整。③开展鲜活农产品的风险管理。主要包括：农林水产品在生产阶段农药、肥料、饲料方面的风险管理；牲畜、水产养殖防病的风险管理；防止土壤污染的风险管理。

8.2.4 马来西亚的食品安全控制体系

2001年，马来西亚健康部成立了国家食品安全和营养委员会（NFSNC），由健康部部长主持该委员会及其办公室工作。为了与其他国内政策（如健康、经济和商贸出版物）彼此吻合，NFSNC需要经过多方磋商来制定相关的政策，并不断完善食品安全计划。相关政府机构、企业、消费者代表以及其他机构参与的多方磋商，构建了一种以精准合作、明晰职责、鼓励企业做出承诺、消费者广泛参与为基础，切实保障公众食品安全的策略，为彻底解决食品安全问题开辟了更广泛的途径。

由于马来西亚食品安全的政策贯穿于食物链条的始终，包括食品安全基础、食品安全立法、质量监督和强制服务、实验室建设、信息与通信技术（ICT）、科技信息的采集和分析、产品追溯、危机管理、保障系统管理、食品安全教育、进出口安全、新食品及其工艺、广泛参与国际事务等，这就需要有关政府部门、企业、消费者、科研团体等的全方位紧密合作。2002年，该国健康部制定了食品安全条例，制定和执行食品安全措施，加强参与者的合作，保障公众健康。并于同年制订了国家食品安全行动计划，明确划定了每位参与者的角色和需采取的行动。这是有关政府机关和非政府组织（NGOs）商议一致的结果，它的成功落实依赖于有关政府机关和参与者的支持和承诺。

在提高该国食品安全保障能力上，他们在制定法律和标准、强化执行手段、提升证明作用、改善数据管理、加强与国际食品安全相关组织的信息共享方面做了大量的工作，并将工作重点放在进出口质量控制和信息分析能力升级上。此外，他们还在援建国外实验室，提升区域实验室检测能力；增加标签的信息范畴，提升商品防伪能力；加强对消费者的教育，提升消费者的辨别能力；构建信用查询系统，提升企业的自我约束机制以及在食品安全管理中应用数据和通信技术（ICT）等方面开展主动服务。为了提高本国食品安全的透明度，他们还建立了定期举办由企业和消费者代表参加的对话会议制度。为履行对世界贸易组织（WTO）所做出的承诺，适应贸易全球化对食品安全不断提高的要求，马来西亚还在 SPS 协议和 TBT 协议框架下鼓励食品标准一致化，将 SPS 协议认可的药典标准、指南和推荐标准作为其制定法规的基础，既避免了产生贸易壁垒，又能确保本国的食品安全。从 1985 年至今，马来西亚食品法起草顾问委员会及其下设的专家和技术委员会就在不断修订着相关的食品法律、法规和标准，以满足公众健康的要求以及国际贸易的需要。1997 年，他们开始执行基于 HACCP 协议框架下的马来西亚证书计划（MCS），制定了 4 条指导原则，推动食品企业自觉执行该计划，并尝试对食品企业进行第三方认证、监督和审计。

2003 年，马来西亚启用食品安全数据系统，通过加强食品安全监控、收集相关数据、更新仪器设备等措施，进一步加强抽样、预检、进出口控制等工作。该系统有 34 个接入点，将 11 个国家级食品检测实验室和关税部门紧密相连，最大限度地保障了进口食品的安全管理。

要想充分发挥食品安全体系的效率，加强实验室建设是至关重要的。为此，马来西亚健康部采取了各种措施，确保实验室能够适应公众对食品安全不断提高的要求，并满足食品分析复杂性的需要。在完善实验服务方面，健康部做了以下工作：①不断升级该部现有实验室的检测能力，包括更新实验设备、建立健全质量控制体系、提高技术人员的操作水平等；②优化包括农业部、科技产业部在内的现有政府实验室的设施，充分发挥实验室的综合作用；③从综合型大学购买管理和分析服务；④从日本国际合作组织（JICA）等引进专家顾问；⑤在食品安全研究和监察等领域加强与高等学校的合作；⑥鼓励私人实验室认可马来西亚标准部制定的 ISO/IEC17025 标准。

为满足现代人对食品安全的需要，他们的研究工作主要集中在收集用以风险评估的数据，监控"通过食物引发的疾病"作用方式上，这些基础信息有助于将公众关心的问题进行先后排序，为解决这些问题提供依据。在监控"通过食物引发的疾病"时，他们不仅限于对食物中毒事件的控制和处理，还将监控范围扩大到与食品有关的环境问题、食品的微生物污染和化学品污染等。由于该国在食品安全方面出色的工作，马来西亚在国际和区域范围正扮演越来越重要的角色。

8.2.5　发展中国家在食品管理上面临的挑战

对许多发展中国家来说，其中最大的挑战就是缺乏信息和可靠的科学数据，收集、产生或获得的数据的格式常常不能用于危险系分析。所缺乏的数据包括国家监测数据、流行病学调查数据、膳食调查数据和食物分析数据（包括进出口数据和食品抽检数据）。

发展中国家面临的另一个重要挑战是在各个层面缺乏训练有素的队伍，在食品安全的范畴内，风险分析的有效使用需要广泛的科学知识和其他学科领域的职业技能，包括微生物学、毒理学、食品技术、营养、免疫和分子遗传学；其他学科领域包括法律、经济、信息沟通以及多学科知识。此外，风险管理由传统的"控制策略"向现代的"以风险为基础的预防策略"的转变，也要求制定新的规范和方法，并为食品安全风险管理者和其他相关工作人员的提供培训。

面临的第三个挑战是信息交流中对复杂概念理解的困难，如风险评价结果和风险管理决策对所有利益相关者包括公众都是一些陌生的词语。向没有科学技术背景的分析参与者，以一种难以理解的方式传递信息、交流复杂的科学问题，常常会面临许多困难。此外，面对的其他挑战还有合适的交流工具的可及性、资讯信息的可靠性。

8.2.6 我国食品安全管理体系

长期以来，中国的食品科技体系主要是围绕解决食物供给数量而建立起来的，对于食品安全问题的关注相对较少。目前还没有广泛地与国际接轨，与发达国家相比，中国现行食源性危害关键检测技术仍然比较落后。

近年来，中国新的食品种类（主要为方便食品和保健食品）大量增加。方便食品和保健食品行业的发展给国民经济带来新的增长点，但也增加了食品风险。方便食品中，食品添加剂、包装材料与保鲜剂等化学品的使用是比较多的。保健食品中不少传统药用成分并未经过系统的毒理学评价，长期食用，其安全性值得关注。

一直以来，我国对食品安全的监管是以对不安全食品的立法、清除市场上的不安全食品和负责部门认可项目的实施作为基础的。这些传统的做法由于缺乏预防性手段，故对食品安全现存及可能出现的危险因素不能做出及时而迅速地控制。

2015 年，我国修订的《中华人民共和国食品安全法》第五条规定：国务院设立食品安全委员会，其职责由国务院规定。国务院食品药品监督管理部门依照本法和国务院规定的职责，对食品生产经营活动实施监督管理。国务院卫生行政部门依照本法和国务院规定的职责，组织开展食品安全风险监测和风险评估，会同国务院食品药品监督管理部门制定并公布食品安全国家标准。国务院其他有关部门依照本法和国务院规定的职责，承担有关食品安全工作。

各个职能部门根据国务院部门"三定"方案（是国务院对各职能部门主要职责、内设机构和人员编制规定的简称，是具有法律效力的规范性文件，是国务院部门履行职能的重要依据）具体实施各自的职能。结合政府对各职能部门的管理关系，可以看到我国目前的食品安全监管体系形成了类似网格化的管理，既有纵向管理又有横向管理。

8.3 执行管理决定

8.3.1 概述

管理决策的执行指的是有关主管部门，即食品安全风险管理者将风险管理选择评估过程中确定的最佳的风险管理措施付诸实施。食品安全主管部门，即风险管理者，有责任满足消费者的期望，通过采取必要措施保证消费者能得到高水平的健康保护。风险管理决定的执行，通常要有规范的食品安全管理措施，这些措施包括 HACCP 的应用。只要总的计划能够客观地表明可实现既定的目标，企业可以灵活选用一些特殊措施。重要的是在风险管理执行期间，应根据现时的变化，对风险管理行为的成效进行评定。评定的内容如下：新措施的效果、成本以及各相关方的意见。并根据评定结果，对现行的风险管理行为进行及时调整。

风险管理执行的效果与前期风险评估息息相关，风险评估的客观与否直接关系到最终执行的风险管理的成效。为了尽可能保持风险评估的客观性，最好将风险管理执行人员与风险评估人员在组织和职能上予以区分。根据风险评估的结果，要认清各种风险的主次轻重，利用有限的资源，对影响力不同的风险采取不同的控制措施，降低风险发生的概率和强度。常见的措施有：避免风险，消极躲避风险；预防风险，采取措施消除或者减少风险发生的因素；自保风险，企业自己承担风险；转移风险，在危险发生前，通过采取出售、转让、保险等方法，将风险转移出去。在进行风险控制时要充分考虑到是否产生新的风险，是否成本最低，是否有必要且可行。

根据风险的类型及食品安全问题的重要性，管理决策执行的内容通常包含5个方面：①已知风险管理——采取以风险评估为基础的政策和措施。对已知或确定将要发生的风险，食品安全管理者应通过采用以风险评估为基础的政策和措施，以保护消费者的健康。②未知风险管理——在没有充分科学依据的情况下采取预防性措施。对于未知的风险，管理部门在缺乏充分科学依据的情况下应采取预防性的措施，以管理这些不能确定的风险。③"从农田到餐桌"的全程安全管理。④食品产地及污染物的可追溯性风险管理。为保证切实有效，追溯制度必须涵盖整个食品链的所有阶段，从活动物或原料直到最后加工包装的产品、从饲养的动物饲料公司直到食品部门的公司。⑤突发食品安全事件中的风险管理。

8.3.2　执行紧急预防风险管理

现在，公众对食品安全的要求往往很高，并将其作为挑选食品的最基本原则。如果出现某种潜在的危险并且发生无法逆转的情况，但同时又缺乏科学证据进行充分的风险评估，风险管理人员在法律和政治上应该采取紧急预防风险管理措施，不必等待科学上的确证。鉴于进口食品风险的突发性，这个方针在进口食品风险管理过程中的应用尤其广泛。1999年比利时二噁英危机中，欧洲各国在进口食品风险管理方面应用的就是这种方针。

二噁英危机发生在1999年5月底，当时比利时通知欧盟委员会及其成员国某些动物产品已经遭受严重的二噁英污染。这个事件最初发生的时间还要早几个月，即该年的2月份，当时一些饲养场的家禽出现异常的临床病症。比利时有关部门经过调查发现，这些症状与饲料中可能存在的二噁英所造成的家禽中毒有关，并查出了问题的根源，即制备饲料用油脂的公司和有关的动物饲养生产商。随后比利时进行了追踪检验，以确定所造成损害的范围，并向欧盟委员会及其成员国作了通报，决定销毁受污染的禽蛋和家禽。尽管二噁英污染的危险是已知的，但是与风险评估相关的一些科学依据尚不充分，比如：几乎不具备二噁英严重污染情况下，食物中允许的最低二噁英含量的数据；关于风险可能影响的范围的评估尚不完全，根据比利时当时提供的资料，还无法确定二噁英污染的确切程度；技术检测方面也存在一些困难，如分析一份二噁英残留量的样本就需要5～6周的时间。然而考虑到二噁英公认的致癌作用，以及一些与污染程度相关的具体检测结果（如比利时有关部门在某些食品中检测到700倍于世界卫生组织规定限度的二噁英浓度），因此即便进行风险评估的各方面条件尚不完全，一些进口比利时相关产品的欧盟国家仍决定采取必须的紧急预防风险管理措施：

①欧盟委员会通令禁止在共同体内部销售含有原产于比利时的奶蛋肉和油脂成分的产品；②在本国市场上禁售并销毁可能受污染的比利时产品；③如果本国已使用的油脂涉嫌来自造成问题的比利时饲料用油脂制造公司，则在本国境内进行追溯调查，以查明可能食用了受污染饲料的家禽，并对涉嫌受污染家禽实行限制措施；④禁售并销毁用涉嫌受污染的本国家禽生产的产品。

上述实例表明，预防风险管理措施原则是在食品安全领域内十分特定的情况下使用的。风险管理人员（即决策者）应用这一原则的情况是，人类健康面临重大风险并且不具备评估风险所需的全部数据时，按照世贸组织实施卫生和植物卫生措施协定（简称 SPS 协定）的规定，这种构成风险管理一部分的方针并不是静止的，它会随着风险评估框架内进一步的科学数据的积累而改变。虽然实行预防措施会暂时造成商业上的限制或障碍，但不能称其为贸易保护措施。因为这是一种工具，使风险管理人员能够执行临时措施。这种措施可随科学数据具备程度的变化而变化，而且唯一的目的是为了保护消费者、动物或植物的健康，这是 SPS 协定所承认的权利之一。

8.4 监控和审查

8.4.1 概述

监控和审查：是对实施措施的有效性进行监控和评估，当可以获得更新的数据和信息时，应当考虑对风险管理和/或评估进行审查，以确保食品安全目标的实现。风险管理应当是一个持续的过程，该过程应不断评估和审查风险管理决策中已经产生的所有新的资料和信息。在随后的风险管理决策应用过程中，为确保该决策在解决食品安全问题时的有效性，应定期对风险管理决策进行评估和审查。对信息反馈和回顾而言，监测及其他一些活动可能是必需的。

监控和审查主要有 2 个步骤：一是评价决策的有效性；二是风险管理和风险评价审查。为有效管理风险，风险评价过程的结果应该与现有风险管理选择的评价相结合。为实现这一点，保护人类健康应成为食品风险管理的主要目标，而经济成本、利润、技术可行性、预期风险等也都应恰当予以考虑，可以进行费用-效益分析。执行管理决定之后，应当对控制措施的有效性进行监控，同时也要监控风险对消费者暴露人群的影响。这样才能保证食品安全目标的真正实现。

同时，所有可能被风险管理决策影响的利益攸关者都应该有机会参与风险管理过程。这些利益攸关者群体可能包括消费者组织、食品工业和贸易代表、教育及研究单位、法规管理机构等。利益攸关者参与咨询过程有多种形式，如参加公众会议或对公众文件提出参考意见等。利益攸关者可以在风险管理政策形成过程的任何一个阶段介入，包括评价与审查阶段。

8.4.2 对食品供应链的监控

食品供应链的风险管理是个复杂的、动态的系统工程，每一阶段的风险威胁不同，实施的风险策略不同，所以需要不断地对风险管理的效果进行监控和审查，实现风险管理的逐渐深入和完善。供应链风险管理是贯穿于供应链生命周期内的艰巨而长期的工作，不是一蹴而就的事情，必须定期循环风险管理过程的各个步骤。

由于在风险管理的过程中，管理者的认识水平有阶段性、局限性，并且风险因素是动态变化的，风险管理的方法和采取的措施应随着时间的推移和具体情况的发展而变动。因此，需要不断地对风险管理的效果进行监控和审查，并将审查结果反馈到整个供应链的各个环节。受制于食品本身的自然属性和消费者对食品的必需性，食品供应链中的风险变数更大。定期地对食品供应链的风险管理效果进行监控和审查，能总结出新的经验和知识，也能有利于发现新的潜在威胁。从而不断地提高风险管理水平，不断地完善供应链，保持整个供应链旺盛的生命力。

8.5　我国食品安全管理体系存在的问题

① 民众缺乏食品安全知识。随着经济发展，居民生活水平大幅提高，公众对饮食的要求已从吃得饱变为吃得好，而且更加关注自身的健康和安全，对食品安全问题极为敏感。但是由于对食品安全知识知之较少，因此极容易相信和跟随媒体的信息和观念，以致对食品安全问题到了谈虎色变的程度。

② 加工产品和农产品问题较多。

③ 化学危害是当前食品安全问题的最重要因素。当前各类食品安全事件中，化学危害占到较大的比例。包括：环境的化学污染、非法添加化学物质、使用非法的农药和兽药等。因此对化学物质的风险评估和监管监测是我们食品安全风险监控的工作重点。

④ 政府食品安全监管制度仍需完善。

a. 风险评估有待完善。一直以来，中国食品安全监管的对象仅限于已确知有毒有害的食品以及食品原料，食品召回也针对已经或可能引发食品污染、食源性疾病以及对人体健康造成危险的食品。而对不断涌现的新食品、食品原料的安全性，以及新涌现的生物、物理、化学因素、食品加工技术对食品安全的影响和危害，没有开展科学风险评估。

中国目前所开展的风险评估主要由国家食品安全风险评估中心组织进行，目前已经取得了一定的进展，但风险管理尚不明确，与风险评估衔接存在一定问题。

b. 风险分析在食品标准制定中的作用有待加强。尽管标准工作取得了较大进展，但受我国食品产业发展水平、风险评估能力和食品标准研制条件等因素制约，现行食品安全标准需要进一步清理完善。《食品安全法》第二十八条规定"制定食品安全国家标准，应当依据食品安全风险评估结果并充分考虑食用农产品安全风险评估结果，参照相关的国际标准和国际食品安全风险评估结果"。当前我国食品标准数量多，标准之间有交叉重复、有脱节、有缺漏甚至有矛盾仍然存在，且许多标准制定时未进行风险评估。

⑤ 食品风险分析人才不足。中国食品安全管理体系涵盖中央、省级、地级食品药品监管部门，但作为食品生产的源头和消费基地的县级区划亟须加强监管能力建设。现在中国各相关机构拥有先进、完善的检测仪器，但具有食品安全风险评估意识和操作能力的人才还不

足，仪器未能得到充分使用，科技人才缺乏的问题，正是评估工作的"软肋"。

从以上存在的问题可以看出，中国的食品安全风险管理体系与国际水平的"风险分析"原则之间存在着较大的差距，在很多环节都需完善，但可喜的是，中国政府在入关后的几年中，陆续出台了一系列符合WTO要求的法律法规，其中也包括许多与食品安全、食品贸易相关的法律法规，这使得中国在立法上逐渐融入以WTO为主导的国际贸易法律体系，特别是《食品安全法》中，也规定了食品安全风险评估制度，这是中国食品安全风险管理体系向国际接轨以后的重要开始。

8.6 风险管理实例——软饮料中苯的风险管理

8.6.1 评估背景

英国食品标准局2006年3月在网站公布一项检测结果，通过对英国和法国在售的230种软饮料检测后发现，一些饮料中含有超量的致癌化学物质"苯"，最高的达到每升8mg。而美国食品和药品管理局（FDA）早在1990年公布的测试报告就显示，软饮料中包含的维生素C和苯甲酸钠相互作用，可形成苯。1991年，法国"巴黎水"饮料因苯含量超标，不得不在全球召回上亿瓶。美国纽约的一个独立实验室也开始调查软饮料中的"苯污染"问题，并把相关结果提交给了FDA。据FDA透露，根据这一结果，不少软饮料中苯的含量已经超过饮用水中规定的苯含量标准，高出安全标准2～4倍。这一结果让FDA出乎意料，开始对全美60多种品牌的饮料和瓶装水进行全面检测。

因此，饮料中苯污染问题已经迫在眉睫，以下将通过对软饮料中含有的苯进行风险评估，以提高我国公民对软饮料安全性问题的认识，增强自我保护能力，同时促进管理部门、企业制定相应的安全标准及质量控制措施。

8.6.2 风险评估

（1）危害识别和危害特征描述

苯在常温下为无色液体，有特殊的芳香气味，易挥发，易燃。短时间内吸入大量苯蒸气可引起急性中毒。急性苯中毒主要表现为中枢神经系统的麻醉作用，轻者表现为兴奋、欣快感，步态不稳，以及头晕、头痛、恶心、呕吐等，重者可出现意识模糊，由浅昏迷进入深昏迷或出现抽搐，甚至导致呼吸、心跳停止。

长期反复接触低浓度的苯会引起慢性中毒，主要是对神经系统、造血系统的损害，并会导致各种类型的白血病。国际癌症研究中心已确认苯为人类致癌物。苯慢性中毒的症状包括牙龈出血、鼻出血、皮下出血点或紫癜，女性月经量过多、经期延长等。

食品科学家认为，这些饮料中之所以出现高含量的苯，原因在于两种常用的成分发生化学反应。一种是苯甲酸钠被用来做防腐剂；另一种则是抗坏血酸，也就是维生素C。在正常情况下，这两种物质都比较稳定，但在极端条件如酸性环境、温度升高或阳光照射时会发生反应生成致癌物苯。但也有专家指出，究竟会不会威胁健康，还要看苯的含量。

（2）暴露评估

苯对人体的暴露途径主要有：吸入、食入、经皮肤吸收。

代谢和降解：苯在大鼠体内的代谢产物为苯酚、氢醌、儿苯酚、羟基氯醌及苯巯基尿酸。

残留与蓄积：进入人体的苯可迅速排出，主要途径是通过呼吸与尿液排出。当人体苯中毒时在尿中立即可发现上述酚类，其排泄极快，吸入苯后最多在 2h 以内，尿中就可发现苯的代谢物。此外，一部分酚类也以有机硫酸盐类的形式排出。在人体保留苯的研究中，Nomiyama 等报道连续接触含苯浓度 $180\sim215\text{mg/m}^3$ 的空气 4h，人体可保留 30% 的苯。Hunter 和 Blair 报道连续接触含苯浓度为 $80\sim100\text{mg/m}^3$ 的空气 6h，人体可保留 230mg 的苯。

（3）风险特征描述

在所检测的软饮料中，一部分的苯含量超出安全标准，最高的甚至达到每升软饮料含 $8\mu g$。但根据中国饮用水标准——苯含量应低于 $10\mu g/L$，芬达、美年达汽水符合饮用水标准。

对于苯甲酸钠的食用，世界卫生组织设立的允许日摄取量（ADI）为 5mg/kg。根据 FDA 的说法，一般认为苯甲酸钠用于食品中是安全的。

但有关研究指出，即使只含有低浓度的苯，人在长期接触的时候也可引起慢性中毒，苯对人的神经和心血管系统有明显的毒性，对造血机能有抑制作用，如白细胞减少、贫血等。

8.6.3　风险管理

加强食品安全问题宣传教育，制定严格的食品质量控制的法律法规，建立相应的标准体系，杜绝恶意掺假行为，对食品添加剂的使用制定严格的限量标准。

采用更安全的山梨酸、山梨酸钾来替代苯甲酸钠作为防腐剂使用，阻断危害产生的根源。

加快系统检测的发展，引进先进技术设备。目前，我国食品检测技术相对落后，缺乏对人体健康危害大而在国际贸易中又十分敏感的污染物，如二噁英及其类似物、氯丙醇和某些真菌毒素等的关键检测技术。

加速建立健全的食品质量控制体系（GMP、HACCP、SSOP 等），为全行业提供食品安全指导原则和评价标准。

9 风险交流

风险交流也被称为风险沟通，是起源于环境学的一门交叉学科。食品风险交流是风险分析框架的一部分，是联系利益相关方的重要纽带，风险交流在整个风险分析框架中的地位也逐步得到更多的重视。风险评估、风险管理和风险交流三部分是相互交叉的品字形构架，各部分相对独立地运行，风险交流主要用于辅助风险评估和风险管理，在2006年FAO/WHO提出新的食品风险分析框架中将风险评估与风险管理置于风险交流的圆圈之内（图9-1），强调了风险交流活动应当贯穿风险分析的全过程以及风险交流的桥梁作用。

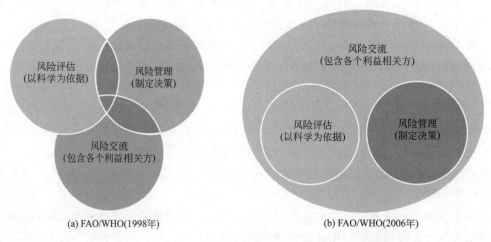

(a) FAO/WHO(1998年)   (b) FAO/WHO(2006年)

图 9-1　食品安全风险分析框架

美国农业部对风险交流的定义是：一个公开的、双向的信息交流，以使风险得到更好的理解，并做出更好的风险管理决定。世界卫生组织出版的《食品安全风险分析——国家食品安全管理机构应用指南》中明确指出，"风险交流是在风险分析全过程中，风险评估人员、风险管理人员、消费者、企业、学术界和其他利益相关方就某项风险、风险所涉及的因素和风险认知相互交换信息和意见的过程，内容包括风险评估结果的解释和风险管理决策的依据。"这意味着风险分析涉及的所有人都是风险交流的参与者，包括政府管理者、风险评估专家、消费者、企业、媒体、非政府组织等。风险交流不同于信息发布。风险交流对于风险评估和风险管理有重要的促进作用。通俗地说，风险交流是指消费者、经营业者等有关人员在实现信息共享的基础上，从各自的立场出发提出意见，建立一思考讨论的环境，从中探求在相关人员之间建立信任关系、达成社会性的共识的途径。

风险信息交流包括以下四个方面：风险本质、利益本质、风险评估的不确定性和风险管理建议。风险信息交流应关注危害的特征和重要性、风险的量级和严重性及局势的紧急性，还应关注与风险并存的利益、风险和利益的平衡点及所有影响人群的总体利益。对于风险评估，我们还应确定风险评估的方法、每个不确定因素的重要性和可用数据的准确性。对于风险管理，应控制或处理风险采取的措施、尽可能减少个体风险的个人行为，并注意风险管理建议实施的风险持续性。

风险交流是贯穿风险分析整个过程的信息和观点的相互交流过程，是风险分析过程中联系利益各方的重要纽带，成功的风险交流是有效的风险管理和风险评估的前提，且有助于风险分析过程的透明化。风险交流的过程并不是简单的"告知"和"被告知"的关系，它是一个双向的互动过程，要求有宽泛的计划性、有战略性的思路，以及投入资源去实施这些计划。

9.1 影响风险交流的因素与指导原则

9.1.1 影响风险交流的因素

影响风险交流的因素包括：风险的性质，利益的性质，风险评估的不确定性，风险管理的选择。

进行食品安全的风险交流首先要考虑到风险、利益二者的性质。风险的性质指危害的特征和重要性、风险的大小和严重程度、情况的紧迫性、风险的变化趋势、危害暴露的可能性、暴露的分布、能够构成显著风险的暴露量、风险人群的特点和规模及最高风险人群；利益的性质包括与每种风险有关的实际或预期利益、收益者和收益方式、风险和利益的平衡点、利益的大小和重要性及所受影响人群的全部利益。

其次还要考虑到风险分析中的风险评估的不确定性及风险管理的选择问题。风险交流作为风险分析的重要组成部分，能够提供一种综合考虑所有相关信息和数据的方法，为风险评估过程中应用某项决议及相应的政策措施提供指导。风险评估的不确定性包括评估风险的方法、每种不确定性的重要性、所得资料的缺点和不准确度、估计所依据的假设、估计对假设变化的敏感度以及风险评估结论的变化对风险管理的影响。风险管理的选择包括控制或管理风险的行动、个人可采取的降低其风险的行动、选择特定的风险管理选项的理由、特定措施的有效性、特定措施的利益、风险管理的费用和费用的出处以及执行风险管理措施后仍然存在的风险。

在食品安全风险交流的过程中主要受到以下几个方面的影响。

9.1.1.1 食品安全风险自身的影响

相对于其他领域的风险，食品安全风险更容易让公众反感和容易令公众不安。随着分析化学、分子生物学、分子毒理学和细胞毒理学的发展，过去很多不为人知的风险也逐渐浮出水面，如转基因技术、纳米技术等新技术以及新材料新工艺在生产加工领域的应用带来的不确定风险让人们疑虑重重。

9.1.1.2　政府机构政策的影响

作为风险交流的主体，政府机构应积极引导风险交流工作，特别注意的是风险管理工作必须和风险评估、风险交流工作分离，确保风险交流工作不受风险管理的制约；同时政府应该具备公开透明的工作机制，风险交流应与日常生活融合，而不是仅仅将风险交流的工作重点放在危机应对。政府机构应当提供多种食品安全风险交流的渠道，如各种投诉电话及政府机构开设的网站。

9.1.1.3　公众及社会的影响

风险交流的基础是互相信任，风险交流不是一种简单的知识灌输，公众在面临食品安全问题时的不同情绪将直接影响风险交流的进行，如消极情绪对风险交流有着极大的负面影响，因此公众应该是政府及其他机构的食品安全管理伙伴之一。

通过长时间知识的传播，可以使公众掌握更多的科学认知，建立正确的食品消费观，在面对安全风险时不是盲目地恐慌，而是独立思考和批判性思维可以做出科学的判断，可以有效避免各种荒谬言论的流传；另外公众法律意识的不断提高，公众参与公共事务管理的要求也越来越强烈，他们能够和政府等机构一起对食品安全活动进行监督。

9.1.1.4　媒体的影响

媒体对食品安全风险的报道与公众对食品安全风险的关注产生了共鸣效应，食品安全的问题关系到每个人的身体健康，对于食品生产、销售过程中的违法行为应该给予严厉的处罚打击，媒体进行大量的报道，可使广大群众知晓食品中存在的问题。公众的高度关注促使媒体积极报道这方面的新闻，媒体报道也促使公众更加关注食品安全问题。目前在我国食品安全事件中也屡屡出现由于媒体从业人员的科学知识欠缺而造成的百姓的恐慌。

9.1.2　风险交流的指导原则

食品安全风险交流涉及政府、科学家、企业、媒体、消费者等多个利益方面，食品风险交流的指导原则包括正确认识交流对象、科学专家的参与、可靠的信息资源、分担责任、正确对待风险交流的科学性、确保透明度和树立正确的风险观等多个方面。

9.1.2.1　正确认识交流对象

在制作风险交流的信息资料时，应该分析交流对象，了解他们的动机和观点。除了总的知道交流对象是谁外，更需要把他们分组对待，甚至于把他们作为个体，来了解他们的情况，并与他们保持一条开放的交流渠道。倾听所有有关各方的意见是风险交流的一个重要组成部分，应该去理解他们关注的要点和他们的感受，并与他们保持一个开放的渠道来和他们很好地交流，加强对复杂现象的认识。

9.1.2.2　科学专家的参与

科学专家作为风险评估者，需要能够解释他们评估的结果与科学数据，基于主观假设与判断，这样风险管理者和其他相关的团体才能够交流风险。科学专家必须能够清楚地交流他们所知道的以及他们所不知道的，并能够解释风险评估过程出现的不确定性。科学专家的参与能够加快学科建设，培育风险交流人才队伍。风险交流重视危机管理、风险认知、双向互动和媒体推广，远远超出健康教育专业的范围。因此，需要制定人才发展规划，只有在科学专家参与的前提下，有计划地培养一批具有较高科学素养，并掌握风险交流技能的专业工作队伍。这样专业的队伍能够策划并组织实施多种形式的食品安全风险交流和科学传播活动，并有效应对突发事件。

（1）建立风险交流专家意见

风险管理者以及专家不一定有时间和技术来完成复杂的风险交流任务，比如对各种各样的交流对象的需求作出答复，但是专家一定要掌握信息的新颖性。专家应加强风险交流基础研究，尤其是风险认知研究；专家同样需要加强传播学规律研究，加强舆情监测分析方面的研究。一方面要学习和了解媒体发展趋势和传播规律，为风险交流提供科学的方法；另一方面要在建立健全舆情监测反应机制的基础上，进一步开发舆情信息深度分析技术，例如开发以语义分析和算法模型等，可以为舆情早期应对提供重要的参考依据。

（2）建立交流的专门技能

风险交流需要专家能够在相关团体之间传输可接受的以及有用的信息。所有具有风险交流技能的人员应该尽早参与进来，可以通过培训和实践使参加人员获得这种技能。目前风险交流的首要任务就是重塑科学的权威性，只有通过建立交流的专门技能才能重建社会对食品安全体系的信心和信任。目前各国缺乏风险交流人才，风险交流的有效开展需要培育科学传播人才队伍，建立交流的专门技能。

9.1.2.3 可靠的信息资源

来源可靠的信息比来源不可靠的信息更可能影响公众对风险的看法。对某一对象，根据危害的性质以及文化、社会和经济状况和其他因素的不同，来源的可靠也会有变化。如果从多种来源的消息是一致的，那么其可靠性就得到加强。决定来源可靠性的因素包括被承认的能力或技能、可信任度、公正性以及无偏性。如消费者认为同"可靠性高"相联系的词包括基于事实、有相关知识的、专家、公众福利、负责的、真实的以及好的"追踪报道"。信任和可靠性必须不断培养，不然，它们会因缺乏效果的或不适当的交流而受到破坏或损失。有效的交流承认目前存在的问题和困难，它在内容和方法上是公开的，并且是及时的。消息的及时传递是极其重要的。因为许多争论都集中于这个问题，即"为什么不早点告诉我们"，而不是风险本身。对信息的遗漏、歪曲和出于自身利益的声明从长远来看，都会损害可靠性。

9.1.2.4 责任的分担

风险交流中不同的角色应承担不同的责任，承担责任的应该包括各级政府机关、企业、媒体，当然还包括广大消费者。毫无疑问，各级政府在公众的风险方面起着领导作用，当风险管理的决定是采取强制或非强制的自愿控制措施时，这种领导作用就更加凸显。政府要公开透明，不仅是决策结果的透明，也包括决策依据与决策过程。行业企业在食品安全风险中出现它们的产品时尤其要承担相应的责任。回顾这几年有关食品安全的媒体报道和互联网信息，其中不乏不科学、不客观的和某些所谓专家的不负责任的言论，造成以讹传讹的效应，进一步加剧了消费者的恐慌。消费者对食品安全也有很多误解，比如食品安全零风险的问题，假冒伪劣食品就等同于不安全食品的问题，超标产品就等同于有毒产品等。在我国，当前政府和民间两个层面都缺少专门从事风险交流的机构和部门，所以风险交流的力度非常弱。正确的办法是建立以真正懂行的科学家为基础的食品安全风险交流平台，可持续地提供权威性的科学信息，来压倒具有误导性的报道舆论。媒体如果缺乏一个获取科学信息的渠道，也容易传播一些未经核实的新闻。风险交流应当是政府、行业、企业、研究机构、媒体、消费者等所有利益相关方共同参与的，因此任何一方都要承担起相应的责任。

首先找出风险所在，做好事件前的准备计划，建立沟通网络，与可靠的信息来源进行合作和配合，并定期更新；在危机发生后，采取积极的战略，包括建立合作伙伴关系，倾听大众的需要和担心，积极配合媒体，满足媒体的需要，向媒体提供有实用价值的信息。

9.1.2.5 正确对待风险交流的科学性

风险交流者有责任说明所了解的事实，以及这种认识的局限性。这点必须理解"价值判断"和"可接受的风险水平"这两个概念，风险不是越低越好，通常是将"风险"限制在一个可接受的水平，这是因为如果要降低风险必须需要采取一定的措施，而实施措施则需要付出代价。对风险的接受，从不同角度出发会有不同的态度，从安全可靠的角度出发，要使得产品尽可能安全；从财政方面，不仅希望投资最少，而且要花费尽可能低的操作费用；从规则与法律上讲，必须根据规则与法律的条文，不考虑费用与实际的风险水平。由此可见，确定可接受风险水平必须平衡上述这三方面的要求与责任，甚至要考虑更多的方面。可接受的风险水平的确定是一个十分复杂的问题，也有人们、社会的心理素质、道德观念和经济承受能力等问题。

9.1.2.6 确保透明度

风险交流一定要保证公开透明，不仅仅政府信息的公开透明，也包括企业、行业。不仅仅是决策结果的透明，也包括决策依据与决策过程。只有在确保透明度的基础上，才能使风险交流的各方共同参与到风险交流过程中去。对于风险管理者来说，公众以及相关团体之间进行的有效的交流既是风险管理的基本部分又是完成风险交流透明性的关键。

9.1.2.7 树立正确的风险交流观

随着食品安全问题的增长，正确认识风险、树立正确的风险观变得尤为重要。食品安全的舆论现状很大程度上是因为公众对食品安全和监管部门失去信心、缺乏信任，而风险交流是重建信心、重塑形象的关键手段。例如，我国食品安全现状，总体食品安全环境良好，但依旧存在很多问题，其中有些问题还很严重。在消费者的印象中一直都充斥着"我们还能吃什么？"的疑问，这说明我国消费者对食品安全状况误解很深，很多事件对健康并不足以造成危害，却产生过度担心。这些不必要的恐慌正是由于缺乏食品安全常识以及不熟悉食品生产环节引起的，而这种不必要的恐慌却有可能会混乱整个市场经济秩序，同时也会使生产者和经营者承受巨大压力。政府、媒体、企业应该有义务使消费者获得科学的食品安全知识，接受权威的食品安全科学信息，而不能盲目跟风。因此，在建立良性信息交流循环前提下才能使消费者完全信任政府，树立正确的风险价值观；同时，政府只有通过长期不懈的负责任的行为，以透明开放的工作态度，配合良好的风险交流手段，才能建立消费者信心，从根本上建立和谐的舆论环境。

9.2　有效风险交流的障碍

在风险分析过程中，企业由于商业等方面的原因、政府机构由于某些特定原因，不愿意交流他们各自掌握的风险情况，消费者组织和媒体等在风险分析过程中的参与程度不够等都会造成信息获取方面的障碍。

9.2.1　政府在风险交流过程中遇到的问题

在实施确保食品安全性的政策措施时，政府必须采取必要的措施，提供有关该政策措施的信息，给予针对该政策措施陈述意见的机会，促进相关人员之间的信息和意见的交流，然而很多情况下政府并没有确保实施过程的公平性和透明性；制定食品安全相关的多种标准也必须公开必要的事项，广泛地征求国民及居民的意见，但也因为种种原因并没有完全听取国民及居民的意见；另外，考虑所谓非科学的"合理因素"造成了风险情况交流中的障碍。因此，政府机构应当定期地听取国民及居民的意见，必须定期公开有关食品卫生的政策措施的实施情况。

另外经费也是保证有效风险交流的因素之一，往往由于经费缺乏，政府机构对许多问题无法进行充分的讨论，工作的透明度和效率有所降低。

9.2.2　企业在风险交流过程中承担的责任及知识普及的问题

风险交流中的一个很重要的问题就是企业在整个社会体系当中信誉的问题，因此有效风险交流另一个障碍就是企业。企业在做风险交流工作时，往往比较重视危机公关，但危机公关不等同于风险交流，危机公关就是平息事态，然后迅速恢复企业的信誉度；企业要重视在平时通过媒体等多种渠道与公众、社会进行有关企业的工业流程、风险控制体系和技术实力等信息，通过长期积累建立良好的相互了解和信任的关系。目前我国食品安全舆论环境比较差，很多企业在遇到问题的时候，不知道该如何应对和解决，企业应该积极参与标准的制定和修订，同时对社会舆论有监控，要把信息正确地传递给公众。

9.2.3　消费者对风险交流过程的误解

消费者对风险交流过程的误解包括两部分：对风险的认识分歧和对食品安全性的误解。对风险的认识分歧指的是实际的风险和人们感觉到的风险（认知风险）之间存在着的差距。消费者对于未知的部分、信息少的部分、无法理解的部分和自己无法控制的部分的感觉超过实际风险的危害，而对便捷性和利益明确的部分和自己可以控制的部分的感觉小于实际风险的危害。

例如，现阶段，消费者往往认为源于自然的物质是安全的，合成化学物质都是危险的，食品里面含有一点儿有害物质都是危险的，只要超过保质期一天都是危险的。因此政府及相关机构、企业应当通过有效的风险交流，使消费者加强加深与确保食品的安全性有关的知识和理解，对确保食品的安全性有关的政策措施发表意见，以对确保食品的安全性起到积极的作用。

9.2.4 来自社会大众及媒体之间的障碍

由于公众对风险的理解、感受性的不同以及对科学过程缺乏了解，加之信息来源的可信度不同和新闻报道的某些特点，以及社会特征的不同，造成进行风险情况交流时的障碍。

食品安全风险波及面比较宽，群体沟通复杂，公众对风险的熟悉程度相对较高；面对高危险的风险，公众的情绪通常躁动不安，濒临公众可接受限度。此种风险交流最重要的任务是配合食品安全管理，帮助公众克服恐惧和痛苦情绪从而成功地度过危机。例如，2008年三鹿婴幼儿奶粉事件发生后，相关媒体、网络都进行了报道、转载。事件发生后几乎各大媒体都进行了连续报道，一时之间负面信息充斥着各大媒体和网络论坛，公众不满、恐慌、焦虑等负面情绪通过媒体宣泄得淋漓尽致，公众对中国乳制品乃至食品安全产生恐慌心理。公众反应不仅限于食品安全问题本身，较为集中的问题是患儿恢复情况、问题产品退货等问题。公众通过各种渠道表达了对违法企业的无良行为表示愤慨，对无辜患儿及家庭给予同情。这类事件由于前期风险沟通不及时，公众认知多为负面认知，对于食品安全风险沟通工作的开展很不利。

对于较严重的食品安全风险交流问题，风险交流者的首要任务是需要克服受众的冷漠，要告知可能造成的严重危险，以预防和避免严重事件的发生。针对这些障碍，风险交流者需要利用多种方式，用最浅显的语言向公众传播这种风险的基本科学道理和预防措施及可能造成的后果，直到引起大众媒介的重视和社会广泛的注意。

9.3 有效风险交流的策略

风险交流活动发生在许多不同种情况下，研究和经验都表明应有不同的风险交流策略来适应不同的情况。虽然有许多相似之处，但是，处理食品安全的紧急事件和与公众进行食品生产、保藏等技术的风险和利益的对话，以及交流那些针对慢性和低的食品风险的信息所需要的策略之间在许多方面都不同。

有效的风险交流的许多要求，特别是那些涉及公众的要求，可以按以下风险交流过程的系统方法进行排序分组，包括收集背景资料和需要的信息；接着制作、编辑、传播并发布信息；最后，对其效果进行审核和评估（表9-1）。

表9-1 风险交流的基本策略

项目	风险交流策略
背景信息	• 了解风险以及相应的不确定性的科学依据； • 通过风险调查、访问和重点人群讨论等方式，了解公众对风险的看法； • 找出人们需要的风险信息是什么； • 关注那些人们认为比风险本身更为重要的相关问题。预期到不同的人对风险的理解会不同

项目	风险交流策略
准备	• 避免将新的风险与熟悉的风险作比较,因为如果不能正确地表述,比较的结果可能是轻率且不真实; • 认识风险概念中的感情成分并对之做出反应,用同情而非逻辑语言来说服感情用事的(听众、观众); • 用几种不同的方法来说明风险,切实做到不回避风险问题; • 解释在风险评估和标准制定过程中使用的不确定因素; • 在所有的交流活动中,保持开放、灵活以及承认公众负有责任; • 树立一种与风险有关的利益意识
传播和发布	• 通过可理解的方式来描述风险、利益的信息和控制措施,接受公众并将其作为合法的参与者; • 分担公众所关心的问题,而不是认为这些问题不合理或不重要而置之不理,将对公众所关心的问题像统计资料一样受到重视; • 诚实、坦率并且公开地讨论所有的问题; • 在解释风险评估推导出的统计数据时,应在摆出这些数字之前,先说明风险的评估过程; • 综合并利用其他来源可靠的信息; • 满足媒体的需要
审核和评估	• 评估风险信息资料和交流渠道的有效性; • 注重监测、管理以及减小风险的行动; • 周密计划并评估所作的努力

9.3.1 政府方面

9.3.1.1 加强风险交流制度建设

政府设立的负责食品安全风险交流的专门机构;政府工作人员应在现有规范性文件和法律法规的框架下,按照政务公开的原则依法行政;完善食品安全信息披露工作,增强及时性和充分性,使各利益相关方能够使用政府信息资源并且能够公平、方便地采集;建立覆盖风险交流的全套制度与机制,为处理突发事件、交流日常风险信息和回应热点问题提供制度保障。在我国可以依照《食品安全法》、《食品安全国家标准管理办法》、《食品安全监管信息发布暂行管理办法》等进行依法行政。

9.3.1.2 建立多方协作机制

媒体、食品生产经营单位、行业协会、消费者组织等作为风险交流的组成单位,政府应当鼓励和引导参与风险交流活动,充分发挥利益相关方的作用;要努力使风险评估、风险管理、应急管理等工作与风险交流工作形成有机结合的整体,加强过程交流,使风险分析框架真正发挥在食品安全体系中的基础作用。例如对于媒体,要与其建立富有成效的工作关系,特别要重视其在食品安全知识传播、食品安全隐患挖掘中的重要作用。

9.3.1.3 加强风险交流专业机构建设

政府要在风险评估或管理机构内设有专门的风险交流部门。例如欧洲食品安全局、日本食品安全委员会、英国食品标准局、德国联邦食品安全风险评估所等都在风险评估或管理机构内设有专门的风险交流部门。

9.3.1.4 重视交流平台的建设

政府应当积极建立以政府为主导,以科学家为基础的食品安全风险交流平台,同时可以鼓励和支持有资质的民间平台合法注册和运行，多方面促进风险交流的组成单位进行交流。

政府通过各种平台进行交流过程中应当注重交流能力的建设，如对各级官员、各种机构及有关专家开展风险交流技能和媒体应对技巧的培训，使他们能说、会说、善说。

9.3.1.5　建立健全舆情监测与反应机制

政府要建立灵敏、高效的舆情监测反应体系，做到早期发现、分级响应，以及能为管理决策部门及时提供对策建议，使政府和机构在危机事件，特别是各种食品安全突发事件中可以按照各种策略有条不紊地开展相应风险交流工作。

9.3.1.6　经费保障

政府应当建立能与现有风险交流工作体系有效衔接的新媒体发展规划与风险交流机制，使之与风险评估、风险管理和突发事件应急处理等相关工作结合从而发挥新媒体的效力；另一方面，通过工作经费和科研经费的保障，加强新媒体研究与应用的投入，鼓励各级政府部门及科研单位参与新媒体传播，建立结构合理的人才队伍。

9.3.2　社会与公众角度

国家监督和社会监督相结合的监督体系，增加食品安全管理与决策的透明度，同时政府机构、研究机构及企业等应当开展多种形式的科普宣传，利用消费者的自我保护意识，使公众能真正了解并参与进来，引导社会力量参与食品安全监督，积极探索适应当前形势的食品安全信息反馈机制；另一方面要加强对食品生产加工经营单位的食品安全教育，提高主体责任意识。

9.3.3　媒体角度

9.3.3.1　建设媒体工作人员的行业自律行为

媒体工作人员应杜绝以"吸引眼球"为目的的道听途说以及不经核实、断章取义和肆意夸大等不负责任的报道。并通过记者协会等组织，加强媒体从业人员职业道德方面的教育。对有意误导甚至传播谣言的媒体或记者，要追究法律责任。在信息传播中，要求做到客观、科学和准确，正确引导消费者。同时要注意微观真实与宏观真实的把握，避免片面报道使公众对食品安全总体局面产生错误的判断。

政府需通过资金补助、法规保障和相关政策扶植等措施扩大科学传播在整个媒体渠道中的份额，提高科学传播者的物质回报，引导更多媒体人员从事这方面的工作，使媒体环境逐步回归科学和理性。

9.3.3.2　提高专业素质

通过记者协会和相关行业组织，逐步实现媒体工作的专业化，使从业者能够接受到较系统的专业知识培训和风险交流技能培训；利用高校、科研院所的平台，加强现有媒体工作者的再培训；开展"媒体-科学家角色互换"项目，使媒体人员拓宽知识面、提高科学认知水平，使科研人员了解媒体逻辑和媒体传播的基本原理。

9.3.4 风险交流学科建设角度

9.3.4.1 加快风险交流学科建设

风险交流学科涵盖认知科学、传播学、社会心理学等多种学科，在现今的高等教育中开设相应课程，形成完整的风险交流教学体系，使这些未来的科技工作者具备最基础的传播知识的能力。

9.3.4.2 培养专业人才队伍

通过学科建设，将风险交流技能的人才分布在政府、企业、高校、研究院所、媒体和各种民间组织中，使他们成为未来风险交流的骨干力量；由于风险交流对实践经验的积累要求较高，因此要注重对现有人员的选拔和培养，尤其是中青年骨干力量的进修、培训。

9.3.5 非紧急状态下的风险交流策略

风险交流在出现食品安全突发事件时显然是非常重要的，但是，在没有紧急突发事件和只是对认识到的危害进行常规风险分析时，风险交流同样重要。在这些情况下，制定风险交流策略同样应该按风险交流过程的系统方法进行（表9-2）。

表 9-2　非紧急状态下的风险交流策略

项目	风险交流策略
背景信息	• 在公众健康危害变得明显之前,提前作出估计; • 确定公众所考虑的危害得到重视,以及公众对风险的认识和行为的看法; • 分析风险交流的对象并了解他们的动机,尽量全面认识他们所关注的问题和他们认为的最重要问题; • 分析使用哪些信息渠道和信息资料才是最佳的。利用大众媒体和其他适当的渠道来传递信息
准备	• 向相关人群描述风险是怎样确定的,以及怎样监测风险和个人如何控制或减少风险; • 认识享有的好处,并帮助个人找到满足他们好处的方法; • 要使信息资料有趣味并切中人们的需求,而不只是强调统计数据; • 要特别地把由媒体发表的宣传消息制作得非常生动有趣。对媒体来说,宣传风险通常比宣传安全性更具新闻价值
传播和发布	• 尽可能地利用大众媒体讨论那些消费者所关注的问题,比如,电视转播当地代表性人物的公开讨论会; • 不断进行交流,从而使公众能够根据已获得的好处和目标作出决定,并且对可能的风险及相关好处有更深刻的理解; • 使风险交流具有多向性,这种交流不仅仅是从技术专家到公众,还可从公众反馈到专家; • 不断努力加强公众参与意识,使人们认识到他们处在健康促进活动或有效的决策过程的中心; • 利用健康教育和获取健康信息的方式,支持人们和团体有效地参与交流; • 满足媒体的需要
审核和评估	• 在交流对象的代表人群中检验人们对所传播信息的理解; • 将风险交流与风险评估和风险管理融为一体,以增强风险分析的有效性,并确保资源的合理利用; • 对风险评估者和管理者开展有关风险交流的原则和应用的教育和培训; • 有效的风险交流能够打破政府各部门之间、政府与非政府组织之间、公众与其他部门之间的传统分界线。协调和合作是必要的,这要求在社会上不同部门和所有层次之间建立平等的合作伙伴关系

9.3.6　食品安全突发事件期间的风险交流策略

食品安全事件中会发生包括化学污染物、物理性掺假或致病性微生物等典型的食品安全突发事件，尽管非突发事件状态下的一般策略仍然适用，但是，突发事件下需要有特殊的策略，有效的突发事件管理要求有一个综合计划，以便根据定期评估而进行修正。

在突发事件期间，保持良好的交流渠道特别重要：首先要防止引起恐慌；其次，要提供有关突发事件的正确信息，以帮助决定采用什么样的行动。这应该包含如下信息：①突发事件的性质和程度以及控制突发事件所采取的措施；②被污染食品的来源以及如何处理家中的所有可疑食物；③所确定的危害及其特征，以及何时、怎样寻医或其他必要的援助措施；④怎样防止问题的进一步蔓延；⑤在突发事件期间，人们妥善地加工处理食品的方法。

为了达到这些目标，风险交流在这些食品安全突发事件中显得尤为重要，在处理这类事件中，风险交流的过程应该更为积极和及时。政府、企业等更应在整个风险交流的过程中发挥主体作用。

9.3.6.1　政府

政府要迅速地将准确的信息传递给大众媒体和公众。基本的准备工作包括确定可靠的消息来源和专家意见，安排一个行政机构来处理突发事件期间的交流问题，以及提高工作人员对待媒体和公众的技巧。

政府的食品安全信息办公室必要时应当作为突发事件管理中心，可将其作为一个信息服务中心接受消费者有关食品安全的日常咨询。食品监督机构也可以考虑在国际互联网提供食品与食品安全信息，其中包括对普遍关注的问题的解答。

9.3.6.2　企业

当突发事件正在出现或已经出现时，卷入突发事件的企业应该确保政府全面获得有关突发事件发生的可能原因和问题严重程度的信息，以及有关收回已投放市场食品的预期效果信息。在突发事件期间，处理公众问题时，应将消费者的安全放在第一位，企业的行动和交流活动都应该反映这一点。

中央政府、研究机构、地方政府、企业及公众应按照上述开展一系列交流，例如通过现场访问、广播公告、免费服务热线及网络系统等方式和机制来传递信息，包括每日最新的突发事件情况和突发事件管理行动，以准确、简洁和可行的方式互相交流信息，最后可以评估突发事件交流的有效性，并对此作出适当的调整。

9.3.7　国外对于有效风险交流的策略

各国均根据本国/区域经济、文化背景制定了符合本国/区域国情的风险交流策略（表 9-3）。例如美国 FDA 要求风险信息内容全面并且适应公众需求，同时要求风险交流具有科学性；加拿大卫生部明确要求"以利益相关方为中心"，同时风险交流的决策要基于证据，并根据社会和自然科学做出等。

表 9-3　各国/国际组织风险交流策略一览表

项目	风险交流策略
欧洲食品安全局	• 理解公众对食物、风险及食物链相关的风险的认识； • 定制信息，满足受众需求； • 促进整个风险评估/风险管理领域的内在风险交流
美国 FDA	• 风险交流具有科学性； • 风险和效益信息要提供风险的前因后果并且适应受众需求； • 风险交流方式是具有结果导向性的
加拿大卫生部	• 对于综合风险管理来说，战略风险交流是不可或缺的一部分； • 以利益相关方为中心； • 决策需要基于证据、根据社会和自然科学做出； • 风险管理和风险交流方法是透明的； • 需要在评估中不断改善战略风险交流过程

9.3.7.1　欧洲食品安全局（EFSA）

2000 年欧盟发布了《食品安全白皮书》，确立了欧盟食品安全管理体系的框架，并颁布了《一般食品安全法》（（EC）No.178［2002］），同时成立了欧洲食品安全局。欧洲食品安全局是一个独立的法人实体，2002 年成立，与欧盟的其他机构保持独立，它由四个部门组成：管理董事会、咨询论坛、科学协调委员会和八个科学专家工作组。欧洲食品安全局还独立承担风险评估和风险交流工作，是欧盟关于食品和饲料风险评估、风险交流的核心中枢，与欧盟各国政府紧密合作，为各利益相关方提供独立的技术咨询和科学建议。2009 年欧洲食品安全局发布了《2010 年至 2013 年欧洲食品安全局交流战略》，明确了其在风险交流方面的工作目标，应该采取的交流策略和交流方法。

（1）欧洲食品安全局风险交流工作目标

① 确保公众和有关各方得到迅速、可靠、客观和全面的信息。

② 在 EFSA 职责范围内主动交流和沟通。

③ 与欧盟及各成员国密切合作，提高风险交流过程的一致性。

④ 提供有关营养问题交流的帮助。

（2）欧洲食品安全局风险交流策略

① 理解公众对食物、风险及食物链相关的风险的认识。

② 定制信息，满足受众需求。

③ 促进整个风险评估/风险管理领域的内在风险交流。

（3）欧洲食品安全局风险交流方法

① 深入理解公众对风险的理解和感知，告知风险交流的途径和内容。

② 基于欧洲食品安全局科学建议，提供简单、清楚、有意义的交流内容。

③ 定制针对不同受众群体的风险交流信息。

④ 制订全面的风险交流计划，调动各种有效的交流渠道使目标受众接收信息。

⑤ 树立 EFSA 科学品牌和认知度。

9.3.7.2　美国食品和药品管理局（FDA）

美国食品和药品管理局是直属美国健康及人类服务部管辖的联邦政府机构，旨在保护和促进国家公共卫生，负责除肉类和家禽外所有国内和进口食品的监管。该管理局由八个部门组成，且每个部门都负责一个相关领域的监管工作。这八个部门分别是：政府专员办公室（OC）、药品审评和研究中心（CDER）、生物制品审评和研究中心（CBER）、食品安全和应用营养中心（CFSAN）、设备仪器与放射健康中心（CDRH）、兽药中心（CVM）、国家毒理学研究中心（NCTR）和监管事务办公室（ORA）。

作为美国重要的食品安全监管部门，美国食品和药品管理局还十分注重食品安全的风险交流工作。在经济全球化发展、新兴科学领域、不断发展的技术水平以及人们对自身健康管理的日渐浓厚的兴趣等背景下，其于 2009 年秋天制订发布了《FDA 风险交流策略计划》，明确了开展风险交流工作的 3 大核心领域——科学、能力和政策，并且规定了美国食品和药品管理局在食品药品安全风险交流领域所处的角色和地位，还介绍了美国食品和药品管理局提高其风险交流效率所制订的策略计划等。

(1) 美国食品和药品管理局风险交流工作目标

① 相互共享风险和收益信息，使人们在使用 FDA 规定产品时能够做出正确评价。

② 为相关行业提供指导，使其能够最有效地对规定产品的风险和受益进行沟通。

(2) 美国食品和药品管理局风险交流策略

① 风险交流具有科学性。

② 风险和效益信息要提供风险的前因后果并且适应受众需求。

③ 风险交流方式具有结果导向性。

(3) 美国食品和药品管理局风险交流方法

① 确定风险交流和公共传播相关的研究项目及研究进度，提供技术支撑。

② 设计一系列公众调查，评估公众对 FDA 监管产品的理解和满意度。

③ 建立并维护 FDA 内部风险交流数据库。

④ 定制新闻稿模板（如批准、召回、公共健康咨询/通知等）。

⑤ 建立信息数据收集处置机制，评估消费者对食品安全问题的反应。

⑥ 明确风险交流过程中政府官员和专家的角色和责任。

⑦ 与各方建立合作关系，扩大 FDA 的网站信息发布范围。

⑧ 提出指导原则，帮助公众理解 FDA 的风险交流。

9.3.7.3 加拿大卫生部

加拿大卫生部是加拿大联邦政府中掌管公共卫生的部门，它作为一个国家级部门，在处理特别广泛的风险问题上发挥着巨大的作用，并且高度重视风险交流工作。风险交流是加拿大卫生部风险管理过程不可或缺的组成部分，因此加拿大卫生部制定了《战略风险交流框架》，强调用一种战略性系统方法来制定和实施有效风险沟通。具体包括：5 个指导原则、实施指南以及战略风险沟通的详细过程。此外，加拿大卫生部还描述了部门内部与确保战略风险沟通动作成功相关的职业职责和义务，同时框架中也要求加拿大卫生部的每名员工都有职责和义务帮助确保风险交流工作的有效性，以符合加拿大公民的利益。

(1) 加拿大卫生部风险交流目标

① 防止和降低对个人健康和整体环境的风险。

② 推广更健康的生活方式。

③ 确保优质卫生服务的效率和适用性。

④ 在预防、健康推广和保护领域内整合卫生保健系统更新与更远期计划。

⑤ 降低加拿大社会健康不平等情况，帮助加拿大公民做出明智决定。

（2）加拿大卫生部风险交流策略

① 对于综合风险管理来说，战略风险交流是不可或缺的一部分。

② 以利益相关方为中心。

③ 决策需要基于证据、根据社会和自然科学做出。

④ 风险管理和风险交流方法是透明的。

⑤ 需要在评估中不断改善战略风险交流过程。

（3）加拿大卫生部风险交流方法

① 确定风险。

② 描述风险状况。

③ 评估利益相关者关于风险和利益的感知。

④ 评估利益相关者对风险管理的感知。

⑤ 制订并预测交流策略、风险交流计划和信息。

⑥ 实施风险交流计划。

⑦ 评估风险交流的有效性。

9.3.7.4 日本食品安全委员会

日本食品安全委员会由七位委员组成，且全部为食品安全领域内资深的"民间"专家，下设秘书处、事务处、风险评估处、政策建议与公共关系处、信息和突发事件应急反应处和风险交流事务主管。并且还设有 16 个专家委员会，比如突发事件应急专家委员会，主要职责是紧急事件的应急措施；计划编制专家委员会，主要负责实施计划编制；风险交流专家委员会，负责风险交流的监测等。除此之外，还有 13 位专家对各种危害实施风险评估，比如农药、特别食品、微生物、食品添加剂等。

风险交流机制是日本食品安全委员会机制运行的重要环节。在食品安全监管中，食品安全委员会和厚生劳动省、农林水产省分别扮演着风险评估和风险管理的角色。首先食品安全委员会进行风险评估，然后厚生劳动省和农林水产省对其评价结果和内容等信息与相关人员交换意见，最后决定减轻或回避风险的政策与措施。同时，食品安全委员会通过各种形式与食品相关企业、消费者等广泛交换信息和意见。在这个过程中，食品安全委员会事实上起到了与各省厅、企业以及消费者的协调功能。

日本食品安全委员会实施风险交流的策略和方法如下。

① 召开国际会议，与国外政府、组织等相关部门进行交流。

② 通过网站、食品安全热线电话等与国内民众进行交流，以获得各方的意见和建议。

③ 食品安全委员会在其网站上公布每周召开一次公开会议的会议议程，以保证风险评估的透明性，让公众了解政府的食品安全工作进展。

④ 日本食品安全委员会从各县选拔任命专业的食品安全监督员，由他们发放调查问卷来了解人们对食品安全事件的关注程度、风险感知和信息需要等，制定有效的风险交流运作机制，协助各地方组织进行信息交流。

9.3.7.5 德国联邦风险评估研究所（BFR）

21世纪初的疯牛病危机严重影响了德国消费者对食品安全的信心，为此，2002年11月德国联邦食品、农业和消费者保护部依照《消费者健康保护和食品安全重组法案》和欧盟第178/2002号指令，设立联邦风险评估研究所。德国联邦风险评估研究所是一个独立于政府的科学评估研究机构，它主要负责风险评估和风险交流工作，并且以风险评估结果为基础，对可能风险提出控制措施，交流其过程，以此向联邦政府部门和其他风险管理机构提供咨询和科学的建议措施。它共设9个部门，包括行政管理部、风险交流部、科研服务部、生物安全部、化学品安全部、食品安全部、消费品安全部、食品链安全部和实验毒理学部。各部门还设立工作组或实验中心，负责风险评估的相关工作。

德国联邦风险评估研究所还与州政府、国家及国际性组织开展多方面合作，进行食品安全领域相关产品的风险评估。其下设的风险交流部，与政府机构、科研机构、公众等进行主动、透明的风险交流，以消除食品安全方面的恐慌，增强消费者信心。

德国联邦风险评估研究所对风险交流所采取的策略和方法主要有以下几点。

① 在风险交流方面，定期组织专家听证、科学会议及消费者讨论会，公开其评估工作和评估结果，提高风险评估工作的透明度。

② 通过网站公布专家意见和评估结果，使利益相关方和公众及时了解相关信息。

③ 与国家及国际政府和非政府组织开展合作，相互交流意见。

④ 积极寻求以简易的方式与公众展开交流，并向公众提供相关的科学研究成果。

⑤ 当通知公众所需的范围较大时，消费者建议中心、产品比较团体、消费者保护组织、食品与农业信息服务部都会成为风险交流的重要主体。

9.4 风险交流实例——ConAgra馅饼沙门氏菌污染的风险交流

为了更好地理解风险交流内容，下面例子参考了李强等翻译的Timothy著的《食品安全风险交流方法——以信息为中心》，从中可以了解风险评估的一般做法。

2007年10月，美国疾病控制和预防中心（CDC）宣布一家ConAgra工厂所制作的宴会馅饼和ConAgra馅饼，均与近300例独特类型的沙门氏菌感染病例有关。在较短时间内，ConAgra食品公司发出通知要求召回所生产的馅饼及与其产品相关的所有品牌产品。本案例重点关注ConAgra的危机，鲜明地展示了在一次召回事件中风险交流的复杂性。

9.4.1 沙门氏菌病暴发期间对风险交流的管理

在向国家公共卫生署提交的报告中，首先指出在2007年10月4日暴发了与宴会馅饼相关联的沙门氏菌感染。在一次新闻发布会上，ConAgra食品公司告知顾客，如果顾客愿意可以将产品退回ConAgra食品公司以寻求退款，并宣称："公司认为该问题可能与顾客未能将产品煮熟有关。"2007年10月11日，ConAgra发起主动召回。

除了召回之外，ConAgra提醒消费者，其产品未预先被烹饪，并且公司正重新开发烹铗说明，暴发来源的调查仍然在进行中。当 USDA 发布了一个健康警报"警告消费者 Con-Agra 食品与沙门氏菌案之间的联系"时，所有与沙门氏菌病暴发有关的各种冷冻馅饼都被撤出了市场。该警报向所有人发布；因而从技术上来说，公众都被通知到了。然而，有关召回的资料表明了信息受众中存在多元因素，包括：知不知道"馅饼"或沙门氏菌病的意义；能不能承担丢弃食品的费用，即使是被污染的；是否是特别受到威胁的群体等。

已发布的警报造成了一种两难处境，大众中不同因素的人接收和处理信息方式不同。文化水平、经济状态、媒体接触、暴发的接近性、处于危险中的群体的身份关系、健康状况和听者的语言熟练度都有可能影响对已给信息注意和服从的程度。

9.4.2 将风险交流最佳实践应用于 ConAgra 沙门氏菌病暴发

ConAgra 案例对风险交流的大量最佳实践方法提供了视角。本部分强调信息的复杂性与受众的文化中心需求的关系，还将讨论有关不确定性、风险承受能力以及保持诚实、公开和合作的最佳实践方法。

(1) 设计为文化中心的风险信息

已发布并通过媒体传播的风险回顾和召回信息表明，ConAgra 没有尽力认识不同风险感知或文化群体，在以下各区域：文化、经济状态、媒体接触、暴发的接近性和处于危险中的群体所提供的观察反映出风险交流者只注意到一般受众，而非特殊受众。

① 文化 ConAgra 公司在对消费者读取信息、鉴别条形码、按照指示和做出相应反应方面抱有很高的期望，所以当局面明朗之时，公司发言人认为，消费者应该能够理解风险预警和召回信息之间的差别。此外除了英语外，没有使用其他的语言来传达有关召回和污染的信息。

② 经济状况 大部分青睐该产品的消费者经济状况都比较低，而"不要吃馅饼"、"扔掉馅饼"等警示信息，对于那些资源有限、经济窘迫的人们是不能产生共鸣的。对于孩子还在挨饿的家庭而言，食物短缺的风险更是高于沙门氏菌的危害。

③ 获取媒体信息 公司发言人引导消费者登录网站获取更多信息。但是事实是，接近 1/4 的美国民众没有家用电脑，他们大部分是属于更低层的社会经济阶层。这表明自我效能的方式只是针对可以获取媒体信息的人，而不是那些可能受到沙门氏菌病影响和产品召回影响最深的人。

④ 濒临暴发 频繁提到的沙门氏菌事件报道的地点及其数量，都归因于人们食用了 ConAgra 宴会馅饼。此召回事件并没有立即终止配送中心的所有该产品输送，媒体提供的沙门氏菌病暴发地点的消息却促进了馅饼的销售，该产品仍然位于各个不同地方的货架上。

⑤ 易感人群 易感人群被认为是"抵抗力系统较弱的人们，如老人或者非常年幼的人"，这归因于先前已提到的经济状况，这些人群最有可能吃馅饼。其他潜在消费者则不会接触风险。沙门氏菌病的症状是：腹泻、发热、脱水、腹部疼痛以及呕吐。这些症状并不是只有沙门氏菌中毒才有，相比于没什么可吃或者浪费钱而言，这些症状或许被认为是值得的冒险。

(2) 承认不同的风险容忍水平

风险和危机信息并不总是按照预期结果来解释。各种因素均会导致对风险信息的错误理解。只要可能对利益相关方的健康造成伤害，利益相关者则有权全面了解其面临的威胁，公司应提供清楚的自我效能信息并就可能遭遇的风险等级向公众说明,而不是自以为是地认为每个人都知晓沙门氏菌及其可能的危害。此外,各机构还应尽量通知公众,并继续积极评估其预期的信息接受程度。

(3) 解释风险固有的不确定性

在危机情况下做出试图消除不确定性的声明并非一个明智之举。简而言之,公司必须能够在危机发生时就其所知的事情进行交流,这种应对将会为公众带来较高的安全感。

风险和危机交流者应持有一定程度的不确定性或含糊性,因为这样能使他们既能与公众进行交流,又强调了其此时面临的不确定程度。在食物传播疾病暴发的问题上,利益相关者尤其需要知道应留意的事项、哪一些食品受到潜在的污染,以及他们应采取什么措施来进行自我防护,因为在任一特定时刻,事情都有可能变化,因此用绝对的声明向利益相关者反复保证的行为是不正确的。

(4) 诚实提供风险信息

任何事情都没有绝对,所以风险和危机信息是比较复杂的。当围绕危机的各种事实尚不确定时,风险信息应带有一定程度的模糊性。当刚开始被卫生官员告知肉派受病菌污染时,ConAgra 食品公司告诉消费者具体不能食用火鸡和鸡肉派,2 天后,公司又发布一个包括牛肉派在内的召回令,这种行为完全是与其最初的信息相矛盾。这种行为的结果使 ConAgra 食品公司的信誉受到损害。其实,ConAgra 本来最好的做法是告诉消费者公司对病菌暴发尚不确定,但正尽全力解决此问题。

(5) 保持公开透明,满足公众的风险感知需求

准确地传达风险信息可能会构成挑战。机构或公司不能指望仅用一两条信息就使每个利益者都能理解。关于食源性疾病的交流需要尽可能透彻。应经常就任何有关食源性疾病的新信息,包括在确认和纠正问题方面的努力与利益相关者进行交流。

(6) 围绕风险与可靠的信息来源开展协作和协调

为挽回其名誉,各组织从战略上会试图推卸责任。ConAgra 食品公司刚开始时将疾病的暴发归咎到消费者身上,在召回事件后,ConAgra 食品公司在其网站上加入了新的微波炉烹饪内容,但仅有几段与病菌相关的句子,对病菌暴发的原因或其目前已发现的那些特定"祸首"食品等问题,则恰恰是公司所忽略的。

9.4.3 对有效风险交流的启示

(1) 避免在风险交流过程中不道德地推卸责任

首先,机构或公司不应试图将责任推卸给危机影响的人群。在该案例中,ConAgra 在缺乏充分信息的情况下,将沙门氏菌病暴发的责任推给那些被认为未适当烹饪食品的消费者。这是一种不当的策略,它表明 ConAgra 在其后危机交流中处于防守性位置,专注于捍卫自身的形象而忽略了消费者的福祉。在获得实质性证据并证明事实上另有其人的确应全权承担责任之前,各机构或公司应避免推卸责任。

(2) 避免在风险交流过程中过分保证

其次,在收集到所有事实证据之前,最好不要对危机做出绝对声明。ConAgra 结论下得过早,对哪些肉派受到污染而哪些没有的问题过于肯定。实际上,ConAgra 加大了不确定性并造成更大的混乱。其实,ConAgra 本应在获得充分信息之前保持更大的灵活性。

(3) 风险交流应具有文化敏感性

再次，当面对危机时，最好是进行明明白白的交流，并使公众在各种陌生环境下都能获取信息。这对食源性疾病的情况尤为重要，因为并非所有的利益相关者都能明白风险警告中的语言。例如，如果人们得到不要食用某种可能已受沙门氏菌污染食品的警告，这并不能保证每个人都知晓沙门氏菌为何物和/或与沙门氏菌感染有关的症状如何。风险交流者必须认识到在他们发布的信息中，对潜在的风险可能存在不同风险容忍水平和不同的理解。

最后，这些信息不应仅限于公司网站，而应为众多不同受众所广泛接触。通过构建广泛的交流网络，各机构或公司可以逐步被利益相关者所理解，同时减轻不确定性的影响。

在面对风险时，各利益相关者需要有人告知答案，而组织对危机的应对显示出其价值所在。较之其利益相关者的安全，一个组织如若更注重其自身的底线，那么后果可能是毁坏该组织的名誉。因此，提前为适当应对做准备才是值得努力的事情。

<h1 style="text-align:center">参 考 文 献</h1>

[1] Charles Yoe. Principles of Risk Analysis—Decision Making Under Uncertainty [M]. CRC Press，2012.

[2] 赵丹宇，张志强等. 危险性分析原则及其在食品标准中的应用 [M]. 北京：中国标准出版社，2001.

[3] 宋怿. 食品风险分析理论与实践 [M]. 北京：中国标准出版社，2005.

[4] Stephen J Forsythe. The Microbiological Risk Assessment of Food [M]. Blackwell Publishing，2002.

[5] Clive de W Blackburn，Peter J McClure. Foodborne Pathogens—Hazards，risk analysis and control [M]. CRC Press，2009.

[6] David Vose. Risk Analysis—A Quantitative Guide [M]. John Wiley & Sons LTD，2002.

[7] 石阶平. 食品安全风险评估 [M]. 北京：中国农业大学出版社，2010.

[8] 钱永忠，李耘. 农产品质量安全风险评估——原理、方法和应用 [M]. 北京：中国标准出版社，2007.

[9] 李援，宋森等. 中华人民共和国食品安全法释义及适用指南 [M]. 北京：中国市场出版社，2009.

[10] 金发忠. 农产品质量安全管理技术规范与指南 [M]. 北京：中国农业科学技术出版社，2008.

[11] 周德庆. 水产品安全风险评估理论与案例 [M]. 青岛：中国海洋大学出版社，2013.

[12] 联邦风险评估研究所. 欧盟食品安全年鉴. 2014/2015.

[13] 任筑山，陈君石. 食品安全——过去、现在与未来 [M]. 北京：中国科学技术出版社，2016.

[14] 李立明. 流行病学 [M]. 第4版. 北京：人民卫生出版社，1999.

[15] 曾光. 现代流行病学方法与应用 [M]. 北京：北京医科大学中国协和医科大学联合出版社，1994.

[16] 谭红专. 现代流行病学 [M]. 北京：人民卫生出版社，2001.

[17] 李立明. 流行病学进展：第10卷 [M]. 北京：北京医科大学出版社，2002.

[18] 食品安全事故流行病学调查工作规范（卫监督发〔2011〕86号）.

[19] 食品安全事故流行病学调查技术指南（2012年版）.

[20] 何诚. 实验动物学 [M]. 北京：中国农业大学出版社，2006.

[21] 王连生，韩朔睽等. 有机物定量结构-活性相关 [M]. 北京：中国环境科学出版社，1993.

[22] 赵林度. 食品安全与风险管理 [M]. 北京：科学出版社，2009.

[23] 石平. 食品安全风险评估 [M]. 北京：中国农业大学出版社，2010.

[24] 罗祎. 食品安全风险分析化学危害评估 [M]. 北京：中国质检出版社，2012.

[25] 黄芮，陈子慧. 食品安全风险评估——危害特征描述 [J]. 华南预防医学，2013，3：90-93.

[26] 腾葳等. 食品中微生物危害控制与风险评估 [M]. 北京：化学工业出版社，2012.

[27] 粮农组织，世界卫生组织. 食品中微生物危害风险特征描述指南 [M]. 刘秀梅译. 北京：人民卫生出版社，2011.

[28] Perkins N. 动物及动物产品风险分析培训手册 [M]. 王承芳译. 北京：中国农业出版社，2004.

[29] Vose D. 风险分析 [M]. 郑增忍译. 第二版. 北京：中国农业出版社，2008.

[30] 国际化学品安全规划署. 食品中化学物风险评估原则和方法 [M]. 刘兆平等译. 北京：人民卫生出版社，2012.

[31] 美国环境保护署. 暴露评估指南 [M]. 陈会明等译. 北京：中国质检出版社，2014.

[32] Forsythe S J. 安全食品微生物学 [M]. 李卫华等译. 北京：中国轻工业出版社，2007.

[33] 段小丽. 暴露参数的研究方法及其在环境健康风险评价中的应用 [M]. 北京：科学出版社，2012.

[34] 刘征涛等. 环境化学物质的风险评估方法与应用 [M]. 北京：化学工业出版社，2015.

[35] 陈伟生等. 美国农业部风险评估案例分析——沙门氏菌 [M]. 北京：科学出版社，2014.

[36] 陈伟生等. 美国农业部风险评估案例分析——产气荚膜梭菌 [M]. 北京：科学出版社，2015.

[37] 陈伟生等. 美国农业部风险评估案例分析——单增李斯特氏菌和大肠杆菌O157 [M]. 北京：科学出版社，2014.

[38] 环境保护部. 中国人群暴露参数手册：成人卷 [M]. 北京：中国环境出版社，2013.

[39] 吴永宁等. 第四次中国总膳食研究 [M]. 北京：化学工业出版社，2015.

[40] 雷志文. 肉及肉制品微生物监测应用手册 [M]. 北京：中国标准出版社，2008.

[41] WHO Microbiological Risk Assessment Series [EB/OL]. http：//www. who. int/foodsafety/publications/risk-assessment-series/en/.

[42] 董庆利等. 我国食品微生物定量风险评估的研究进展 [J]. 食品科学，2015，11：221-229.

［43］ 董庆利等. 食源性致病菌单细胞观测与预测的研究进展［J］. 农业机械学报，2015，11：221-229.

［44］ 董庆利等. 冷却猪肉中气单胞菌暴露评估的不确定性和变异性［J］. 食品科学，2014，15：101-104.

［45］ 王海梅等. 厨房中食源性致病菌交叉污染的研究进展［J］. 食品发酵与科技，2014，6：16-21.

［46］ 董庆利等. 冷却猪肉中气单胞菌的定量暴露评估［J］. 食品科学，2012，15：24-27.

［47］ 董庆利. 食品预测微生物学——过去，现在和将来［J］. 农产品加工学刊，2009，3：38-41，46.

［48］ FAO/WHO. Report of the Joint FAO/WHO Expert Consultation on Application of Risk Analysis to Food Standards Issues. Rome：Food Agriculture Organization，1995：13-17.

［49］ FAO/WHO. Food safety risk analysis：a guide for national food safety authorities. Geneva：FAO/WHO，2006：1-10.

［50］ 陈君石. 食品安全风险分析——国家食品安全管理机构应用指南［M］. 北京：人民卫生出版社，2008.

［51］ 郝记明，马丽艳等. 食品安全问题及其控制食品安全的措施［J］. 食品与发酵工业，2004，12：63-66.

［52］ 王萍. 食品安全风险评估——风险特征描述［J］. 华南预防医学，2013，5：89-91.

［53］ FAO/WHO. Safety evaluation of certain food additives and contaminants，in WHO food additives series 58［R］. Geneva：WHO，2007：269-315.

［54］ FAO/WHO. Safety evaluation of certain food additives and contaminants，in WHO food additives series 40［R］. Geneva：WHO，1998.

［55］ FAO/WHO. Safety evaluation of certain food additives and contaminants，in WHO food additives series 55［R］. Geneva：WHO，2005.

［56］ FAO/WHO. Principles and methods for the risk assessment of chemicals in food［R］. Geneva：WHO，2009.

［57］ FAO/WHO. Evaluation of certain food additives and contaminants，in WHO technical report series 909［R］. Geneva：WHO，2002：121-149.

［58］ 刘秀梅等. 食品中微生物危害风险特征描述指南［M］. 北京：人民卫生出版社，2011.

［59］ 林洪等. 水产品安全性［M］. 北京：中国轻工业出版社，2005.

［60］ EPA. Guidance Document for Methylmercury in fish：the Protection of Human Health［M］. 2001.

［61］ 李清春等. 预测微生物学——风险评估［J］. 肉类研究，2001，1：18-20.

［62］ Center for Food Safety and Applied Nutrition，Food and Drug Administration，U. S. Department of Health and Human Services. Quantitative Risk Assessment on the Public Health Impact of Pathogenic Vibrio parahaemolyticus，2005.

［63］ 柳增善. 食品病原微生物学［M］. 北京：中国轻工业出版社，2007.

［64］ 郭正. WTO 体制下中国食品安全风险管理体系的构建［J］. 经济研究导刊，2009，6：104-105.

［65］ 赵燕滔. 食品安全风险分析初探［J］. 食品研究与开发，2006，11：226-228.

［66］ 范梅华，张建华. 风险分析：我国食品安全管理的必由之路［J］. 中国禽业导刊，2007，24：26-29.

［67］ 李思. 我国食品安全风险预警法律制度研究［J］. 食品工业，2011，11：82-85.

［68］ 徐娇，邵兵. 试论食品安全风险评估制度［J］. 中国卫生监督杂志，2011，4：342-350.

［69］ 徐成德. 我国开展食品安全风险分析的问题与对策［J］. 农产品加工·学刊，2009，2：61-66.

［70］ FAO/WHO，Risk management and food safety. FAO food and nutrition paper no. 65. Food and Agriculture Organization of the United Nations，Rome，Italy，1997.

［71］ Huanan L，Hobbs J E，Kerr W A. Straining to catch up：China's food safety regime in disequilibrium. International Journal of Food Safety，Nutrition and Public Health，2009，1：30-37.

［72］ Lofstedt R E，Ikeda S，Thompson K M. Risk management across the globe：insights from a comparative look at Sweden，Japan，and the United States. Risk Analysis，2000，2：157-161.

［73］ Renn O. A model for an analytic-deliberative process in risk management. Environmental Science & Technology，1999，18：3049-3055.

［74］ 吴培，许喜林等. 食品安全风险分析与应用［J］. 现代食品科技，2006，4：200-203.

［75］ 刘为军，魏益民等. 食品安全风险管理基本理论探析［J］. 中国食物与营养，2011，7：8-10.

［76］ 金培刚. 食品安全风险管理方法及应用［J］. 浙江预防医学，2006，5：62-63.

[77]　曾莉娜. 中国食品安全风险分析机制研究——基于国际比较的视角 [D]. 2010.

[78]　王重周. 我国食品安全风险规制法律制度研究 [D]. 2012.

[79]　张念强. 中国食品安全风险规制的机制分析——以美国为鉴 [J]. 广西政法管理干部学院学报，2011，3：90-94.

[80]　薛庆根，高红峰. 美国食品安全风险管理及其对中国的启示 [J]. 世界农业，2005，12：15-18.

[81]　常燕亭. 主要发达国家食品安全法律规制研究 [J]. 内蒙古农业大学学报：社会科学版，2009，5：40.

[82]　戚亚梅，韩嘉媛. 美国食品安全风险分析体系的运作 [J]. 农业质量标准，2007，增刊：123-126.

[83]　潘家荣，吴永宁等. 欧盟食品安全管理体系的特点 [J]. 中国食物与营养，2006，3：7-11.

[84]　谢玉辉. 我国食品安全政府规制研究 [D]. 2010.

[85]　叶军，杨川等. 日本食品安全风险管理体制及启示 [J]. 农村经济，2009，10：123-125.

[86]　邱晓红，吴志雄. 食品安全风险及其化解机制研究 [J]. 食品工业科技，2008，29：249-251.

[87]　李兴国. 食品安全风险监控体系研究 [D]. 2012.

[88]　韩春花，李明权. 浅析日本的食品安全风险分析体系及其对我国的启示 [J]. 农业经济，2009，6：71-73.

[89]　汪普庆，周德翼. 我国食品安全监管体制改革：一种产权经济学视角的分析 [J]. 生态经济，2008，7：98-101.

[90]　徐学万，崔野韩. 国际食品法典标准与中国实践 [J]. 农业科技管理，2005，6：59-63.

[91]　李朝伟，陈青川. 食品风险分析 [J]. 检验检疫科学，2001，1：57-60.

[92]　刘燕，薛青红. 马来西亚的食品安全控制体系 [J]. 中国兽药杂志，2006，11：33-35.

[93]　吴浪. 食品供应链风险管理 [D]. 2010.

[94]　孟庆松，王键. 论进口食品风险管理 [J]. 检验检疫科学，2003，4：11-13.

[95]　张建新，沈明浩. 食品安全概论 [M]. 郑州：郑州大学出版社，2011.

[96]　王铁良. 国内外动物源食品中兽药残留风险分析研究 [D]. 武汉：华中农业大学，2010.

[97]　钟凯，任雪琼等. 食品添加剂的"污名化"现象与风险交流对策探讨 [J]. 中国食品卫生杂志，2012，5：490-492.

[98]　刘艳芳. 破解食品安全问题须引入风险交流机制 [N]. 中国食品报，2010-12-21（1）.

[99]　钟凯，韩蕃璠等. 中国食品安全风险交流的现状、问题、挑战与对策 [J]. 中国食品卫生杂志，2012，6：578-586.

[100]　李强，刘文等. 食品安全风险交流工作进展及对策 [J]. 食品与发酵工业，2012，2：147-150.

[101]　罗季阳，张晓娟等. 欧盟食品风险交流机制和策略研究 [J]. 食品工业科技，2011，7：360-362.

[102]　马仁磊. 食品安全风险交流国际经验及对我国的启示 [J]. 中国食物与营养，2013，3：5-7.

[103]　王殿华，苏毅清等. 风险交流：食品安全风险防范新途径——国外的经验及对我国的借鉴 [J]. 中国应急管理，2012，7：42-47.

[104]　王怡，宋宗宇. 日本食品安全委员会的运行机制及其对我国的启示 [J]. 现代日本经济，2011，5：57-63.

[105]　魏益民，赵多勇等. 联邦德国食品安全控制战略和管理原则 [J]. 中国食物与营养，2011，4：5-9.

[106]　Timothy L S. 食品安全风险交流方法——以信息为中心 [M]. 李强等译. 北京：化学工业出版社，2012.